建设工程资料填写与组卷系列丛书

园林绿化工程资料填写与组卷范例

本书编委会　编

中国建材工业出版社

图书在版编目(CIP)数据

园林绿化工程资料填写与组卷范例./《园林绿化工程资料填写与组卷范例》编委会编.—北京:中国建材工业出版社,2008.1(2021.8重印)

ISBN 978-7-80227-374-0

Ⅰ.园…　Ⅱ.园…　Ⅲ.园林—绿化—工程—技术档案—档案管理　Ⅳ.TU986　G275.3

中国版本图书馆CIP数据核字(2007)第188967号

内容提要

本书通过范例详细介绍了园林绿化工程资料的编制与组卷方法.全书共分为六章,主要内容包括园林绿化工程资料基础知识、园林绿化工程基建文件、园林绿化工程施工资料编制、园林绿化工程施工资料填写范例、园林绿化工程监理资料管理和园林工程资料归档管理等。

本书可供园林绿化工程资料编制人员使用参考,也可供园林绿化工程监理人员、技术人员及质量监督人员使用和参考。

园林绿化工程资料填写与组卷范例

本书编委会　编

出版发行:中国建材工业出版社

地　　址:北京市海淀区三里河路1号

邮　　编:100044

经　　销:全国各地新华书店

印　　刷:北京紫瑞利印刷有限公司

开　　本:787mm×1092mm　1/16

印　　张:22

字　　数:592千字

版　　次:2008年1月第1版

印　　次:2021年8月第11次

定　　价:58.00元

本社网址:www.jccbs.com.cn

本书如出现印装质量问题,由我社营销部负责调换。电话:(010)88386906

对本书内容有任何疑问及建议,请与本书责编联系。邮箱:dayi51@sina.com

《建设工程资料填写与组卷系列丛书》

主要编写人员所在单位

中国建筑科学研究院
北京市建筑科学研究院
中国建筑工程总公司
中铁建设集团总公司
中建一局集团有限公司
北京建工集团有限公司
北京市政建设集团有限公司
北京城乡建设集团有限公司
北京住总集团有限责任公司
北京城建设计研究总院
北京市政工程设计总院
北京工业设计研究院
北京市建设职工大学
北京市双圆监理咨询公司
北京市方园监理咨询公司

园林绿化工程资料填写与组卷范例

编 委 会

主　编： 岳永铭

副主编： 钟建明　朱　成

编　委： 安　民　边　金　蔡中辉　曹　力
代春生　邓建刚　狄　超　董军辉
郭智多　韩国栋　何文福　黄选明
李小林　刘博祥　陆　参　吕方全
马智英　毛　升　庞振勇　皮振毅
孙雅辛　唐燕云　田雪梅　王　静
王　可　王　雷　吴增富　夏红光
夏明进　杨宇雷　姚立刚　于　劲
苑　辉　张达祥　张明轩　张亚奎
张印涛　周　浪　周卫民

前　言

建设工程资料是工程建设过程中形成的各种形式记录，它是与工程实体质量紧密结合在一起，它既反映工程质量的客观见证，又是对工程建设项目进行过程检查、质量评定、维修管理的依据，是城市建设档案的重要组成部分。建设工程资料包括工程基建过程中形成的资料、工程监理过程中形成的资料、工程施工过程中形成的资料以及工程的竣工图等。这些都是构成整个建设工程完整的基础信息。

近年来，随着我国工程建设行业的迅猛发展，建设工程资料管理以其鲜明的特点，正越来越发挥着不可替代的作用，例如：工程资料充分体现建筑企业自身的综合管理水平；工程资料为建设管理者决策提供真实、直接的工程信息；工程资料为城市基础设施建设以及现有工程新建、扩建、维修、管理提供翔实的依据；工程资料为明确建设工程质量责任提供准确、直接的工程信息等。

现在有许多想从事工程建设行业的人士，很想在短时间内对工程建设资料的编制与管理有全面地了解，但他们又很少有直接接触工程施工的机会，也就很难在较短的时间里掌握工程资料管理的知识和组卷的方法。而且现在有很多工程施工企业，乃至建设单位、监理单位的工程资料管理水平极不平衡，仍存在严重的偏差，例如：对种类繁多、数量巨大、来源广泛的工程资料无法科学的分类；对现行标准规范的了解程度不够，缺乏灵活运用的方式方法；缺乏必要的工程资料管理经验等。为解决这些实际问题，我们组织有关方面的专家学者编写了《建设工程资料填写与组卷系列丛书》。

本套丛书包括以下分册：

《建筑工程资料填写与组卷范例》

《建筑安全资料填写与组卷范例》

《建设监理资料填写与组卷范例》

《市政工程资料填写与组卷范例》

《公路工程资料填写与组卷范例》

《园林绿化工程资料填写与组卷范例》

《水利水电工程资料填写与组卷范例》

本套丛书参照《建筑法》、《建筑工程施工质量验收统一标准》(GB 50300—2001)、《建设工程文件归档整理规范》(GB/T 50328—2001)、《建设工程监理规程》(GB 50319—2000)、《施工企业安全生产评价标准》(JGJ/T 77—2003)、《施工现场临时用电安全技术规范》(JGJ 46—2005)、《公路工程质量检验评定标准》(JTG F80—2004)、《公路工程施工监理规范》(JTG G10—2006)等法规、标准规范进行编写，力求做到规范性、实用性、知识性和可操作性。

本套丛书与市面上同类图书比较，主要具有以下特色：

1. 资料全面，紧贴现场，理论与实际相结合，注重与新规范相结合，做到通俗易懂，力求知识性、权威性、前瞻性和实用性。

2. 工程资料管理程序的标准化，结合现行施工工艺标准、规定，推出了一系列针对重点分项工程的资料管理标准化程序，致力于减少过程管理的盲区，增进管理者的工作积极性。

3. 工程资料填写内容与要求的标准化：工程资料作为体现工程建设各个相关单位执行标准的规范程度的载体，必须保证内容与要求达到现行规范的规定，同时必须不断的完善。

4. 务实、创新、发展。对每一分项工程的有关表格进行实例的解析与填写，使读者在参阅丛书之后掌握每一分项工程资料的整体情况，正确填写工程建设用表，使建设施工活动和资料管理的程序不断优化、工作更加协调和谐、实现较高的工作效率。

5. 工程资料组卷、编目标准化。依据《建设工程文件归档整理规范》(GB/T 50328—2001)中的工程资料分类、编目、组卷的指导原则，推出一套实用性很强的标准化目录。

在本套丛书编写过程中，我们收集了一些具有较高实用价值的工程资料编制填写实例及相关资料表格，丛书因限于篇幅，没有全部予以采用。为方便读者更好地理解本丛书的内容，以及能参照本丛书的内容更好地进行工程资料编制工作，我们将陆续对收集的部分工程资料编制填写实例及相关表格进行归纳、整理及补充，并放在相关网站上(www.jccbs.com.cn)，以供广大读者免费下载，敬请读者关注。

丛书编写过程中，得到广大专家的指导和支持，在此表示衷心的感谢，同时由于编者自身知识水平有限，丛书难免有疏漏和不够准确之处，恳请读者和有关专家批评指正，以便我们不断地改正和完善。

本书编委会

目　　录

第一章　概述 …………………………………………………………………… (1)
第一节　园林绿化工程资料组成 ………………………………………………… (1)
一、园林绿化工程资料常用术语 ………………………………………………… (1)
二、园林绿化工程资料分类……………………………………………………… (2)
第二节　园林绿化工程资料整理与管理 ………………………………………… (11)
一、园林绿化工程资料编码的填写 ……………………………………………… (11)
二、园林绿化工程资料组卷 ……………………………………………………… (13)
三、园林绿化工程资料管理职责 ………………………………………………… (14)
第三节　园林绿化工程资料管理流程 …………………………………………… (15)
一、基建文件管理流程 …………………………………………………………… (15)
二、施工资料管理流程 …………………………………………………………… (17)
三、监理资料管理流程 …………………………………………………………… (20)
第四节　园林绿化工程资料编制质量要求 ……………………………………… (21)
第二章　园林绿化工程基建文件 ……………………………………………… (22)
第一节　一般规定 ………………………………………………………………… (22)
第二节　基建文件内容与要求…………………………………………………… (22)
一、决策立项文件 ………………………………………………………………… (22)
二、建设用地、征地与拆迁文件…………………………………………………… (22)
三、勘察、测绘与设计文件………………………………………………………… (23)
四、工程招投标与承包合同文件 ………………………………………………… (23)
五、工程开工文件 ………………………………………………………………… (23)
六、商务文件 ……………………………………………………………………… (23)
七、工程竣工备案文件 …………………………………………………………… (24)
八、其他文件 ……………………………………………………………………… (25)
第三节　园林绿化工程竣工备案管理 …………………………………………… (30)
一、园林绿化工程竣工验收备案管理 …………………………………………… (30)
二、园林绿化工程竣工验收备案的程序 ………………………………………… (30)
三、工程竣工验收备案文件 ……………………………………………………… (31)
第三章　园林绿化工程施工资料编制 ………………………………………… (36)
第一节　园林绿化工程施工资料编制形式 ……………………………………… (36)
第二节　园林绿化工程施工管理资料 …………………………………………… (40)
一、工程概况表 …………………………………………………………………… (40)
二、施工现场质量管理检查记录 ………………………………………………… (40)
三、施工日志 ……………………………………………………………………… (40)
四、工程质量事故资料 …………………………………………………………… (40)

第三节 园林绿化工程施工技术资料 …………………………………………… (41)
一、施工组织设计(项目管理规划) ……………………………………………… (41)
二、图纸会审记录 ………………………………………………………………… (41)
三、设计交底记录 ………………………………………………………………… (42)
四、技术交底记录 ………………………………………………………………… (42)
五、工程洽商记录 ………………………………………………………………… (42)
六、工程设计变更通知单 ………………………………………………………… (43)
七、安全交底记录 ………………………………………………………………… (43)
第四节 园林绿化工程施工测量记录 …………………………………………… (43)
一、工程定位测量记录 …………………………………………………………… (43)
二、施工测量定点放线报验表 …………………………………………………… (44)
三、基槽验线记录 ………………………………………………………………… (44)
第五节 园林绿化工程施工物资资料 …………………………………………… (44)
一、一般规定 ……………………………………………………………………… (44)
二、工程物资资料分级管理 ……………………………………………………… (45)
三、材料、苗木进场检验记录 …………………………………………………… (46)
四、设备开箱检查记录 …………………………………………………………… (46)
五、设备及管道附件试验记录 …………………………………………………… (46)
六、主要设备、原材料、构配件质量证明文件及复试报告汇总表 ……………… (47)
七、产品合格证 …………………………………………………………………… (47)
八、材料试验报告 ………………………………………………………………… (47)
九、见证记录文件 ………………………………………………………………… (47)
十、其他应具备的资料及注意事项 ……………………………………………… (48)
第六节 园林绿化工程施工记录 ………………………………………………… (51)
一、通用记录 ……………………………………………………………………… (51)
二、园林建筑及附属设施 ………………………………………………………… (53)
三、园林用电 ……………………………………………………………………… (56)
第七节 园林绿化工程施工试验记录 …………………………………………… (56)
一、通用记录 ……………………………………………………………………… (56)
二、园林建筑及附属设备 ………………………………………………………… (58)
三、园林给排水 …………………………………………………………………… (62)
四、园林用电 ……………………………………………………………………… (65)
第八节 园林绿化工程施工验收资料 …………………………………………… (68)
一、工程竣工报告(施工总结) …………………………………………………… (68)
二、检验批质量验收记录 ………………………………………………………… (68)
三、分项工程质量验收记录 ……………………………………………………… (69)
四、分部(子分部)工程质量验收记录 …………………………………………… (70)
五、单位(子单位)工程质量竣工验收记录 ……………………………………… (72)
六、单位(子单位)工程质量控制资料核查记录 ………………………………… (73)
七、单位(子单位)工程安全和功能检验资料核查及主要功能抽查记录 ……… (73)
八、单位(子单位)工程观感质量检查记录 ……………………………………… (74)

第四章 园林绿化工程施工资料填写范例 …… (75)
第一节 园林绿化工程施工管理资料常用表格 …… (75)
一、工程概况表 …… (75)
二、施工现场质量管理检查记录 …… (76)
三、施工日志 …… (77)
四、工程质量事故调(勘)察记录 …… (78)
五、工程质量事故报告书 …… (79)
第二节 园林绿化工程施工技术资料常用表格 …… (80)
一、工程技术文件审批表 …… (80)
二、图纸会审记录 …… (81)
三、设计交底记录 …… (82)
四、技术交底记录 …… (83)
五、工程洽商记录 …… (84)
六、工程设计变更通知单 …… (85)
七、安全交底记录 …… (86)
第三节 园林绿化工程施工测量资料常用表格 …… (87)
一、工程定位测量记录 …… (87)
二、施工测量定点放线报验 …… (88)
三、基槽验线记录 …… (89)
第四节 园林绿化工程施工物资资料常用表格 …… (90)
一、材料、苗木进场检验记录 …… (90)
二、设备开箱检查记录 …… (91)
三、设备及管道附件试验记录 …… (92)
四、主要设备、原材料、构配件质量证明文件及复试报告汇总表 …… (93)
五、产品合格证 …… (94)
六、材料试验报告 …… (98)
七、见证记录文件 …… (110)
第五节 园林绿化工程施工记录常用资料表格 …… (113)
一、通用记录 …… (113)
二、园林建筑及附属设施 …… (117)
三、园林用电工程 …… (132)
第六节 园林绿化工程施工试验记录常用表格 …… (141)
一、通用记录 …… (141)
二、园林建筑及附属设备 …… (144)
三、园林给排水 …… (158)
四、园林用电 …… (163)
第七节 园林绿化工程施工验收常用表格 …… (173)
一、园林绿化工程检验批质量验收常用表格 …… (173)
二、园林绿化工程分项工程质量验收表格 …… (200)
三、园林绿化工程分部(子分部)工程质量验收记录表 …… (205)
第八节 园林古建筑修建工程质量验收常用表格 …… (213)

一、石基部分验收常用表格 …………………………………………………… (213)
二、大木作部分常用表格 …………………………………………………… (221)
三、砖、石作部分常用表格 …………………………………………………… (236)
四、屋面部分检验常用表格 …………………………………………………… (242)
五、地面部分检验常用表格 …………………………………………………… (251)
六、小木作部分检验常用表格 …………………………………………………… (255)

第五章　园林绿化工程监理资料管理 …………………………………… (261)

第一节　园林绿化工程监理管理资料 …………………………………… (261)
一、监理规划、监理实施细则 …………………………………………… (261)
二、监理月报 ……………………………………………………………… (262)
三、监理会议纪要 ………………………………………………………… (273)
四、监理工作日志 ………………………………………………………… (274)
五、监理工作总结 ………………………………………………………… (274)
第二节　园林绿化工程监理工作记录 …………………………………… (275)
一、施工组织设计报审资料 ……………………………………………… (275)
二、施工测量放线报审资料 ……………………………………………… (276)
三、工程进度控制资料 …………………………………………………… (278)
四、工程质量控制资料 …………………………………………………… (287)
五、工程造价控制资料 …………………………………………………… (299)
六、施工合同管理资料 …………………………………………………… (307)
第三节　园林绿化工程竣工验收资料 …………………………………… (316)
一、竣工验收的依据 ……………………………………………………… (316)
二、竣工预验收 …………………………………………………………… (316)
三、竣工验收移交 ………………………………………………………… (317)
四、相关资料表格 ………………………………………………………… (317)

第六章　园林绿化工程资料归档管理 …………………………………… (319)

第一节　园林绿化工程资料编制与组卷 ………………………………… (319)
一、质量要求 ……………………………………………………………… (319)
二、载体形式 ……………………………………………………………… (319)
三、组卷要求 ……………………………………………………………… (320)
四、封面与目录 …………………………………………………………… (321)
五、案卷规格与装订 ……………………………………………………… (322)
第二节　竣工图 …………………………………………………………… (323)
一、竣工图的基本要求 …………………………………………………… (323)
二、竣工图的编制 ………………………………………………………… (324)
第三节　工程资料、城建档案封面与目录填写范例 …………………… (328)
一、工程资料封面与目录(E1)填写样例 ………………………………… (328)
二、城市建设档案封面和目录(E2)填写样例 …………………………… (333)
三、工程资料与城建档案移交书(E3)填写样例 ………………………… (336)

参考文献 ………………………………………………………………… (341)

第一章　概　　述

第一节　园林绿化工程资料组成

一、园林绿化工程资料常用术语

在园林绿化工程资料编制及管理中，常用到的术语有以下几种：

(1)园林绿化工程。园林、城市绿地和风景名胜区中除园林建筑工程以外的室外工程。

注：包括体现园林地貌创作的土方工程、园林筑山工程(如叠山、塑山等)、园林水景工程、园林小品工程、园林桥涵工程、园林景观照明工程、园林铺地工程、种植工程(包括种植树木、造花坛、铺草坪等)。

(2)工程资料。在工程建设过程中形成的各种形式的信息记录，包括基建文件、监理资料、施工资料和竣工图。

(3)建设单位(业主)。园林绿化工程项目法人，或为实施园林绿化工程而设置的管理机构。

(4)监理单位。为建设单位提供园林建设监理服务的企业。

注：在工商行政管理部门登记注册，取得企业法人营业执照，并取得工程建设行政主管部门颁发的园林绿化监理资质证书。

(5)施工单位。与建设单位签订园林绿化工程施工合同，承担施工任务且有相应资质的企业。根据园林建设工程施工合同的约定或经监理单位的书面认可，报建设单位同意后，施工单位可将其一部分工程按有关规定交由具有相应资质等级的施工企业负责施工，该施工企业作为分包单位与施工单位签订园林绿化工程分包合同。

(6)基建文件。设单位在工程建设过程中形成的文件，包括工程准备文件和竣工验收等文件。

1)工程准备文件。工程开工之前，在立项、审批、征地、勘察、设计、招投标等工程准备阶段形成的文件。

2)竣工验收文件。建设工程项目竣工验收活动中形成的文件。

(7)监理资料。监理单位在工程设计、施工等监理过程中形成的资料。

(8)施工资料。施工单位在工程施工过程中形成的资料。

(9)总监理工程师。经监理单位法人代表授权，具有园林或相关专业相应职称，取得监理工程师资格证书并注册，是园林绿化工程现场监理机构的总负责人，行使委托监理合同赋予监理单位的权利和义务，主持项目监理部工作。

(10)总监理工程师代表。经监理单位法人代表同意，总监理工程师授权，代表总监理工程师行使其部分职权的注册监理工程师。

(11)专业监理工程师。具有园林绿化或相关专业相应职称、取得监理工程师资格证书并注册，根据工程监理岗位职责分工和总监理工程师的指令，负责实施某一专业或某一方面的监理工作，可签发监理文件的监理人员。

(12)监理员。经过监理业务培训，具有园林绿化工程相关知识，从事具体监理工作的监理人员。

(13)竣工图。工程竣工验收后，真实反映建设工程项目施工结果的图样。

(14)工程档案。在工程建设活动中直接形成的具有归档保存价值的文字、图表、声像等各种形式的历史记录。

(15)立卷。按照一定的原则和方法，将有保存价值的文件分类整理成案卷的过程，亦称组卷。

(16)归档。文件的形成单位完成其工作任务后，将形成的文件整理立卷后，按规定移交档案管理机构。

二、园林绿化工程资料分类

(1)工程资料应按照收集、整理单位和资料类别的不同进行分类。

(2)施工资料分类应根据类别和专业系统划分。

(3)园林绿化工程资料的分类、整理可参考表1-1的规定。

(4)施工过程中工程资料的分类、整理和保存应执行国家及行业现行法律、法规、规范、标准及地方有关规定。

表1-1　　园林绿化工程资料分类表

类别编号	资料名称	资料来源	保存单位			
			施工单位	监理单位	建设单位	城建档案馆
A类	**基建文件**					
A1	**决策立项文件**					
A1-1	投资项目建议书	建设单位			●	●
A1-2	对项目建议书的批复文件	建设主管部门			●	●
A1-3	环境影响审批报告书	环保部门			●	●
A1-4	可行性研究报告	工程咨询单位			●	●
A1-5	对可行性研究报告的批复文件	有关主管部门			●	●
A1-6	关于立项的会议纪要、领导批示	会议组织单位			●	●
A1-7	专家对项目的有关建议文件	建设单位			●	●
A1-8	项目评估研究资料	建设单位			●	●
A1-9	计划部门批准的立项文件	建设单位		●	●	●
A2	**建设规划用地、征地、拆迁文件**					
A2-1	土地使用报告预审文件 国有土地使用证	国土主管部门			●	●
A2-2	拆迁安置意见及批复文件	政府有关部门			●	●
A2-3	规划意见书及附图	规划部门			●	●
A2-4	建设用地规划许可证、附件及附图	规划部门			●	●
A2-5	其他文件： 掘路占路审批文件、移伐树木审批文件、工程项目统计登记文件、向人防备案(施工图)文件、非政府投资项目备案文件	政府有关部门		●	●	●
A3	**勘察、测绘、设计文件**					
A3-1	工程地质勘察报告	勘察单位		●	●	●
A3-2	水文地质勘察报告	勘察单位		●	●	●
A3-3	测量交线、交桩通知书	规划部门		●	●	●
A3-4	验收合格文件(验线)	规划部门		●	●	●

续表

类别编号	资料名称	资料来源	保存单位			
			施工单位	监理单位	建设单位	城建档案馆
A3-5	审定设计批复文件及附图	规划部门			●	●
A3-6	审定设计方案通知书	规划部门			●	●
A3-7	初步设计文件	设计单位			●	
A3-8	施工图设计文件	设计单位		●	●	
A3-9	初步设计审核文件	政府有关部门		●	●	●
A3-10	对设计文件的审查意见	设计咨询单位			●	●
A4	**工程招投标及承包合同文件**					
A4-1	**招投标文件**					
A4-1-1	勘察招投标文件	建设、勘察单位			●	
A4-1-2	设计招投标文件	建设、设计单位			●	
A4-1-3	拆迁招投标文件	建设、拆迁单位			●	
A4-1-4	施工招投标文件	建设、施工单位	●		●	
A4-1-5	监理招投标文件	建设、监理单位			●	
A4-1-6	设备、材料招投标文件		●		●	
A4-2	**合同文件**					
A4-2-1	勘察合同	建设、勘察单位			●	
A4-2-2	设计合同	建设、设计单位			●	
A4-2-3	拆迁合同	建设、拆迁单位			●	
A4-2-4	施工合同	建设、施工单位	●	●	●	
A4-2-5	监理合同	建设、监理单位		●	●	
A4-2-6	材料设备采购合同	建设、中标单位	●		●	
A5	**工程开工文件**					
A5-1	年度施工任务批准文件	建设主管部门			●	●
A5-2	修改工程施工图纸通知书	规划部门			●	●
A5-3	建设工程规划许可证、附件及附图	规划部门	●	●	●	●
A5-4	固定资产投资许可证	建设单位			●	●
A5-5	建设工程施工许可或开工审批手续	建设主管部门	●	●	●	●
A5-6	工程质量监督注册登记表	质量监督机构	●	●	●	●
A6	**商务文件**					
A6-1	工程投资估算材料	造价咨询单位			●	
A6-2	工程设计概算	造价咨询单位			●	
A6-3	施工图预算	造价咨询单位	●	●	●	
A6-4	施工预算	施工单位	●	●	●	
A6-5	工程决算	建设(监理)、施工单位	●	●	●	●

续表

类别编号	资料名称	资料来源	保存单位			
			施工单位	监理单位	建设单位	城建档案馆
A6-6	交付使用固定资产清单	建设单位			●	●
A7	**工程竣工备案文件**					
A7-1	建设工程竣工档案预验收意见	城建档案馆			●	●
A7-2	工程竣工验收备案表	建设单位	●	●	●	●
A7-3	工程竣工验收报告	建设单位			●	●
A7-4	勘察、设计单位质量检查报告	相关单位			●	●
A7-5	规划、消防、环保、技术监督、人防等部门出具的认可文件或准许使用文件	主管部门	●	●	●	●
A7-6	工程质量保修书	建设、施工单位	●		●	
A7-7	工程使用说明书	施工单位	●		●	
A8	**其他文件**					
A8-1	物资质量证明文件	建设单位	●	●	●	
A8-2	工程竣工总结(大型工程)	建设单位	●	●	●	●
A8-3	工程开工前的原貌、主要施工过程、竣工新貌照片	建设单位			●	●
A8-4	工程开工、施工、竣工的录音录像资料	建设单位			●	●
A8-5	建设工程概况					●
B 类	**监理资料**					
B1	**监理管理资料**					
B1-1	监理规划、监理实施细则	监理单位		●	●	●
B1-2	监理月报	监理单位		●	●	
B1-3	监理会议纪要(涉及工程质量的内容)	监理单位		●	●	
B1-4	工程项目监理日志	监理单位		●		
B1-5	监理工作总结(专题、阶段、竣工总结)	监理单位		●	●	●
B2	**监理资料**					
B2-1	工程技术文件报审表		●	●	●	
B2-2	施工测量定点放线报验表		●	●	●	
B2-3	施工进度计划报审表		●	●	●	
B2-4	工程物资进场报验表		●	●	●	
B2-5	工程动工报审表		●	●	●	
B2-6	分包单位资质报审表		●	●	●	
B2-7	分项/分部工程施工报验表		●	●		
B2-8	(　)月工、料、机动态表		●	●		
B2-9	工程复工报审表		●	●	●	
B2-10	(　)月工程进度款报审表		●	●	●	

续表

类别编号	资料名称	资料来源	保存单位			
			施工单位	监理单位	建设单位	城建档案馆
B2-11	工程变更费用报审表		●	●	●	
B2-12	费用索赔申请表		●	●	●	
B2-13	工程款支付申请表		●	●	●	
B2-14	工程延期申请表		●	●	●	
B2-15	监理通知回复单		●	●		
B2-16	监理通知		●	●	●	
B2-17	监理抽检记录		●	●	●	
B2-18	旁站监理记录		●	●	●	
B2-19	不合格项处置记录		●	●	●	
B2-20	工程暂停令		●	●	●	
B2-21	工程延期审批表	责任单位	●	●	●	
B2-22	费用索赔审批表	监理单位	●	●	●	
B2-23	工程款支付证书		●	●	●	
B3	**竣工验收监理资料**					
B3-1	单位工程竣工预验收报验单		●	●	●	
B3-2	竣工移交证书		●	●	●	●
B3-3	工程质量评估报告	监理单位		●	●	●
B4	**其他资料**					
B4-1	工作联系单		●	●	●	
B4-2	工程变更单		●	●	●	
C类	**施工资料**					
C1	**施工管理资料**					
C1-1	工程概况表		●			●
C1-2	施工现场质量管理检查记录		●	●	●	
C1-3	施工日志		●			
C1-4	**工程质量事故资料**					
C1-4-1	工程质量事故调(勘)查记录		●	●	●	●
C1-4-2	工程质量事故报告书		●	●	●	●
C2	**施工技术文件**					
C2-1	施工组织设计(项目管理规划)	施工单位	●			
C2-2	图纸会审记录		●			
C2-3	设计交底记录		●	●	●	●
C2-4	技术交底记录		●			
C2-5	工程洽商记录		●	●	●	●
C2-6	工程设计变更通知单		●	●	●	
C2-7	安全交底记录		●			

续表

类别编号	资料名称	资料来源	保存单位			
			施工单位	监理单位	建设单位	城建档案馆
C3	**施工测量记录**					
C3-1	工程定位测量记录		●	●	●	●
C3-2	基槽验线记录		●		●	●
C4	**施工物资资料**					
C4-1	材料、苗木进场检验记录		●	●	●	
C4-2	设备开箱检查记录		●			
C4-3	设备及管道附件试验记录		●		●	
C4-4	主要设备、原材料、构配件质量证明文件及复试报告汇总表	供应单位提供	●		●	●
C4-5	**产品合格证**					
C4-5-1	半成品钢筋出厂合格证	供应单位提供	●		●	
C4-5-2	预拌混凝土出厂合格证	供应单位提供	●		●	
C4-5-3	预制混凝土构件出厂合格证	供应单位提供	●		●	
C4-5-4	钢构件出厂合格证	供应单位提供	●		●	
C4-5-5	管材的产品质量证明文件	供应单位提供	●		●	
C4-5-6	低压成套配电柜、动力、照明配电箱(盘柜)出厂合格证、生产许可证、CCC认证及证书复印件	供应单位提供	●		●	
C4-5-7	电力变压器、高压成套配电柜、蓄电池组、不间断电源柜、控制柜(屏、台)出厂合格证、生产许可证	供应单位提供	●		●	
C4-5-8	电动机、电动执行机构和低压开关设备合格证、生产许可证、CCC认证及证书复印件	供应单位提供	●		●	
C4-5-9	照明灯具、开关、插座及附件出厂合格证、CCC认证及证书复印件	供应单位提供	●		●	
C4-5-10	电线、电缆出厂合格证、生产许可证、CCC认证及证书复印件	供应单位提供	●		●	
C4-5-11	导管、电缆桥架和线槽出厂合格证	供应单位提供	●		●	
C4-5-12	型钢、电焊条合格证和材质证明书	供应单位提供	●		●	
C4-5-13	镀锌制品和外线金具合格证和镀锌证明书	供应单位提供	●		●	
C4-5-14	封闭母线、插接母线合格证、安装技术文件、CCC认证及证书复印件	供应单位提供	●		●	
C4-5-15	裸母线、裸导线、电缆头部件及接线端子、钢制灯柱、混凝土电杆合格证	供应单位提供	●		●	

续表

类别编号	资料名称	资料来源	保存单位			
			施工单位	监理单位	建设单位	城建档案馆
C4-6	**检测报告**					
C4-6-1	钢材性能检测报告	供应单位提供	●		●	●
C4-6-2	水泥性能检测报告	供应单位提供	●		●	
C4-6-3	外加剂性能检测报告	供应单位提供	●		●	
C4-6-4	防水材料性能检测报告	供应单位提供	●		●	
C4-6-5	砖(砌块)性能检测报告	供应单位提供	●		●	
C4-6-6	饰面板材性能检测报告	供应单位提供	●		●	
C4-6-7	饰面石材性能检测报告	供应单位提供	●		●	
C4-6-8	饰面砖性能检测报告	供应单位提供	●		●	
C4-6-9	玻璃性能检测报告(安全玻璃应有安全检测报告)	供应单位提供	●		●	
C4-6-10	钢结构用焊接材料检测报告	供应单位提供	●		●	
C4-6-11	木结构材料检测报告(含水率、木构件、钢件)	供应单位提供	●		●	
C4-6-12	给水管道材料卫生检测报告	供应单位提供	●		●	
C4-6-13	卫生洁具环保检测报告	供应单位提供	●		●	
C4-7	**材料试验报告**					
C4-7-1	材料试验报告(通用)		●		●	●
C4-7-2	水泥试验报告	检测单位提供	●		●	●
C4-7-3	砌筑砖(砌块)试验报告	检测单位提供	●		●	●
C4-7-4	砂试验报告	检测单位提供	●		●	●
C4-7-5	碎(卵)石试验报告	检测单位提供	●		●	●
C4-7-6	混凝土外加剂试验报告	检测单位提供	●		●	●
C4-7-7	混凝土掺合料试验报告	检测单位提供	●		●	
C4-7-8	钢材试验报告	检测单位提供	●		●	●
C4-7-9	预应力筋复试报告	检测单位提供	●		●	●
C4-7-10	锚具检验报告	检测单位提供	●		●	
C4-7-11	防水涂料试验报告	检测单位提供	●		●	●
C4-7-12	防水卷材试验报告	检测单位提供	●		●	●
C4-7-13	轻骨料试验报告	检测单位提供	●		●	
C4-7-14	装饰装修用人造木板复试报告	检测单位提供	●		●	
C4-7-15	装饰装修用外墙面砖复试报告	检测单位提供	●		●	
C4-7-16	安全玻璃复试报告	检测单位提供	●		●	
C4-7-17	园路广场用花岗石复试报告	检测单位提供	●		●	
C4-7-18	园路广场用料石复试报告	检测单位提供	●		●	
C4-7-19	园路广场用地面砖复试报告	检测单位提供	●		●	
C4-7-20	钢结构用材复试报告	检测单位提供	●		●	●

续表

类别编号	资料名称	资料来源	保存单位			
			施工单位	监理单位	建设单位	城建档案馆
C4-7-21	钢结构用焊接材料复试报告	检测单位提供	●		●	
C4-7-22	木结构材料复试报告	检测单位提供	●		●	
C4-7-23	有见证取样和送检见证人员备案书		●	●	●	
C4-7-24	见证记录		●	●	●	
C4-7-25	有见证试验汇总表		●	●	●	●
C5	**施工记录**					
C5-1	**通用记录**					
C5-1-1	隐蔽工程检查记录		●		●	●
C5-1-2	预检记录		●			
C5-1-3	施工检查记录(通用)		●			
C5-1-4	交接检查记录		●			
C5-2	**园林建筑及附属设施**					
C5-2-1	地基验槽检查记录		●		●	●
C5-2-2	地基处理记录		●		●	●
C5-2-3	地基钎探记录		●		●	●
C5-2-4	混凝土浇灌申请书		●	●		
C5-2-5	预拌混凝土运输单		●			
C5-2-6	混凝土开盘鉴定		●			
C5-2-7	混凝土浇灌记录		●			
C5-2-8	混凝土养护测温记录		●			
C5-2-9	预应力筋张拉数据记录		●		●	●
C5-2-10	预应力筋张拉记录(一)		●		●	●
C5-2-11	预应力筋张拉记录(二)		●		●	●
C5-2-12	预应力张拉孔道灌浆记录		●		●	●
C5-2-13	焊接材料烘焙记录		●			
C5-2-14	构件吊装记录		●			
C5-2-15	防水工程试水检查记录	专业施工单位	●		●	
C5-2-16	钢结构施工记录	专业施工单位	●		●	
C5-2-17	网架(索膜)施工记录	专业施工单位	●		●	
C5-2-18	木结构施工记录	专业施工单位	●		●	
C5-3	**园林用电**					
C5-3-1	电缆敷设检查记录		●		●	
C5-3-2	电气照明装置安装检查记录		●		●	
C5-3-3	电线(缆)钢导管安装检查记录		●		●	
C5-3-4	成套开关柜(盘)安装检查记录		●		●	
C5-3-5	盘、柜安装及二次接线检查记录		●		●	
C5-3-6	避雷装置安装检查记录		●		●	

续表

类别编号	资料名称	资料来源	保存单位			
			施工单位	监理单位	建设单位	城建档案馆
C5-3-7	电机安装检查记录		●		●	
C5-3-8	电缆头(中间接头)制作记录		●		●	
C5-3-9	供水设备供电系统调试记录		●		●	
C6	**施工试验记录**					
C6-1	**通用记录**					
C6-1-1	施工试验记录(通用)		●		●	●
C6-1-2	设备单机试运转记录		●		●	●
C6-1-3	系统试运转调试记录		●		●	●
C6-2	**园林建筑及附属设备**					
C6-2-1	锚杆、土钉锁定力(抗拔力)试验报告	检测单位提供	●		●	
C6-2-2	地基承载力检验报告	检测单位提供	●		●	●
C6-2-3	土工击实试验报告		●		●	●
C6-2-4	回填土试验报告(应附图)		●		●	●
C6-2-5	钢筋机械连接型式检验报告	技术提供单位提供	●		●	
C6-2-6	钢筋连接工艺检验(评定)报告	检测单位提供	●		●	
C6-2-7	钢筋连接试验报告		●		●	●
C6-2-8	砂浆配合比申请单、通知单		●			
C6-2-9	砂浆抗压强度试验报告		●		●	
C6-2-10	砂浆试块强度统计、评定记录		●		●	●
C6-2-11	混凝土配合比申请单、通知单		●			
C6-2-12	混凝土抗压强度试验报告		●		●	
C6-2-13	混凝土试块强度统计、评定记录		●		●	●
C6-2-14	混凝土抗渗试验报告		●		●	●
C6-2-15	饰面砖粘结强度试验报告		●		●	
C6-2-16	后置埋件抗拔试验报告	检测单位提供	●		●	
C6-2-17	超声波探伤报告		●		●	●
C6-2-18	超声波探伤记录		●		●	●
C6-2-19	钢构件射线探伤报告		●		●	●
C6-2-20	磁粉探伤报告	检测单位提供	●		●	●
C6-2-21	高强螺栓抗滑移系数检测报告	检测单位提供	●		●	
C6-2-22	钢结构涂料厚度检测报告	检测单位提供	●		●	
C6-2-23	木结构胶缝试验报告	检测单位提供	●		●	
C6-2-24	木结构构件力学性能试验报告	检测单位提供	●		●	
C6-2-25	木结构防护剂试验报告	检测单位提供	●		●	
C6-3	**园林给排水**					
C6-3-1	灌(满)水试验记录		●			
C6-3-2	强度严密性试验记录		●		●	●

续表

类别编号	资料名称	资料来源	保存单位			
			施工单位	监理单位	建设单位	城建档案馆
C6-3-3	通水试验记录		●			
C6-3-4	吹(冲)洗(脱脂)试验记录		●			
C6-3-5	通球试验记录		●		●	
C6-4	**园林用电**					
C6-4-1	电气接地电阻试验记录		●		●	●
C6-4-2	电气接地装置隐检与平面示意图表		●		●	●
C6-4-3	电气绝缘电阻测试记录		●		●	
C6-4-4	电气器具通电安全检查记录		●		●	
C6-4-5	电气设备空载试运行记录		●		●	
C6-4-6	建筑物照明通电试运行记录		●		●	
C6-4-7	大型照明灯具承载试验记录		●		●	
C6-4-8	漏电开关模拟试验记录		●		●	
C6-4-9	大容量电气线路结点测温记录		●		●	
C6-4-10	避雷带支架拉力测试记录		●		●	
C7	**施工验收资料**					
C7-1	工程竣工报告(施工总结)	施工单位编制	●	●	●	●
C7-2	检验批质量验收记录		●	●		
C7-3	分项工程质量验收记录		●	●		
C7-4	分部(子分部)工程质量验收记录		●	●	●	●
C7-5	单位(子单位)工程质量竣工验收记录		●	●	●	●
C7-6	单位(子单位)工程质量控制资料核查记录		●	●	●	
C7-7	单位(子单位)工程安全和功能检验资料核查及主要功能抽查记录		●	●	●	
C7-8	单位(子单位)工程观感质量检查记录		●	●		
D	**竣工图**	**编制单位提供**				
E	**工程资料、档案封面与目录**					
E1	**工程资料封面与目录**					
E1-1	工程资料案卷封面		●		●	
E1-2	工程资料卷内目录		●		●	
E1-3	分项目录(一)		●		●	
E1-4	分项目录(二)		●		●	
E1-5	工程资料卷内备考表		●	●	●	
E2	**城市建设档案封面与目录**					
E2-1	城市建设档案案卷封面				●	●
E2-2	城市建设档案卷内目录				●	●
E2-3	城市建设档案案卷审核备考表				●	●

续表

类别编号	资料名称	资料来源	保存单位			
			施工单位	监理单位	建设单位	城建档案馆
E3	**工程资料与城建档案移交书**					
E3-1	工程资料移交书				●	●
E3-2	城市建设档案移交书				●	●
E3-3	城市建设档案缩微品移交书				●	●
E3-4	工程资料移交目录				●	●
E3-5	城市建设档案移交目录				●	●

第二节 园林绿化工程资料整理与管理

一、园林绿化工程资料编码的填写

施工资料是在整个施工过程中形成的管理、技术、质量、物资等各方面的资料和记录，种类多，数量大。建立科学、规范的资料编号体系有利于过程的整理、查询和组卷归档。

1. 分部分项工程划分及代号规定

园林绿化工程共分为四个子单位工程，其划分及代号见表1-2。对于专业化程度高、施工工艺复杂、技术先进的子单位分部工程应分别单独组卷。须单独组卷的子分部工程名称代号见表1-2。

表1-2　园林绿化工程分部分项工程划分及代号

子单位工程代号	子单位工程名称	子单位分部工程代号	子单位分部工程名称	分项工程名称	备注
01	绿化种植	01	整理绿化用地	客土、整理场地、地形整理、定点放线	
		02	苗木种植	种植穴(槽)、施肥、苗木种植、大树移植、苗木修剪、花卉种植、竹子种植、攀援植物、色带、绿篱、水生植物的种植、苗木养护管理	
		03	屋顶绿化	防水、排(蓄)水设施、土壤基质喷灌设施、乔木种植、灌木种植、草坪种植、附属设施	
		04	草坪地被种植	草坪播种、草坪栽种(根)、草卷铺设、地被植物种植、草坪地被养护	
02	园林建筑及附属设施	01	园林建筑		
		02	园路广场	混凝土基层、灰土基层、碎石基层、砂石基层、砖面层、料石面层、花岗石面层、卵石面层、木板面层、路缘石	
		03	园林小品	栏杆扶手、景石、花架廊架、亭台水榭、喷泉叠水、桥涵(拱桥、平桥、木桥、其他)、堤、岸、花坛、围牙、园凳、牌示、果皮箱、坐椅、雕塑镌刻	
		04	筑山	土丘、石山、塑山	
		05	理水	河湖、溪流、池塘、涌泉	
		06	建筑装饰	砖砌体、石砌体、抹灰、门窗、饰面砖、涂饰、屋面、匾额、框	单独组卷
		07	建筑结构	地基、模板、钢筋、混凝土、钢结构、木结构、砌体结构	

续表

子单位工程代号	子单位工程名称	子单位分部工程代号	子单位分部工程名称	分项工程名称	备注
03	园林给排水	01	绿地给水	管沟、井室、管道安装、设备安装、喷头安装、回填	
		02	绿地排水	排水盲沟管道、漏水管道、管沟及井室	
		03	卫生器具	卫生器具及配件、卫生器具排水管	
04	园林用电	01	景观照明	照明配电箱、电管安装、电缆敷设、灯具安装、接地安装、开关插座、照明通电试用	
		02	其他用电	广播、监控等	

注:园林建筑可参照建安工程相关内容。

2. 工程资料编号的组成

(1)工程资料应填入右上角的编号栏。

(2)通常情况下,工程资料编号采用9位编号,由子单位工程代号(2位)、子单位分部工程代号(2位)、资料类别编号(2位)和顺序号(3位)组成,每部分之间用横线隔开。

编号形式为:

××—××—××—××× ⟶ 共9位编号

① ② ③ ④

①为子单位工程代号(2位),应根据资料所属的分部工程,按表1-2规定的代号填写。

②为子单位分部工程代号(2位),应根据资料所属的子单位分部工程,按表1-2规定的代号填写。

③为资料的类别编号(2位),应根据资料所属类别,按表1-1规定的类别编号填写。

④为顺序号(共3位),应根据相同表格、相同检查项目,按时间自然形成的先后顺序号填写。

举例如下:

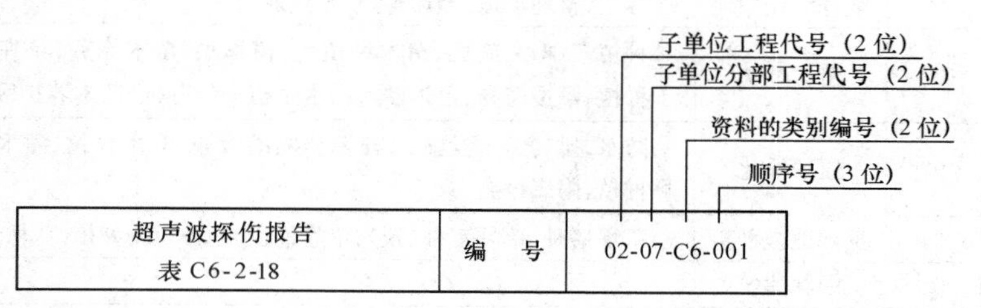

3. 工程资料类别编号填写原则

工程资料的类别编号应依据表1-1的要求,按顺序填写。

4. 工程资料顺序号填写原则

(1)对于施工专用表格,顺序号应按时间先后顺序,用阿拉伯数字从001开始连续标注。

(2)对于同一施工表格(如隐蔽工程检查记录、预检记录等)涉及多个子单位分部工程时,顺序号应根据子单位分部工程的不同,按子单位分部工程的各检查项目分别从001开始连续标注。

无统一表格或外部提供的施工资料,应根据表1-1,在资料的右上角注明编号,填写要求按照上述1~4项的规定。

5. 监理资料编号

(1)监理资料编号应填入右上角的编号栏。

(2)对于相同的表格或相同的文件材料,应分别按时间自然形成的先后顺序从 001 开始,连续标注。

(3)监理资料中的《施工测量定点放线报验表》(表式 B2-2)、《工程物资进场报验表》(表式 B2-4)应根据报验项目编号,对于相同的报验项目,应分别按时间自然形成的先后顺序从 001 开始,连续标注。

二、园林绿化工程资料组卷

1. 质量要求

(1)组卷前应保证基建文件、监理资料和施工资料齐全、完整,并符合规程要求。

(2)编绘的竣工图应反差明显、图面整洁、线条清晰、字迹清楚,能满足微缩和计算机扫描的要求。

(3)文字材料和图纸不满足质量要求的一律返工。

2. 基本原则

(1)建设项目应按单位工程组卷。

(2)园林绿化工程资料应按照不同的收集、整理单位及资料类别,按基建文件、监理资料、施工资料和竣工图分别进行组卷。

(3)卷内资料排列顺序应依据卷内资料构成而定,一般顺序为封面、目录、资料部分、备考表和封底。组成的卷案应美观、整齐。

(4)卷内若存在多类工程资料时,同类资料按自然形成的顺序和时间排序,不同资料之间的排列顺序可参照表 1-1 的顺序排列。

(5)案卷不宜过厚,一般不超过 40mm。案卷内不应有重复资料。

3. 资料组卷要求

(1)基建文件组卷。基建文件可根据类别和数量的多少组成一卷或多卷,如工程决策立项文件卷、征地拆迁文件卷、勘察、测绘与设计文件卷、工程开工文件卷、商务文件卷、工程竣工验收与备案文件卷。同一类基建文件还可根据数量多少组成一卷或多卷。

基建文件组卷具体内容和顺序可参考表 1-1;移交城建档案馆基建文件的组卷内容和顺序可参考资料规程。

(2)监理资料组卷。监理资料可根据资料类别和数量多少组成一卷或多卷。

(3)施工资料组卷。施工资料组卷应按照专业、系统划分,每一专业、系统再按照资料类别从 C1～C7 顺序排列,并根据资料数量多少组成一卷或多卷。

对于专业化程度高,施工工艺复杂,通常由专业分包施工的子分部(分项)工程应分别单独组卷,并根据资料数量的多少组成一卷或多卷。

按规定应由施工单位归档保存的基建文件和监理资料按表 1-1 的要求组卷。

(4)竣工图组卷。竣工图应按专业进行组卷,每一专业可根据图纸数量多少组成一卷或多卷。

(5)向城建档案馆报送的工程档案应按《建设工程文件归档整理规范》(GB/T 50328—2001)的要求进行组卷。

(6)文字材料和图纸材料原则上不能混装在一个装具内,如资料材料较少,需放在一个装具内时，文字材料和图纸材料必须混合装订，其中文字材料排前，图样材料排后。

(7)单位工程档案总案卷数超过20卷的，应编制总目录卷。

4. 编写案卷页号

(1)编写页号应以独立卷为单位。案卷内资料材料排列顺序确定后，均应有书写内容的页面编写页号。

(2)每卷从阿拉伯数字1开始，用打号机或钢笔一次逐张连续标注页号，采用黑色、蓝色油墨或墨水。案卷封面、卷内目录和卷内备案表不编写页号。

(3)页号编写位置：单面书写的文字材料页号编写在右下角，双面书写的文字材料页号正面编写在右下角，背面编写在左下角。

(4)图纸折叠后无论何种形式，页号一律编写在右下角。

三、园林绿化工程资料管理职责

1. 一般规定

(1)园林绿化工程资料的形成应符合国家相关的法律、法规、施工质量验收标准和规范、工程合同与设计文件等的规定。

(2)园林绿化工程各参建单位应将工程资料的形成和积累纳入工程建设管理的各个环节和有关人员的职责范围。

(3)园林绿化工程资料应随工程进度同步收集、整理并按规定移交。

(4)园林绿化工程资料应实行分级管理，由建设、监理、施工单位主管(技术)负责人组织本单位工程资料的全过程管理工作。建设过程中工程资料的收集、整理工作和审核工作应有专人负责，并按规定取得相应的岗位资格。

(5)园林绿化工程各参建单位应确保各自文件的真实、有效、完整和齐全，对工程资料进行涂改、伪造、随意抽撤或损毁、丢失等的，应按有关规定予以处罚，情节严重的，应依法追究法律责任。

2. 建设单位管理职责

(1)应负责基建文件的管理工作，并设专人对基建文件进行收集、整理和归档。

(2)在工程招标及与勘察、设计、施工、监理等单位签订协议、合同时，应对工程文件的套数、费用、质量、移交时间等提出明确要求。

(3)必须向参与园林绿化工程建设的勘察、设计、施工、监理等单位提供与园林绿化工程建设有关的资料。

(4)由建设单位采购的材料、构配件和设备，建设单位应保证材料、构配件和设备符合设计文件和合同要求，并保证相关物资文件的完整、真实和有效。

(5)收集和整理工程准备阶段、竣工验收阶段形成的文件，并进行立卷归档。

(6)负责组织、监督和检查勘察、设计、施工、监理等单位的工程文件的形成、积累和立卷归档工作；也可委托监理单位监督、检查工程文件的形成、积累和立卷归档工作。

(7)对须建设单位签认的园林绿化工程资料应签署意见。

(8)应收集和汇总勘察、设计、监理和施工等单位立卷归档的园林绿化工程档案。

(9)应负责组织竣工图的绘制工作，也可委托施工单位、监理单位或设计单位，并按相关文件规定承担费用。

(10)在组织园林绿化工程竣工验收前，应提请当地的城建档案管理机构对工程档案进行预验收;未取得工程档案验收认可的文件,不得组织工程竣工验收。

(11)对列入城建档案馆(室)接收范围的园林绿化工程,工程竣工验收后3个月内,向当地城建档案馆(室)移交一套符合规定的园林绿化工程档案。

3. 勘察、设计单位管理职责

(1)应按合同和规范要求提供勘察、设计文件。

(2)对须勘察、设计单位签认的园林绿化工程资料应签署意见。

(3)园林绿化工程竣工验收,应出具工程质量检查报告。

4. 监理单位管理职责

(1)应负责监理资料的管理工作,并设专人对监理资料进行收集、整理和归档。

(2)应按照合同约定,检查工程资料的真实性、完整性和准确性,并对按规定项目由监理签认的工程资料予以签认。

(3)列入城建档案馆接收范围的监理资料,监理单位应在工程竣工验收后三个月内移交建设单位。

5. 施工单位管理职责

(1)应负责园林绿化工程施工资料的管理工作,实行主管负责人负责制,逐级建立健全施工资料管理岗位责任制。

(2)总承包单位负责汇总、审核各分包单位编制的施工资料。分包单位应负责其分包范围内施工资料的收集和整理,并对施工资料的真实性、完整性和有效性负责。

(3)应在工程竣工验收前,将工程的施工资料整理、汇总完成,并移交建设单位进行工程竣工验收。

(4)负责编制的园林绿化工程施工资料除自行保存一套外,移交建设单位两套,其中包括移交城建档案馆原件一套。资料的保存年限应符合相应规定。如建设单位对施工资料的编制套数有特殊要求的,可另行约定。

6. 城建档案馆管理职责

(1)负责接收、保管城建档案的日常管理工作。

(2)城建档案管理机构应对园林绿化工程文件的立卷归档工作进行监督、检查、指导。在园林绿化工程竣工验收前,应对工程档案进行预验收,验收合格后,须出具工程档案认可文件。

第三节 园林绿化工程资料管理流程

一、基建文件管理流程

1. 基建文件管理规定

(1)基建文件必须按有关行政主管部门的规定和要求进行申报、审批,并保证开、竣工手续和文件完整、齐全。

(2)工程竣工验收应由建设单位组织勘察、设计、监理、施工等有关单位进行,并形成竣工验收文件。

(3)工程竣工后,建设单位应负责工程竣工备案工作。按照关于竣工备案的有关规定,提交完整的竣工备案文件,报竣工备案管理部门备案。

2. 基建文件管理流程

基建文件管理流程,如图 1-1 所示。

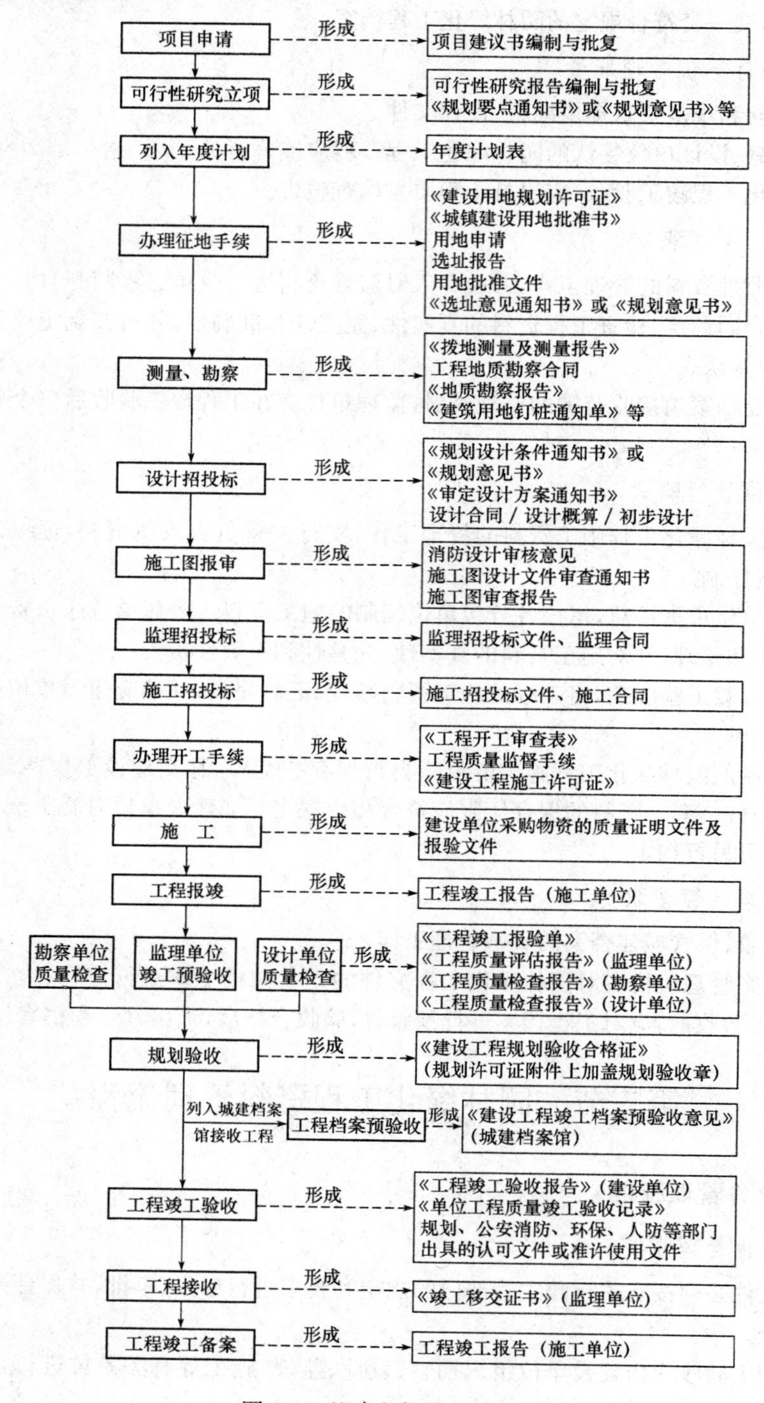

图 1-1 基建文件管理流程

二、施工资料管理流程

1. 施工资料管理规定

(1)施工资料应实行报验、报审管理。施工过程中形成的资料应按报验、报审程序,通过相关施工单位相关部门审核后,方可报建设(监理)单位。

(2)施工资料的报验、报审应有时限性要求。工程相关各单位宜在合同中约定报验、报审资料的申报时间及审批时间,并约定应承担的责任。当无约定时,施工资料的申报、审批不得影响正常施工。

(3)建筑工程实行总承包的,应在与分包单位签订施工合同中明确施工资料的移交套数、移交时间、质量要求及验收标准等。分包工程完工后,应将有关施工资料按约定移交。

2. 施工资料管理流程

(1)施工技术资料管理流程(图 1-2)。

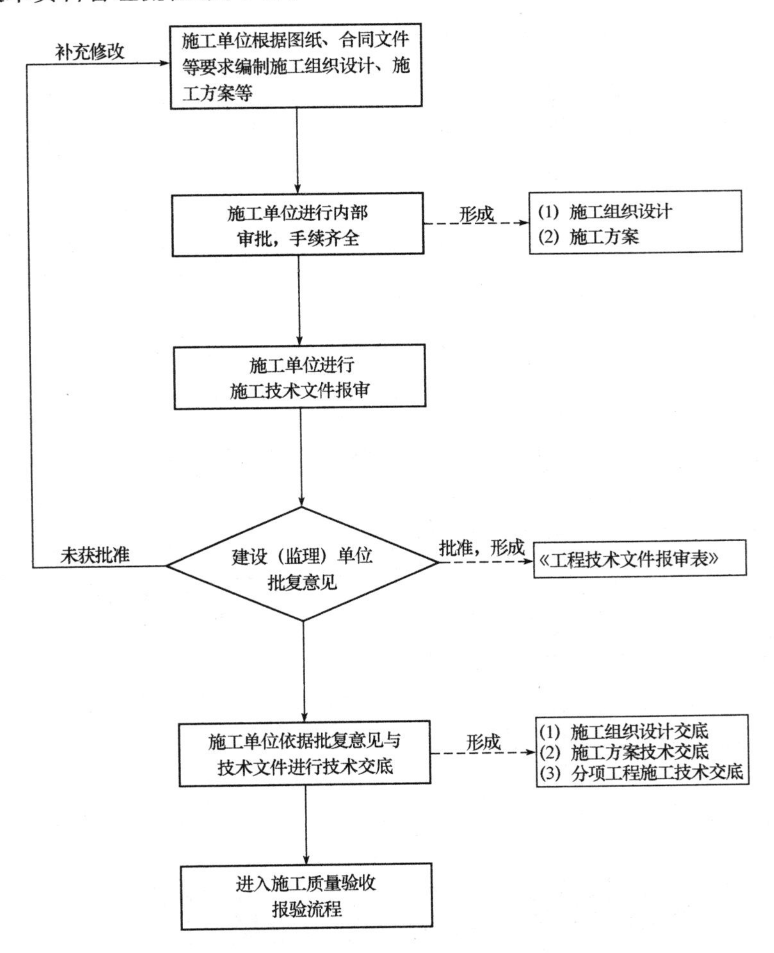

图 1-2　施工技术资料管理流程

(2)施工物资资料管理流程(图 1-3)。

(3)分项工程质量验收资料管理流程(图 1-4)。

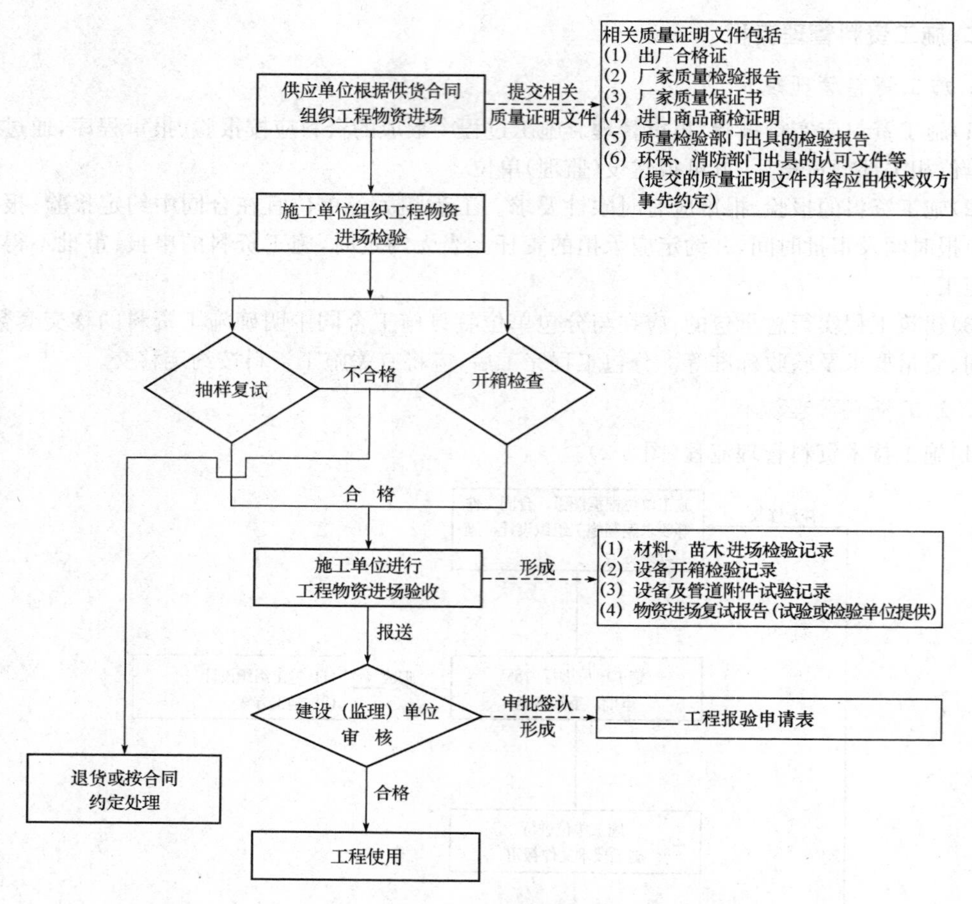

图 1-3　施工物资资料管理流程

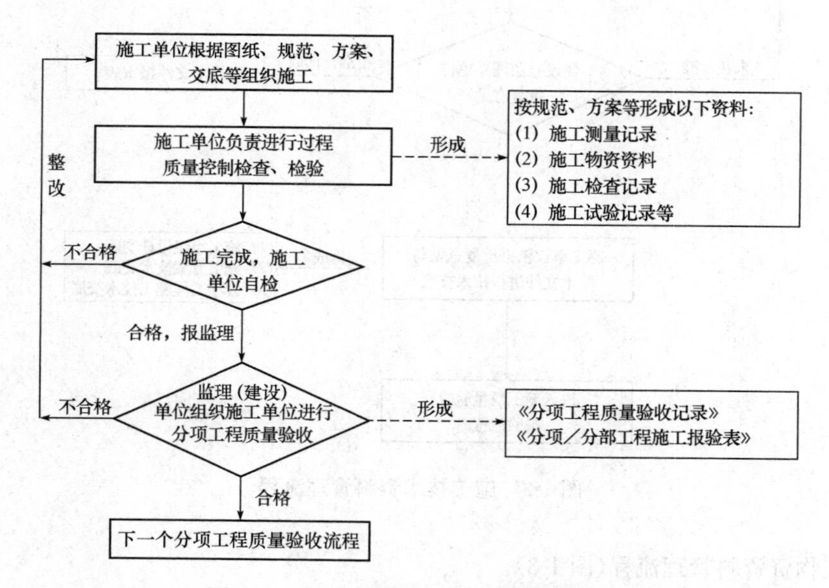

图 1-4　分项工程质量验收资料管理流程

(4)分部工程质量验收资料管理流程(图 1-5)。

(5)工程验收资料管理流程(图 1-6)。

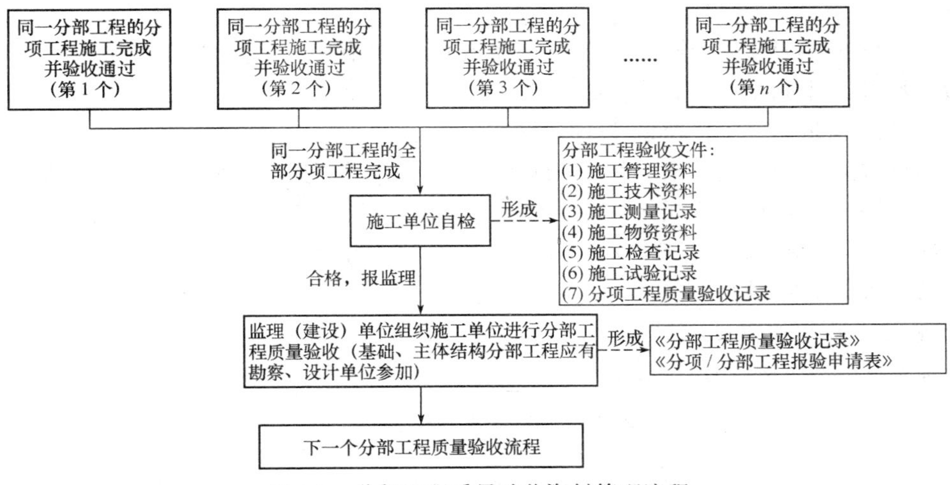

图 1-5 分部工程质量验收资料管理流程

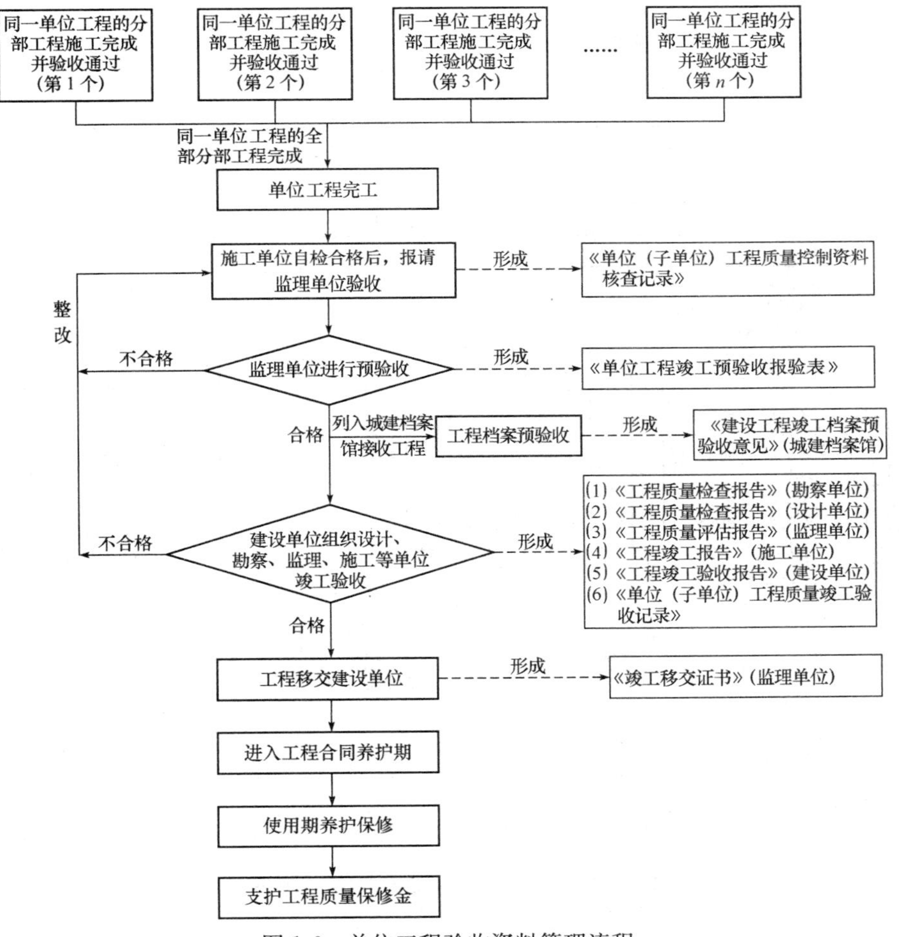

图 1-6 单位工程验收资料管理流程

三、监理资料管理流程

1. 监理资料管理规定

(1)监理资料的日常管理要整理及时、真实齐全、分类有序。总监理工程师应指定专人进行监理数据管理,总监理工程师为总负责人。

(2)应按照合同约定审核勘察、设计文件。

(3)应对施工单位报送的施工资料进行审查,使施工资料完整、准确,合格后予以签认。

(4)监理工程师应根据监理资料的要求,认真核实,不得接受经涂改的报验资料,并在审核整理后交数据管理人员存放。存放时应按分部分项建立案卷,分专业存放保管并编目。收发、借阅必须通过数据管理人员履行手续。

2. 监理资料管理流程

监理资料管理流程如图 1-7 所示。

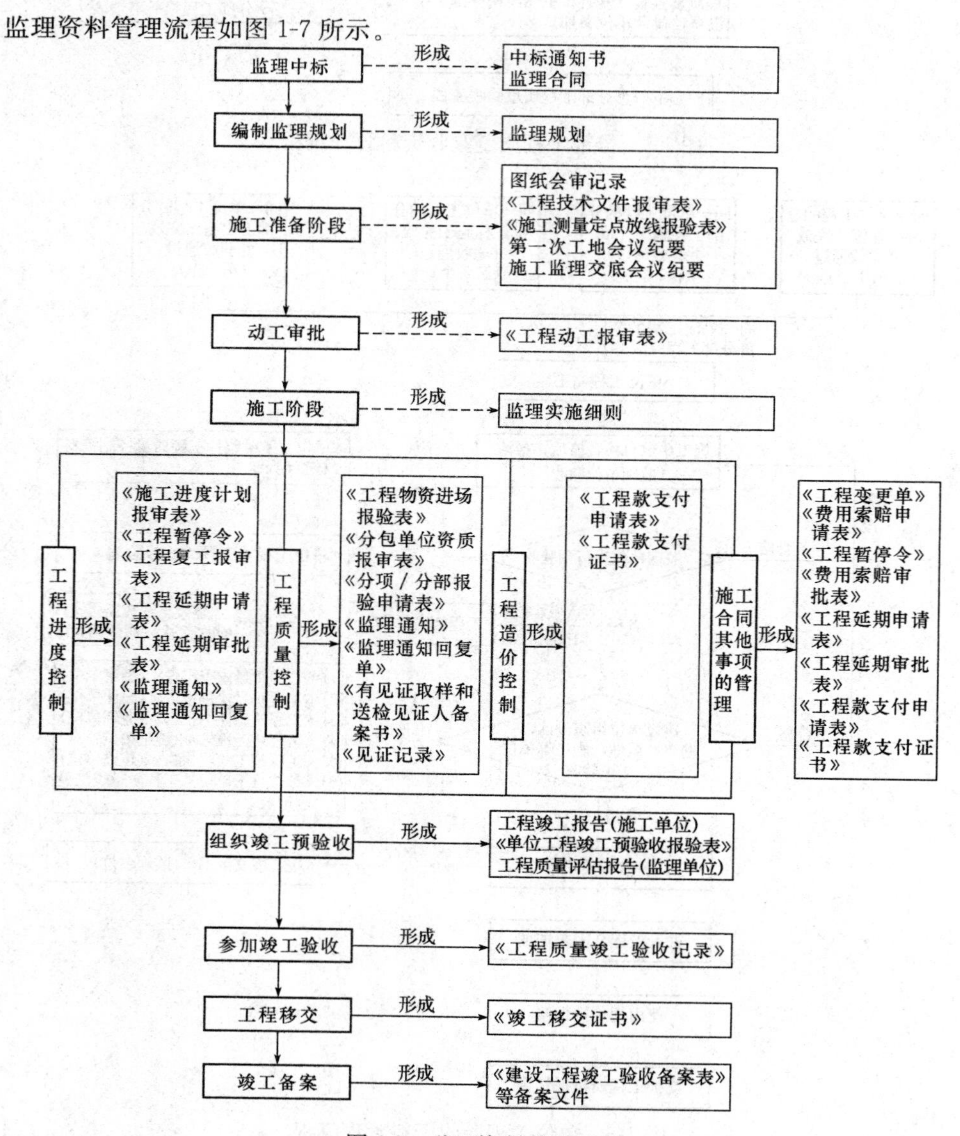

图 1-7 监理资料管理流程

第四节 园林绿化工程资料编制质量要求

(1)工程资料应真实反映工程的实际情况,具有永久和长期保存价值的材料必须完整、准确和系统。

(2)工程资料应使用原件,因各种原因不能使用原件的,应在复印件上加盖原件存放单位公章、注明原件存放处、并有经办人的签字、时间。

(3)工程资料应保证字迹清晰,签字、盖章手续齐全,签字必须使用档案规定的用笔。计算机形成的工程资料应采用内容打印、手工签名的方式。

(4)施工图的变更、洽商绘图应符合技术要求。凡采用施工蓝图改绘竣工图的,必须使用反差明显的蓝图,竣工图图面应整洁。

(5)工程档案的填写和编制应符合档案缩微管理和计算机输入的要求。

(6)工程档案的缩微制品,必须按国家缩微标准进行制作,主要技术指标(解像力、密度、海波残留量等)应符合国家标准规定,保证质量,以适应长期安全保管。

(7)工程资料的照片(含底片)及声像档案,应图像清晰,声音清楚,文字说明、内容准确。

第二章　园林绿化工程基建文件

第一节　一般规定

（1）新建、扩建、改建的建设项目，其基建文件必须按有关行政主管部门的规定和要求进行申报、审批，并保证开、竣工手续和文件的完整、齐全。

（2）建设单位必须按照基本建设程序开展工作，配备专职或兼职档案资料管理人员，档案资料管理人员应负责及时收集基本建设程序各个环节所形成的文件原件，并按类别、形成时间进行登记、立卷、保管，待工程竣工后按规定进行移交。

（3）工程竣工验收应由建设单位组织勘察、设计、监理、施工等有关单位进行，并形成竣工验收文件。

（4）工程竣工后，建设单位应负责工程竣工备案工作。按照工程竣工备案的有关规定，提交完整的竣工备案文件，报工程竣工验收备案管理部门备案。

第二节　基建文件内容与要求

一、决策立项文件

（1）投资项目建议书：由建设单位编制并申报。

（2）对项目建议书的批复文件：由建设单位的上级部门或国家有关主管部门批复。

（3）环境影响审批报告书：由环保部门审批形成。

（4）可行性研究报告：由建设单位委托有资质的工程咨询单位编制。

（5）对可行性报告的批复文件：国家投资的大中型项目由国家发展与改革委员会或由国家发展与改革委员会委托的有关单位审批；小型项目分别由行业或国家有关主管部门审批；建设资金自筹的企业大中型项目由地方发展与改革委员会备案，报国家及有关部门备案。

（6）关于立项的会议纪要、领导批示：由建设单位或其上级主管单位的会议记录。

（7）专家对项目的有关建议文件：由建设单位组织形成。

（8）项目评估研究资料：由建设单位组织形成。

（9）计划部门批准的立项文件：由国家发展与改革委员会或地方发展与改革委员会批准形成。

二、建设用地、征地与拆迁文件

（1）土地使用报告预审文件、国有土地使用证：由国有土地管理部门办理。

（2）拆迁安置意见及批复文件：由政府有关部门批准形成。

（3）规划意见书及附图：由规划部门审查形成。

（4）建设用地规划许可证、附件及附图：由规划部门办理。

（5）其他文件：掘路占路审批文件、移伐树审批文件、工程项目统计登记文件、向人防备案施工图文件、非政府投资项目备案许可等由政府有关部门办理形成。

三、勘察、测绘与设计文件

(1)工程地质勘察报告:由建设单位委托勘察单位勘察形成。

(2)水文地质勘察报告:由建设单位委托勘察单位勘察形成。

(3)测量交线、交桩通知书:由规划部门审批形成。

(4)验收合格文件(验线):由规划部门审批形成。

(5)审定设计批复文件及附图:由规划部门审批形成。

(6)审定设计方案通知书:此文件分别征求人防、环保、消防、技术监督、卫生防疫、交通、铁路、园林、供水、排水、供热、供电、供燃气、文物、地震、节水、节能、通讯、保密、河湖、教育等有关部门意见并取得有关协议后,由规划部门负责审查重点地区、重大项目的设计方案并形成文件。

(7)初步设计文件:由设计单位形成。

(8)施工图设计文件:由设计单位形成。

(9)初步设计审核文件:政府有关部门对设计单位初步设计进行审查,规划部门审查初步设计,人防部门审查人防初步设计,消防部门审查公安消防初步设计,公安交通管理部门审查停车场(库)及内外部道路设计。

(10)对设计文件的审查意见:由建设单位委托有资格的设计、咨询单位提出审查意见并形成文件。

四、工程招投标与承包合同文件

(1)勘察招投标文件:由建设单位与勘察单位形成。

(2)设计招投标文件:由建设单位与设计单位形成。

(3)拆迁招投标文件:由建设单位与拆迁单位形成。

(4)施工招投标文件:由建设单位与施工单位形成。

(5)监理招投标文件:由建设单位与监理单位形成。

(6)设备、材料招投标文件:由订货单位与供货单位形成。

(7)勘察合同:由建设单位与勘察单位形成。

(8)设计合同:由建设单位与设计单位形成。

(9)拆迁合同:由建设单位与拆迁单位形成。

(10)施工合同:由建设单位与施工单位形成。

(11)监理合同:由建设单位与监理单位形成。

(12)材料设备采购合同:由订货单位与供货单位形成。

五、工程开工文件

(1)年度施工任务批准文件:由地方建委批准形成。

(2)修改工程施工图纸通知书:由规划部门审批形成。

(3)建设工程规划许可证、附件及附图:由规划部门办理(示例见 P26～P27)。

(4)固定资产投资许可证:由政府主管部门办理。

(5)建设工程施工许可证或开工审批手续:由建设行政主管部门办理(示例见 P28～P29)。

(6)工程质量监督注册登记表:由建设单位向相应的专业质量监督机构办理。

六、商务文件

(1)工程投资估算材料:由建设单位委托工程造价咨询单位形成。

(2)工程设计概算:由建设单位委托工程造价咨询单位形成。

(3)施工图预算:由建设单位委托工程造价咨询单位形成。

(4)施工预算:由施工单位形成。

(5)工程决算:由建设(监理)单位、施工单位编制(或由建设单位委托有资质的第三方单位编制)形成。

(6)交付使用固定资产清单:由建设单位形成。

七、工程竣工备案文件

(1)建设工程竣工档案预验收意见。列入城建档案馆档案接收范围的工程,建设单位在组织竣工验收前应当提请城建档案管理机构对工程档案进行预验收,预验收合格后由城建档案管理机构出具工程档案认可文件。

建设单位在取得工程档案认可文件后,方可组织工程竣工验收。建设行政主管部门在办理工程竣工验收备案时,应当查验工程档案预验收认可文件。

(2)工程竣工验收备案表:由建设单位在工程竣工验收合格后负责填报,并经建设行政主管机构的备案管理部门审验形成。

(3)工程竣工验收报告:由建设单位形成。工程竣工验收报告的基本内容如下:

1)工程概况:工程名称;工程地址;主要工程量;建设、勘察、设计、监理、施工单位名称;规划许可证号、施工许可证号、质量监督注册登记号;开工、完工日期。

2)对勘察、设计、监理、施工单位的评价意见;合同内容执行情况。

3)工程竣工验收时间;验收程序、内容、组织形式(单位、参加人);验收组对工程竣工验收的意见。

4)建设单位对工程质量的总体评价。项目负责人、单位负责人签字;单位盖公章;报告日期。

(4)勘察、设计单位质量检查报告:由勘察、设计单位形成。质量检查报告的基本内容如下:

1)勘察单位。

①勘察报告号。

②地基验槽的土质与勘察报告是否相符。

③是否满足设计要求的承载力。

2)设计单位。

①设计文件号。

②对设计文件(图纸、变更、洽商)是否进行检查;是否符合标准要求。

③工程实体与设计文件是否相符。

上述报告均应有项目负责人、单位负责人签字;单位盖公章;报告日期。

(5)规划、消防、环保、技术监督、卫生防疫等部门出具的认可文件或准许使用的文件:由各有关主管部门形成。

(6)工程质量保修书:园林绿化工程《工程质量保修书》应在合同特殊条款约定下,由发包方与承包方共同约定。内容包括:

1)工程质量保修范围和内容。

2)质量保修期。

3)质量保修责任。

4)保修费用。

5)其他。

由发包、承包双方单位盖公章,法定代表人签字。

(7)工程使用说明书:由建设单位或施工单位提供。

八、其他文件

(1)由建设单位采购的物资质量证明文件:按合同约定由建设单位采购的材料、构配件和设备等物资的,物资质量证明文件和报验文件由建设单位收集、整理,并按约定移交施工单位汇总。

(2)工程竣工总结(大、中型工程):工程竣工总结由建设单位编制。是综合性的总结,简要介绍工程建设的全过程。

凡组织国家或省(市)级工程竣工验收会的工程,可将验收会上的工程竣工文件汇集作为工程竣工总结。工程竣工总结一般应具有下列内容:

1)基本概况。

①工程立项的依据和建设目的、意义。

②工程资金筹措、产权、管理体制。

③工程概况包括工程性质、类别、规模、标准、所处地理位置或桩号、工程数量、概算、预算、决算等。

④工程勘察、设计、监理、施工、厂站设备采购招投标情况。

⑤改扩建工程与原工程系统的关系。

2)设计、施工、监理情况。

①设计情况:设计单位和设计内容(设计单位全称和全部设计内容);工程设计特点及采用新建筑材料。

②施工情况:开工、完工日期;竣工验收日期;施工组织、技术措施等情况;施工单位相互协调情况。

③监理情况:监理工作组织及执行情况;监理控制。

④质量事故及处理情况。

3)工程质量及经验教训。工程质量鉴定意见和评价,规划、消防、环保、人防、技术监督等认可单位的意见,工程建设中的经验及教训,工程遗留问题及处理意见。

4)其他需要说明的问题。

(3)工程开工前的原貌、主要施工过程、竣工新貌照片:由建设单位收集提供。

(4)工程开工、施工、竣工的录音录像资料:由建设单位收集提供。

(5)建设工程概况表:由建设单位填写,工程竣工后,建设单位向城建档案馆移交工程档案时填写。

中华人民共和国

建设工程规划许可证

编号 ×××—规建字—×××

根据《中华人民共和国城市规划法》第三十二条规定，经审定，本建设工程符合城市规划要求，准予建设。

特发此证

发证机关

日　期　××年×月×日

建设单位	××集团开发有限公司
建设项目名称	××园林绿化工程
建设位置	××市××区××街××号
建设规模	3230 平方米
附图及附件名称	

遵守事项：

一、本证是城市规划区内，经城市规划行政主管部门审定，许可建设各类工程的法律凭证。

二、凡未取得本证或不按本证规定进行建设，均属违法建设。

三、未经发证机关许可，本证的各项规定均不得随意变更。

四、建设工程施工期间，根据城市规划行政主管部门的要求，建设单位有义务随时将本证提交查验。

五、本证所需附图与附件由发证机关依法确定，与本证具有同等法律效力。

中华人民共和国

建设工程施工许可证

编号　施×××—03660建

根据《中华人民共和国建筑法》第八条规定，经审查，本建设工程符合施工条件，准予施工。

特发此证

发证机关

日　　期　××年×月×日

建设单位	××集团开发有限公司		
工程名称	××园林绿化工程		
建设地址	××市××区××街××号		
建设规模	3230 平方米	合同价格	350 万元
设计单位	××风景园林规划		
施工单位	××园林园艺公司		
监理单位	××监理公司		
合同开工日期	××年×月×日	合同竣工日期	××年×月×日
备注			

注意事项：

一、本证放置施工现场，作为准予施工的凭证。

二、未经发证机关许可，本证的各项内容不得变更。

三、建设行政主管部门可以对本证进行查验。

四、本证自核发之日起三个月内应予施工，逾期应办理延期手续，不办理延期或延期次数、时间超过法定时间的，本证自行废止。

五、凡未取得本证擅自施工的属违法建设，将按《中华人民共和国建筑法》的规定予以处罚。

第三节 园林绿化工程竣工备案管理

为了加强对园林绿化工程质量的管理，保证园林绿化工程质量，保护人民生命和财产安全。认真贯彻《中华人民共和国建筑法》，执行《建设工程质量管理条例》，要求园林绿化工程应进行竣工验收备案管理工作。

一、园林绿化工程竣工验收备案管理

建设单位办理园林绿化工程竣工验收备案，应当提交下列文件：

(1)园林绿化工程竣工档案预验收意见。

(2)××园林绿化工程竣工验收备案表。

(3)各参建单位的工程竣工验收报告。工程竣工验收报告应包括工程开工及竣工的时间；施工许可证号；施工图及设计文件审查意见；建设、设计、勘察、监理、施工单位分别签署的质量合格文件及验收人员签署的竣工验收原始文件；有关工程质量的检测资料以及备案管理部门认为需要提供的有关资料。

(4)法律、行政法规规定应当由规划、环保等部门出具的认可文件或者准许使用的文件。

(5)《工程质量保修书》及《工程使用说明书》。

(6)有关法规、规章规定必须提供的其他文件。

二、园林绿化工程竣工验收备案的程序

1. 备案程序

(1)单位工程竣工验收 5 日前，建设单位到园林绿化工程竣工验收备案管理部门领取“园林绿化工程竣工验收备案表”。

同时，建设单位将竣工验收的时间、地点及验收组名单和各项验收文件及报告，书面报送负责监督该项工程的质量监督部门，准备对该工程竣工验收进行监督。

(2)自工程竣工验收合格之日起 15 个工作日内，建设单位将“园林绿化工程竣工验收备案表”一式两份和竣工验收备案文件报送园林绿化工程竣工验收备案管理部门，备案工作人员初审验证符合要求后，在表中备案意见栏加盖“备案文件收讫”章。

(3)园林绿化工程质量监督部门在工程竣工验收合格后 5 个工作日内，向工程竣工验收备案管理部门报送“工程质量监督报告”。

(4)备案管理部门负责人审阅“园林绿化工程竣工验收备案表”和备案文件，符合要求后，在表中填写“准予该工程竣工验收备案”意见，加盖“园林绿化工程竣工验收备案专用章”。备案管理部门将一份备案表发给建设单位，一份备案表及全部备案资料和“工程质量监督报告”留存档案。

(5)建设单位报送的“园林绿化工程竣工验收备案表”和竣工验收备案文件，如不符合要求的，备案工作人员应填写《备案审查记录表》，提出备案资料存在的问题，双方签字后，交建设单位整改。

(6)建设单位根据规定，对存在的问题进行整改和完善，符合要求后重新报送备案管理部门备案。

(7)备案管理部门依据“工程质量监督报告”或其他方式，发现在工程竣工过程中存有违反国家建设工程质量管理规定行为的，应当在收讫工程竣工验收文件 15 个工作日内，责令建设单位停止使用，并重新组织竣工验收。建设单位在重新组织竣工验收前，工程不得自行投入使用，违者按有关规定处理。

(8)建设单位采用虚假证明文件办理竣工验收备案的，工程竣工验收无效，责令停止使用，重

新组织竣工验收，并按有关规定进行处理。

(9)建设单位在工程竣工验收合格后 15 日内，未办理工程竣工验收备案，责令其限期办理，并按有关规定处理。

2. 备案流程图

园林绿化工程竣工验收备案的流程如图 2-1 所示。

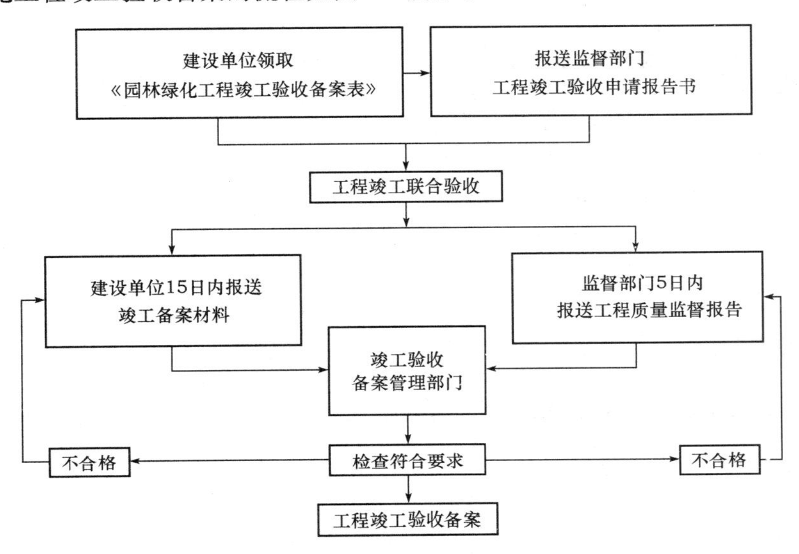

图 2-1　园林绿化工程竣工验收备案流程图

三、工程竣工验收备案文件

下面以××市园林绿化工程竣工验收备案文件为例，作简要说明。

××市园林绿化工程竣工验收备案文件档案

编号　总×××－0096

工程名称　××园林绿化工程

建设单位　××集团开发有限公司

施工单位　××园林园艺公司

监理单位　××监理公司

监督单位　××市园林绿化质量监督站

备案档案目录

工程名称：××园林绿化工程

序　号	档案内容	张　数	页　号	备　注
1	园林绿化工程竣工验收备案表	1		
2	竣工验收备案文件(略)	41		
3	××市工程质量监督报告(略)	4		

注：范例用表格与各地现行表格发生矛盾，以各地现行表格为准。

编号：总×××－0096

××市园林绿化工程竣工验收备案表

工程名称　××园林绿化工程

建设单位　××集团开发有限公司

×××市绿化管理局

××年×月制

园林绿化工程竣工验收备案表

<table>
<tr><td>工程名称</td><td>××园林绿化工程</td><td colspan="2">工程地点</td><td>××市××区××街</td></tr>
<tr><td>施工单位</td><td>××园林园艺公司</td><td colspan="2">施工资质等级</td><td>园林绿化三级</td></tr>
<tr><td>开工日期</td><td>××年×月×日</td><td colspan="2">竣工日期</td><td>××年×月×日</td></tr>
<tr><td>规划用地面积</td><td>4868m²</td><td colspan="2">规划绿地面积</td><td>3265m²</td></tr>
<tr><td>实施绿地面积</td><td>3200m²</td><td colspan="2">绿地率</td><td>0.657</td></tr>
<tr><td>施工与设计
匹配程度</td><td colspan="4"></td></tr>
<tr><td>附属设施
评定意见</td><td colspan="4"></td></tr>
<tr><td>全部工程质
量评定意见</td><td colspan="4"></td></tr>
<tr><td>发现问题</td><td colspan="4"></td></tr>
<tr><td>整改意见</td><td colspan="4"></td></tr>
<tr><td>设计单位</td><td>施工单位</td><td>建设单位</td><td>监理(监督)单位</td><td>绿化主管部门</td></tr>
<tr><td>负责人签字
×××
(公章)
××年×月×日</td><td>负责人签字
×××
(公章)
××年×月×日</td><td>负责人签字
×××
(公章)
××年×月×日</td><td>负责人签字
×××
(公章)
××年×月×日</td><td>负责人签字
×××
(公章)
××年×月×日</td></tr>
</table>

建设工程竣工档案预验收意见

（园林绿化工程）

工程名称	××园林绿化工程	规划用地面积	$4868m^2$
工程地址	××市××区××街××号	规划绿地面积	$3265m^2$
建设单位	××集团开发有限公司	实施绿地面积	$3200m^2$
设计单位	××风景园林	绿地率	0.657
施工单位	××园林园艺公司	规划许可证号	××规建字一×××
监理单位	××监理公司	计划竣工验收日期	××年×月×日
通讯地址	××市××区××街××号	邮政编码	××××××
建设单位联系人	×××	联系电话	××××××××

工程竣工档案内容与编制审查意见

根据国务院《建设工程质量管理条例》和建设部《城建档案管理规定》，经检查，本工程竣工档案的基建文件、监理文件、施工文件及竣工图已基本收集齐全，可以满足竣工档案编制需要。

建设单位已正式办理了竣工档案编制的委托合同，并已在城建档案管理部门备案。工程档案应在××年×月之前向城建档案管理部门移交。

结论：

工程档案预验收合格

建设单位：（章）

单位负责人：×××

联系电话：××××××××

城建档案管理部门（章）

第三章　园林绿化工程施工资料编制

第一节　园林绿化工程施工资料编制形式

(1)施工单位在施工之前，必须编制施工组织设计；大中型的工程应根据施工组织总设计编制分部位、分阶段的施工组织设计。施工组织设计必须全面、到位，必须经上一级技术负责人进行审批并加盖公章，填写施工组织设计审批表；在施工过程中发生变更时，应有变更审批手续。

施工组织设计应包括下列主要内容：工程概况，施工平面布置图，施工部署和管理体系，质量目标设计，施工方法及技术措施，安全措施，文明施工措施，环保措施，节能、降耗措施，其他专项设计。

(2)工程开工前，应由建设单位组织有关单位对施工图设计文件进行会审并按单位工程填写施工图设计文件会审记录。设计单位应按施工程序或需要进行设计交底。设计交底应包括设计依据、设计要点、补充说明、注意事项等，并做交底纪要。施工单位应在施工前进行施工技术交底(施工组织设计交底及工序施工交底)，并做好各种交底记录，交接双方签字。

(3)施工期间应编制的文件有：

1)进入施工现场的原材料、成品、半成品、构配件、设备等产品必须有出厂质量合格证书、检(试)验报告及复试报告，并应归入施工技术文件。

①一般规定：

(a)合格证书、检(试)验报告为复印件的必须加盖供货单位印章方为有效，并注明使用工程名称、规格、数量、进场日期、经办人签名及原件存放地点。

(b)凡使用新技术、新工艺、新材料、新设备的，应有法定单位鉴定证明和生产许可证。产品要有质量标准、使用说明和工艺要求。使用前应按其质量标准进行检(试)验。

(c)在使用前必须按现行国家有关标准的规定抽检、复试，复试结果合格方可使用。

(d)对按国家规定只提供技术参数的测试报告，应由使用单位的技术负责人依据有关技术标准对技术参数进行判别并签字认可。

②水泥：

(a)水泥生产厂家的检(试)验报告应包括后补的28d强度报告。

(b)水泥使用前复试的主要项目为：胶砂强度、凝结时间、安定性、细度等。

③钢材(钢筋、钢板、型钢)：

(a)钢材使用前应做力学性能试验；如不符合要求应对该批钢材进行化学成分检验或其他专项检验；如需焊接时，还应做可焊接性试验。

(b)预应力混凝土所用的高强钢丝、钢绞线等张拉钢材，除按上述要求检验外，还应按有关规定进行外观检查。

④焊接材料：应有焊接材料与母材的可焊性试验报告。

⑤砌块(砖、料石、预制块等)：用于承重结构时，使用前复试项目为抗压、抗折强度。

⑥砂、石：试验项目有筛分析、表观密度、堆积密度和紧密密度、含泥量、泥块含量、针状和片状颗粒的总含量等。结构或设计有特殊要求时，还应按要求加做压碎指标值等相应项目试验。

⑦混凝土外加剂、掺合料:混凝土外加剂、掺合料使用前,应进行现场复试并出具试验报告和掺量配合比试配单。

⑧防水材料及粘接材料:防水卷材、涂料,填缝、密封、粘结材料,沥青玛琋脂、环氧树脂等应进行抽样试验。

⑨石灰:石灰在使用前应按批次取样,检测石灰的氧化钙和氧化镁含量。

⑩水泥、石灰、粉煤灰混合料:连续供料时,生产单位出具合格证书的有效期最长不得超过7d。

⑪商品混凝土:生产单位应按同配比、同批次、同强度等级提供出厂质量合格证书。总含碱量有要求的地区,应提供混凝土碱含量报告。

⑫管材、管件、设备、配件:混凝土管、金属管生产厂家应提供有关的强度、严密性、无损探伤的检测报告。

⑬预应力混凝土张拉材料:应有预应力锚具、连接器、夹片、金属波纹管等材料的出厂检(试)验报告及复试报告。锚具生产厂家及施工单位应提供锚具组装件的静载锚固性能试验报告。

⑭混凝土预制构件:钢筋混凝土及预应力钢筋混凝土梁、板、墩、柱、挡墙板等预制构件生产厂家,应提供质量保证资料。如:钢筋原材料复试报告、焊(连)接检验报告;达到设计强度值的混凝土强度报告(含28d标养及同条件养护的);预应力材料及设备的检验、标定和张拉资料等。

⑮钢结构构件:主体结构构件生产厂家应提供质量保证资料。如:钢材的复试报告、可焊性试验报告;焊接(缝)质量检验报告;连接件的检验报告;机械连接记录等。

⑯各种地下管线的各类井室的井圈、井盖、踏步等,应有质量合格证书。

⑰支座、变形装置、止水带等产品应有出厂质量合格证书和设计有要求的复试报告。

2)施工检(试)验报告:

①凡有见证取样及送检要求的,应有见证记录、有见证试验汇总表。

②水泥混凝土抗压、抗折强度,抗渗、抗冻性能试验资料:

(a)应有试配申请单和配合比通知单。

(b)有按规范规定组数的试块强度试验资料和汇总表。

a)标准养护试块28d抗压强度试验报告。

b)水泥混凝土桥面和路面应有28d标养的抗压、抗折强度试验报告。

c)结构混凝土应有同条件养护试块抗压强度试验报告作为拆模、卸支架、预应力张拉、构件吊运、施加临时荷载等的依据。

(c)设计有抗渗、抗冻性能要求的混凝土,除应有抗压强度试验报告外,还应有按规范规定组数标准养护的抗渗、抗冻试验报告。

(d)商品混凝土应有以现场制作的标准养护28d的试块抗压、抗折、抗渗、抗冻指标作为评定的依据。

③砂浆试块强度试验资料:

(a)有砂浆试配申请单、配比通知单和强度试验报告。

(b)预应力孔道压浆每一工作班留取不少于三组的7.07cm×7.07cm×7.07cm试件,其中一组作为标准养护28d的强度资料,其余二组做移运和吊装时强度参考值资料。

(c)使用沥青玛琋脂、环氧树脂砂浆等粘接材料,应有配合比通知单和试验报告。

④钢筋焊、连接检(试)验资料:

(a)钢筋连接接头采用焊接方式或采用锥螺纹、套管等机械连接接头方式的,均应按有关规定进行现场条件下连接性能试验,留取试验报告。报告必须对抗弯、抗拉试验结果有明确结论。

(b)试验所用的焊(连)接试件,应从外观检查合格的成品中切取,数量要满足现行国家规范规定。

⑤钢结构、钢管道、金属容器等及其他设备焊接检(试)验资料应按国家相关规范执行。

⑥检(试)验报告应由具有相应资质的检测、试验机构出具。

3)施工记录:

①地基与基槽验收记录:

(a)地基与基槽验收时应按以下要求进行:

a)核对其位置、平面尺寸、基底标高等内容,是否符合设计规定。

b)核对基底的土质和地下水情况,是否与勘察报告相一致。

c)对于深基础,还应检查基坑对附近建筑物、道路、管线等是否存在不利影响。

(b)地基需处理时,应由设计、勘察部门提出处理意见,并绘制处理的部位、尺寸、标高等示意图。处理后,应按有关规范和设计的要求,重新组织验收。

一般基槽验收记录可用隐蔽工程验收记录代替。

②构件、设备安装与调试记录:

(a)钢筋混凝土大型预制构件、钢结构等吊装记录。内容包括:构件类别、编号、型号、位置、连接方法、实际安装偏差等,并附简图。

(b)大型设备安装调试记录。内容包括:

a)设备安装设计文件。

b)设备安装记录:设备名称、编号、型号、安装位置、简图、连接方法、允许安装偏差和实际偏差等。特种设备的安装记录还应符合有关部门及行业规范的规定。

c)设备调试记录。

③施加预应力记录:

(a)预应力张拉设计数据和理论张拉伸长值计算资料。

(b)预应力张拉原始记录。

(c)预应力张拉设备—油泵、千斤顶、压力表等应有由法定计量检测单位进行校验的报告和张拉设备配套标定的报告并绘有相应的$P-T$曲线。

(d)预应力孔道灌浆记录。

(e)预留孔道实际摩阻值的测定报告书。

(f)孔位示意图,其孔(束)号、构件编号与张拉原始记录一致。

④混凝土浇筑记录。凡现场浇筑C20(含)强度等级以上的结构混凝土,均应填写混凝土浇筑记录。

⑤施工测温记录。

⑥其他有特殊要求的工程,如水工构筑物,防水、钢结构及管道工程的保温等工程项目,应按有关规定及设计要求,提供相应的施工记录。

4)测量复核及预检记录:

①测量复核记录:

(a)施工前建设单位应组织有关单位向施工单位进行现场交桩。施工单位应根据交桩记录进行测量复核并留有记录。

(b)施工设置的临时水准点、轴线桩及构筑物施工的定位桩、高程桩的测量复核记录。

(c)分部分项的测量复核记录。

(d)应在复核记录中绘制施工测量示意图,标注测量与复核的数据及结论。

②预检记录：

(a)主要结构的模板预检记录，包括几何尺寸、轴线、标高、预埋件和预留孔位置、模板支架牢固性、强度、刚度、稳定性和模内清理、清理口留置、脱模剂涂刷等检查情况。

(b)大型构件和设备安装前的预检记录应有预埋件、预留孔位置、高程、规格等检查情况。

(c)设备安装的位置检查情况。

(d)非隐蔽管道工程的安装检查情况。

(e)支(吊)架的位置、各部位的连接方式等检查情况。

(f)油漆工程。

5)隐蔽工程检查验收记录：凡被下道分部分项工程所隐蔽的，在隐蔽前必须进行质量检查，并填写隐蔽工程检查验收记录。检查的内容应具体，结论应明确。验收手续应及时办理，不得后补。需复验的要办理复验手续。

(4)分部分项及单位工程完成后应分别填质量检验记录。

1)分项施工完毕后，应按照质量检验评定标准进行质量检验与评定，及时填写分项质量检验记录。

2)分部工程完成后应汇总该部位所有分项工程质量评定结果，进行分部工程质量等级评定。

3)单位工程完成后，进行单位工程质量评定，填写单位工程质量检验记录。由工程项目负责人和项目技术负责人签字，加盖公章作为竣工验收的依据之一。

(5)质量事故报告及处理记录：发生质量事故，施工单位应立即填写工程质量事故报告，质量事故处理完毕后须填写质量事故处理记录。

(6)设计变更通知单、洽商记录：设计变更通知单、洽商记录是施工图补充和修改的，应在施工前办理。

1)设计变更通知单，必须由原设计人和设计单位负责人签字并加盖设计单位印章方为有效。

2)洽商记录必须有参建各方共同签认方为有效。

3)设计变更通知单、洽商记录应原件存档。如用复印件存档时，应注明原件存放处。

4)分包工程的设计变更、洽商，由工程总包单位统一办理。

(7)竣工总结与竣工图：

1)竣工总结主要包括下列内容：

①工程概况。

②竣工的主要工程数量和质量情况。

③使用了何种新技术、新工艺、新材料、新设备。

④施工过程中遇到的问题及处理方法。

⑤工程中发生的主要变更和洽商。

⑥遗留的问题及建议等。

2)竣工图：工程竣工后应及时进行竣工图的整理。绘制竣工图须遵照以下原则：

①凡在施工中，按图施工没有变更的，在新的原施工图上加盖"竣工图"的标志后，可作为竣工图。

②无大变更的，应将修改内容按实际发生的描绘在原施工图上，并注明变更或洽商编号，加盖"竣工图"标志后作为竣工图。

③凡结构形式改变、工艺改变、平面布置改变、项目改变以及其他重大改变；或虽非重大变更，但难以在原施工图上表示清楚的，应重新绘制竣工图。

改绘竣工图，必须使用不褪色的黑色绘图墨水。

(8)竣工验收报告与验收证书：

1)工程竣工报告是由施工单位对已完工程进行检查，确认工程质量符合有关法律、法规和工程建设强制性标准，符合设计及合同要求而提出的工程告竣文书。该报告应经项目经理和施工单位有关负责人审核签字加盖公章。

实行监理的工程，工程竣工报告必须经总监理工程师签署意见。

2)工程竣工验收证书。

第二节　园林绿化工程施工管理资料

一、工程概况表

(1)《工程概况表》(表式 C1-1)由施工单位填写，城建档案与施工单位各保存一份。

(2)工程概况表是对工程基本情况的简述，应包括单位工程的一般情况、构造特征等。

(3)表中工程名称应填写全称，与工程规划许可证、施工许可证及施工图纸中的工程名称一致。

(4)“备注”栏内可填写工程的独特特征，或采用的新技术、新产品、新工艺等。

二、施工现场质量管理检查记录

(1)《施工现场质量管理检查记录》由施工单位填写，施工单位、监理单位各保存一份。

(2)相关规定与要求：

1)园林绿化工程项目经理部应建立质量责任制度及现场管理制度；健全质量管理体系；制定施工技术标准；审查资质证书、施工图、地质勘察资料和施工技术文件等。

2)施工单位应按规定填写《施工现场质量管理检查记录》(表式 C1-2)，报项目总监理工程师(或建设单位项目负责人)检查，并做出检查结论。

3)当项目管理有重大调整时，应重新填写。

(3)注意事项：

1)表中各单位名称应填写全称，与合同或协议书中名称一致。

2)检查结论应明确，不应采用模糊用语。

三、施工日志

(1)《施工日志》(表式 C1-3)由施工单位填写并保存。

(2)相关规定与要求：

1)施工日志是施工活动的原始记录，是编制施工文件、积累资料、总结施工经验的重要依据，由项目技术负责人具体负责。

2)施工日志应以单位工程为记载对象。从工程开工起至工程竣工止，按专业指定专人负责逐日记载，并保证内容真实、连续和完整。

3)施工日志可以采用计算机录入、打印，也可按规定样式手工填写，并装订成册，必须保证字迹清晰、内容齐全，由各专业负责人签字。

(3)施工日志填写内容应根据工程实际情况确定，一般应含工程概况、当日生产情况、技术质量安全情况、施工中发生的问题及处理情况、各专业配合情况、安全生产情况等。

四、工程质量事故资料

(1)《工程质量事故调(勘)察记录》(表式 C1-4-1)。

1)工程质量事故调(勘)察记录由调查人填写，各有关单位保存。

2)相关规定与要求：建设工程质量事故调(勘)察记录是当工程发生质量事故后，调查人员对工程质量事故进行初步调查了解和现场勘察所形成的记录。

3)注意事项：

①填写时应注明工程名称、调查时间、地点、参加人员及所属单位、联系方式等。

②“调(勘)察笔录”栏应填写工程质量事故发生时间、具体部位、原因等，并初步估计造成的损失。

③应采用影像的形式真实记录现场情况，作为分析事故的依据。

④本表应本着实事求是的原则填写，严禁弄虚作假。

(2)《工程质量事故报告书》(表式 C1-4-2)。

1)工程质量事故报告书由调查人填写，各有关单位保存。

2)相关规定与要求：凡工程发生重大质量事故，应按规定的要求进行记载。其中发生事故时间应记载年、月、日、时、分；估计造成损失，指因质量事故导致的返工、加固等费用，包括人工费、材料费和一定数额的管理费；事故情况，包括倒塌情况(整体倒塌或局部倒塌的部位)、损失情况(伤亡人数、损失程度、倒塌面积等)；事故原因，包括设计原因(计算错误、构造不合理等)、施工原因(施工粗制滥造、材料、构配件或设备质量低劣等)、设计与施工的共同问题、不可抗力等；处理意见，包括现场处理情况、设计和施工的技术措施、主要责任者及处理结果。

3)本表应本着实事求是的原则填写，严禁弄虚作假。

第三节　园林绿化工程施工技术资料

一、施工组织设计(项目管理规划)

《施工组织设计》(C2-1)为统筹计划施工、科学组织管理、采用先进技术保证工程质量，安全文明生产，环保、节能、降耗，实现设计意图，是指导施工生产的技术性文件。单位工程施工组织设计应在施工前编制，并应依据施工组织设计编制部位、阶段和专项施工方案。

施工组织设计编制的内容主要包括：工程概况、工程规模、工程特点、工期要求、参建单位等；施工平面布置图；施工部署及计划：施工总体部署及区段划分；进度计划安排及施工计划网络图；各种工、料、机、运计划表；质量目标设计及质量保证体系；施工方法及主要技术措施(包括冬、雨季施工措施及采用的新技术、新工艺、新材料、新设备等)。

施工组织设计还应编写安全、文明施工、环保以及节能，降耗措施。

施工组织设计编写完成后，填写《工程技术文件审批表》(表式 B2-1)，并经施工单位有关部门会签、主管部门归纳汇总后，提出审核意见，报审批人进行审批，施工单位盖章方为有效，审批内容一般应包括：内容完整性、施工指导性、技术先进性、经济合理性、实施可行性等方面，各相关部门根据职责把关；审批人应签署审查结论、盖章。在施工过程中如有较大的施工措施或方案变动时，还应有变动审批手续。

二、图纸会审记录

(1)《图纸会审记录》(表式 C2-2)由施工单位整理、汇总后转签，建设单位、监理单位、施工单位、施工单位、城建档案馆各保存一份。

(2)相关规定与要求：

1)监理、施工单位应将各自提出的图纸问题及意见，按专业整理、汇总后报建设单位，由建设单位提交设计单位做交底准备。

2)图纸会审应由建设单位组织设计、监理和施工单位技术负责人及有关人员参加。设计单位对各专业问题进行交底，施工单位负责将设计交底内容按专业汇总、整理，形成图纸会审记录。

3)图纸会审记录应由建设、设计、监理、和施工单位的项目相关负责人签认，形成正式图纸会审记录。不得擅自在会审记录上涂改或变更其内容。

(3)注意事项：图纸会审记录应根据专业(绿化种植、园林建筑及附属设施、园林给排水、园林用电等)汇总、整理。图纸会审记录一经各方签字确认后即成为设计文件的一部分，是现场施工的依据。

(4)其他：

1)图纸会审记录应根据图纸专业(绿化种植、园林建筑及附属设施、园林给排水、园林用电等)汇总、整理。

2)设计单位应由专业设计负责人签字，其他相关单位应由项目技术负责人或相关专业负责人签认。

三、设计交底记录

设计交底由建设单位组织并整理、汇总设计交底要点及研讨问题的纪要，填写《设计交底记录》(表式 C2-3)，各单位主管负责人会签，并由建设单位盖章，形成正式设计文件。

四、技术交底记录

(1)《技术交底记录》(表式 C2-4)由施工单位填写，交底单位与接受交底单位各存一份，也应报送监理(建设)单位。

(2)相关规定与要求：

1)技术交底记录应包括施工组织设计交底、专项施工方案技术交底、分项工程施工技术交底、“四新”(新材料、新产品、新技术、新工艺)技术交底和设计变更技术交底。各项交底应有文字记录，交底双方签认应齐全。

2)重点和大型工程施工组织设计交底应由施工企业的技术负责人把主要设计要求、施工措施以及重要事项对项目主要管理人员进行交底。其他工程施工组织设计交底应由项目技术负责人进行交底。

3)专项施工方案技术交底应由项目专业技术负责人负责，根据专项施工方案对专业工长进行交底。

4)分项工程施工技术交底应由专业工长对专业施工班组(或专业分包)进行交底。

5)“四新”技术交底应由项目技术负责人组织有关专业人员编制。

6)设计变更技术交底应由项目技术部门根据变更要求，并结合具体施工步骤、措施及注意事项等对专业工长进行交底。

(3)注意事项：交底内容应有可操作性和针对性，能够切实地指导施工，不允许出现“详见×××规程”之类的语言。

(4)当作分项工程施工技术交底时，应填写“分项工程名称”栏，其他技术交底可不填写。

五、工程洽商记录

(1)《工程洽商记录》(表式 C2-5)由施工单位、建设单位或监理单位其中一方发出，经各方签认后存档。

(2)相关规定与要求：

1)工程洽商记录应分专业办理，内容翔实，必要时应附图，并逐条注明应修改图纸的图号。工程洽商记录应由设计专业负责人以及建设、监理和施工单位的相关负责人签认。

2)设计单位如委托建设(监理)单位办理签认,应办理委托手续。

(3)注意事项:不同专业的洽商应分别办理,不得办理在同一份上。签字应齐全,签字栏内只能填写人员姓名,不得另写其他意见。

(4)其他:

1)本表由建设单位、监理单位、施工单位、城建档案馆各保存一份。

2)涉及图纸修改的必须注明应修改图纸的图号。

3)不可将不同专业的工程洽商填在同一份洽商表上。

4)“专业名称”栏应按专业填写,如绿化种植、园林建筑及附属设施、园林给排水、园林用电等。

六、工程设计变更通知单

(1)《工程设计变更通知单》(表式C2-6)由设计单位发出,签认后建设单位、监理单位、施工单位、城建档案馆各保存一份。

(2)相关规定与要求:设计单位应及时下达设计变更通知单,内容翔实,必要时应附图,并逐条注明应修改图纸的图号。设计变更通知单应由设计专业负责人以及建设(监理)和施工单位的相关负责人签认。

(3)注意事项:设计变更是施工图纸的补充和修改的记载,是现场施工的依据。由建设单位提出设计变更时,必须经设计单位同意。不同专业的设计变更应分别办理,不得办理在同一份设计变更通知单上。

(4)其他:

1)涉及图纸修改的必须注明应修改图纸的图号。

2)不可将不同专业的设计变更办理在同一份变更上。

3)“专业名称”栏应按专业填写,如绿化种植、园林建筑及时附属设施、园林给排水、园林用电等。

七、安全交底记录

(1)《安全交底记录》(表式C2-7)由施工单位填写,交底单位与接受交底单位各存一份,也应报监理(建设)单位。

(2)交底内容应有针对性和可操作性,能够切实指导安全施工,不允许出现“详见×××规程”之类的语言。

第四节　园林绿化工程施工测量记录

一、工程定位测量记录

(1)《工程定位测量记录》(表式C3-1)由施工单位填写,随相应的《施工测量定点放线报验表》(表式B2-2)进入资料流程。

(2)相关规定与要求:

1)测绘部门根据建设工程规划许可证(附件)批准的建筑工程位置及标高依据,测定出建筑的红线桩。

2)施工测量单位应依据测绘部门提供的放线成果、红线桩及场地控制网(或建筑物控制网),测定建筑物位置、主控轴线及尺寸、建筑物±0.000绝对高程,并填写《工程定位测量记录》报监理单位审核。

3)工程定位测量完成后，应由建设单位报请政府具有相关资质的测绘部门申请验线，填写《建设工程验线申请表》报请政府测绘部门验线。

(3)注意事项：

1)“委托单位”填写建设单位或总承包单位。

2)“平面坐标依据、高程依据”由测绘院或建设单位提供，应以规划部门钉桩坐标为标准，在填写时应注明点位编号，且与交桩资料中的点位编号一致。

(4)本表由建设单位、监理单位、施工单位、城建档案馆各保存一份。

二、施工测量定点放线报验表

(1)附件收集：放线的依据材料，如“《工程定位测量记录》”等施工测量记录。

(2)施工测量定点放线报验表由施工单位填写后报送监理单位，经审批后返还，建设单位、施工单位及监理单位各存一份。

(3)相关规定与要求：施工单位应将在完成施工测量方案、红线桩的校核成果、水准点的引测成果及施工过程中各种测量记录后，填写《施工测量定点放线报验表》(表式 B2-2)，报监理单位审核。

(4)注意事项：“测量员”必须由具有相应资格的技术人员签字，并填写岗位证书号。

(5)本表由施工单位填报，建设单位、监理单位、施工单位各存一份。

三、基槽验线记录

(1)《基槽验线记录》(表式 C3-2)由施工单位填写，随相应的《施工测量定点放线报验表》(表式 B2-2)进入资料流程。

(2)相关规定与要求：施工测量单位应根据主控轴线和基槽底平面图，检验建筑物基底外轮廓线、集水坑、电梯井坑、垫层底标高(高程)、基槽断面尺寸和坡度等，填写《基槽验线记录》并报监理单位审核。

(3)注意事项：重点工程或大型工业厂房应有测量原始记录。

(4)本表由建设单位、施工单位、城建档案馆各保存一份。

第五节　园林绿化工程施工物资资料

施工物资资料是反映施工所用的物资质量是否满足设计和规范要求的各种质量证明文件和相关配套文件(如使用说明书等)的统称。

一、一般规定

(1)工程物资(包括主要原材料、成品、半成品、构配件、设备等)质量必须合格，并有出厂质量证明文件(包括质量合格证明文件或检验/试验报告、产品生产许可证、产品合格证、产品监督检验报告等)，进口物资还应有进口商检证明文件。

(2)质量证明文件的抄件(复印件)应保留原件所有内容，并注明原件存放单位，应有抄件人、抄件(复印)单位的签字和盖章。

(3)不合格物资不准使用。涉及结构安全的材料需代换时，应征得原设计单位的书面同意，并符合有关规定，经监理批准后方可使用。

(4)凡使用无国家、行业、地方标准的新材料、新产品、新工艺、新技术，应由具有鉴定资格单位出具的鉴定证书，同时应有其产品质量标准、使用说明、施工技术要求和工艺要求，使用前应按其质量标准进行检验和试验。

(5)有见证取样检验要求的应按规定送检，作好见证记录。

(6)对国家和各地所规定的特种设备和材料应附有关文件和法定检测单位的检测证明，如锅炉、压力容器、消防产品等。

二、工程物资资料分级管理

工程物资资料应进行分级管理，半成品供应单位或半成品加工单位负责收集、整理、保存所供物资或原材料的质量证明文件；施工单位则需收集、整理、保存供应单位或加工单位提供的质量合格证明文件和进场后进行的检验、试验文件。各单位应对各自范围内的工程资料的汇总整理结果负责，并保证工程资料的可追溯性。

(1)钢筋资料的分级管理。如钢筋采用场外委托加工时，钢筋的原材报告、复试报告等原材料质量文件由加工单位保存；加工单位提供的半成品钢筋加工出厂合格证由施工单位保存，施工单位还应对半成品钢筋进行外观检查，对力学性能进行有见证试验。力学性能和工艺性能的抽样复试，应以同一出厂批、同规格、同品种、同加工形式为一验收批，对钢筋连接接头每小于等于300个接头取不少于一组。

(2)混凝土资料的分级管理。

1)预拌混凝土供应单位必须向施工单位提供质量合格的混凝土并随车提供预拌混凝土发货单，于45d之内提供预拌混凝土出厂合格证；有抗冻、抗渗等特殊要求的预拌混凝土合格证提供时间，由供应单位和施工单位在合同中明确，一般不大于60d。

2)预拌混凝土供应单位除向施工单位提供预拌混凝土上述资料外，还应完整保存以下资料，以供查询：

①混凝土配合比及试配记录。

②水泥出厂合格证及复试报告。

③沙子试验报告。

④碎(卵)石试验报告。

⑤轻骨料试验报告。

⑥外加剂材料试验报告。

⑦掺合料试验报告。

⑧碱含量试验报告(用于结构混凝土)。

⑨混凝土开盘鉴定。

⑩混凝土抗压强度、抗折强度报告(出厂检验、数值填入预拌混凝土出厂合格证)。

⑪混凝土抗渗、抗冻性能试验(根据合同要求提供)。

⑫混凝土试块强度统计、评定记录(搅拌单位取样部分)。

⑬混凝土坍落度测试记录(搅拌单位测试记录)。

3)施工单位应填写、整理以下混凝土资料：

①预拌混凝土出厂合格证(搅拌单位提供)。

②混凝土抗压强度、抗折强度报告(现场取样检验)。

③混凝土抗渗、抗冻性能试验记录(有要求时的现场取样检验)。

④C20以上混凝土浇筑记录(其中部分内容根据预拌混凝土发货单内容整理)。

⑤混凝土坍落度测试记录(现场检验)。

⑥混凝土测温记录(有要求时的现场检测)。

⑦混凝土试块强度统计、评定记录(施工单位现场取样部分)。

⑧混凝土试块有见证取样记录。

4)如果采用现场搅拌混凝土方式,施工单位应提供上述除预拌混凝土出厂合格证、发货单之外的所有资料。

5)现场搅拌混凝土强度等级在C40(含C40)以上或特种混凝土需履行开盘鉴定手续。

(3)混凝土预制构件资料的分级管理。当施工单位使用混凝土预制构件时,钢筋、钢丝、预应力筋、混凝土等组成材料的原材报告、复试报告等质量证明文件及混凝土性能试验报告等由混凝土预制构件加工单位保存;加工单位提供的预制构件出厂合格证由施工单位保存。

三、材料、苗木进场检验记录

(1)《材料、苗木进场检验记录》(表式C4-1)由直接使用所检查的材料及苗木的施工单位填写,随相应的《工程物资进场报验表》(表式B2-4)进入资料流程。

(2)附件收集:

1)材料、苗木进场报验须附资料应根据具体情况(合同、规范、施工方案等要求)由监理、施工单位和材料、苗木供应单位预先协商确定。

2)由施工单位负责收集附件(包括产品出厂合格证、性能检测报告、出厂试验报告、进场复试报告、材料构配件进场检验记录、产品备案文件、进口产品的中文说明和商检证等)。

(3)相关规定与要求:工程材料、苗木进场后,施工单位应及时组织相关人员检查外观、数量及供货单位提供的质量证明文件等,合格后填写本表。

(4)注意事项:

1)工程名称填写应准确、统一,日期应准确。

2)材料或苗木名称、规格、数量、检验项目和结果等填写应规范、准确。

3)检验结论及相关人员签字应清晰可辨认,严禁其他人代签。

4)按规定应进场复试的工程物资,必须在进场检查验收合格后取样复试。

(5)本表由施工单位填写并保存。

四、设备开箱检查记录

(1)设备进场后,由建设(监理)单位、施工单位、供货单位共同开箱检验并做记录,填写《设备开箱检查记录》(表式C4-2)。

(2)相关规定与要求:

1)设备必须具有中文质量合格证明文件,规格、型号及性能检测报告应符合国家技术标准或设计要求,进场时应做检查验收。

2)主要器具和设备必须有完整的安装使用说明书。

3)在运输、保管和施工过程中,应采取有效措施防止损坏或腐蚀。

(3)注意事项:

1)对于检验结果出现的缺损附件、备件要列出明细,待供应单位更换后重新验收。

2)测试情况的填写应依据专项施工及验收规范相关条目,如"离心水泵"可参照《压缩机、风机、泵安装工程施工及验收规范》(GB 50275—1998)。

(4)本表由施工单位填写并保存。

五、设备及管道附件试验记录

(1)设备、阀门、密闭水箱(罐)等设备安装前,均应按规定进行强度试验并做记录,填写《设备及管道附件试验记录》。

(2)相关规定与要求:

1)阀门安装前,应做强度和严密性试验。试验应在每批(同牌号、同型号、同规格)数量中抽查

10%，且不少于一个。对于安装在主干管上起切断作用的闭路阀门，应逐个做强度和严密性试验。

2)敞口水箱的满水试验和密闭水箱(罐)的水压试验必须符合设计与本规范的规定。

(3)注意事项：

1)如设计要求与规范规定不一致时，应及时向设计提出由设计做出决定，也可选用相对严格的要求。

2)阀门型号要与铭牌保持一致。

3)每批(同牌号、同型号、同规格)数量中抽查10%，每一个阀门的试验情况均应填写到表格中，编号不同。

4)试验时需严格执行试验压力和停压时间的规定，避免试压对阀门造成破坏；试验前要核对好阀门承压能力，确保无误。

5)电控、电动等构造复杂的特种阀门，试压前要取得供应单位的认可，并严格按其规定做法进行试压。

6)表格中凡需填写的地方，均按实际试验情况如实填写。

六、主要设备、原材料、构配件质量证明文件及复试报告汇总表

工程完工后由施工单位汇总填写《主要设备、原材料、构配件质量证明文件及复试报告汇总表》(表式C4-4)。

七、产品合格证

设备、原材料、半成品和成品的质量必须合格，供货单位应按产品的相关技术标准、检验要求提供出厂质量合格证明或试验单，凡属于承压容器或设备(如锅炉)等，必须在出厂质量证明文件中提供焊缝无损探伤检测报告。须采取技术措施的，应满足有关规范标准规定，并经有关技术负责人批准(有批准手续方可使用)。

合格证、试(检)验单的抄件(复印件)应注明原件存放处，并有抄件人、抄件(复印)单位的签字和盖章。

各供货单位应按表式C4-5-1～表式C4-5-4提供《半成品钢筋出厂合格证》、《预拌混凝土出厂合格证》、《预制出厂合格证》、《钢构件出厂合格证》。

其他产品合格证或质量证明书的形式，以供货方提供的为准。

八、材料试验报告

(1)材料试验报告由具备相应资质等级的检测单位出具，作为各种相关材料的附件进入资料流程。

(2)相关规定与要求：

1)对于不需要进场复试的物资，由供货单位直接提供。

2)对于需要进场复试的物资，由施工单位及时取样后送至规定的检测单位，检测单位根据相关标准进行试验后填写材料试验报告并返还施工单位。

(3)注意事项：

1)工程名称、使用部位及代表数量应准确并符合规范要求(对应检测单位告之的准确内容)。

2)返还的试验报告应重点保存。

3)本书仅列数种材料试验的专用表格，凡按规范要求须做进场复试的物资，应按其相应专用复试表格填写，未规定专用复试表格的，应按《材料试验报告(通用)》(表式C4-7-1)填写。

九、见证记录文件

工程开工前应确定由具有资格的专业人员作为本工程的有见证取样和送检见证人，报质量

监督机构和具备见证取样试验资质的试验室备案，填写《有见证取样和送检见证人员备案书》(表式C4-7-23)。

施工单位应按本工程的实际工程量依据规定的检验频率和抽样密度制定见证取样计划，作为现场见证取样的依据。

施工过程中所作的见证取样均应填写《见证记录》(表式C4-7-24)。

工程完工后由施工单位对所做的见证试验进行汇总，填写《有见证试验汇总表》(表式C4-7-25)。

(1)有见证取样和送检见证人备案书。

1)相关规定与要求：

①见证人一般由施工现场监理人员担任，施工和材料、设备供应单位人员不得担任。

②工程见证人确定后，由建设单位向该工程的监督机械递交备案书进行备案，如见证人更换须办理变更备案手续。

③所取试样必须送到有相应资质的检测单位。

2)注意事项：见证人员必须由责任心强，工作认真的人担任。

(2)见证记录。

1)相关规定与要求：

①施工过程中，见证人应按照事先编写的见证取样和送检计划进行取样及送检。

②试样上应做好样品名称、取样部位、取样日期等标识。

③单位工程有见证取样和送检次数不得少于试验总数的30%，试验总次数在10次以下的不得少于2次。

④送检试样应在施工现场随机抽取，不得另外制作。

2)注意事项：见证人员及检测人员必须对所取试样实事求是，不许弄虚作假，否则应承担相应的法律责任。

(3)有见证试验汇总表。

1)相关规定与要求：

①本表由施工单位填写，并纳入工程档案。

②见证取样及送检资料必须真实、完整，符合规定，不得伪造、涂改或丢失。

③如试验不合格，应加倍取样复试。

2)注意事项：

①"试验项目"指规范规定的应进行见证取样的某一项目。

②"应送试总次数"指该项目按照设计、规范、相关标准要求及试验计划应送检的总次数。

③"有见证取样次数"指该项目按见证取样要求的实际试验次数。

十、其他应具备的资料及注意事项

园林绿化工程施工物资应具备的资料及注意事项见表3-1～表3-12。

表3-1　　　　钢　筋(材)

项　目	说　　明
应具备的资料	(1)钢筋(材)及相关材料(如钢筋连接用机械连接套筒)必须有质量证明文件。 (2)钢筋及重要钢材应按现行规范规定取样做力学性能的复试，承重结构钢筋及重要钢材应实行有见证取样和送检。 (3)当使用进口钢材、钢筋脆断、焊接性能不良或力学性能显著不正常时，应进行化学成分检验或其他专项检验，有相应检验报告

续表

项　　目	说　　　　明
注意事项	钢筋对混凝土结构的承载力至关重要，应加强进场物资的验收和复验。有下列情况之一钢筋，应视为不合格品：出厂质量证明文件不齐全；品种、规格与设计文件上的品种、规格不一致。 机械性能检验项目不齐全或某一机械性能指标不符合标准规定；进口钢材使用前未做化学成分检验和可焊性试验。《混凝土结构工程施工质量验收规范》(GB 50204—2002)规定：对有抗震设防要求的框架结构，其纵向受力钢筋的强屈比应满足设计要求；当设计无具体要求时，对一、二级抗震等级，检验所得的强度实测值应符合下列规定：钢筋的抗拉强度实测值与屈服强度实测值的比值不应小于1.25；钢筋的屈服强度实测值与强度标准值的比值不应大于1.3。其目的是为保证钢筋在地震作用下，钢筋具有足够的变形能力。本规定为强制性条文，应严格执行。在钢筋施工过程中，若发现钢筋性能异常，应立即停止使用，并对同批钢筋进行专项检验

表 3-2　　水　　泥

项　　目	说　　　　明
应具备的资料	(1)水泥生产厂家必须提供出厂质量合格证明文件，内容有厂别、品种、出厂日期、出厂编号和必要的试验数据；水泥生产单位应在水泥出厂7d内提供28d强度以外的各项试验结果，28d强度结果应在水泥发出日起32d内补报。 (2)用于承重结构的水泥、用于使用部位有强度等级要求的水泥、水泥出厂超过三个月(快硬硅酸盐水泥为一个月)和进口水泥在使用前必须进行复试，具有应有试验报告；混凝土和砌筑砂浆用的水泥应实行有见证取样和送检
注意事项	(1)用于钢筋混凝土结构、预应力混凝土结构中的水泥，检测(验)报告应含有害物含量检测内容，混凝土和砌筑砂浆用水泥应实行有见证取样和送检。 (2)用于钢筋混凝土结构、预应力混凝土结构中的水泥，检测(验)报告应有氯化物含量检测内容

表 3-3　　砂与碎(卵)石

项　　目	说　　　　明
应具备的资料	砂、石使用前应按规定取样复试，具有应有试验报告
注意事项	对受地下水影响较大的地下结构、按规定应预防碱骨料反应的工程或结构部位所使用的砂、石还应进行碱活性检验，供应单位应具有提供相应砂、石的碱活性检验报告

表 3-4　　外加剂

项　　目	说　　　　明
应具备的资料	(1)外加剂主要包括减水剂、早强剂、缓凝剂、泵送剂、防水剂、防冻剂、膨胀剂、引气剂和速凝剂等。 (2)外加剂必须提供由质量合格证明书或合格证、相应资质等级检测、材料检测部门出具的检测报告、产品性能和使用说明书等。 (3)使用前应按照现行产品标准和检测方法进行规定取样复试，应具有复试报告；承重结构混凝土使用的外加剂应实行有见证取样和送检
注意事项	钢筋混凝土结构所使用的外加剂应有氯化物害物含量的检测报告。当含有氯化物时，应做混凝土氯化物总含量的检测，其总含量应符合国家现行标准要求

表 3-5 掺合料

项 目	说 明
应具备的资料	(1)掺合料主要包括粉煤灰、粒化高炉矿渣粉、沸石粉、硅灰和复合掺合料等。 (2)掺合料必须有出厂质量合格证明文件
注意事项	用于结构工程的掺合料应按规定取样复试,应有复试报告

表 3-6 防水材料

项 目	说 明
应具备的资料	(1)防水材料主要包括防水涂料、防水卷材、粘结剂、止水带、膨胀胶条、密封膏、密封胶、水泥基渗透结晶性防水材料等。 (2)防水材料必须有出厂质量合格证、法定相应资质等级检测、检测部门出具的检测报告、产品性能和使用说明书。 (3)防水材料进场后应进行外观检查,合格后按规定取样复试,并实行有见证取样和送检
注意事项	(1)如使用新型防水材料,应有法定相关部门、单位的鉴定资料文件,使用过程中,并有专门的施工工艺操作规定规程和有代表性的抽样试验记录。 (2)对于止水条、密封膏、粘结剂等辅助性防水材料,属于用量较少的一般工程,当供货方提供有效的试验报告及出厂质量证明,且进场外观检查合格,可不作进场复验

表 3-7 砖与砌块

项 目	说 明
应具备的资料	砖与砌块生产厂家必须提供有出厂质量合格证明文件
注意事项	(1)用于承重结构、产品无合格证或出厂试验项目不齐全的砖与砌块应做进场取样复试,具有应有复试报告。 (2)用于承重墙的用砖和混凝土小型砌块应实行有见证取样和送检

表 3-8 轻骨料

项 目	说 明
应具备的资料	生产厂家轻骨料必须提供有出厂质量合格证明文件
注意事项	使用前按规定取样复试,应有复试报告

表 3-9 装饰装修物资

项 目	说 明
应具备的资料	(1)装饰、装修物资主要包括抹灰材料、地面材料、门窗材料、吊顶材料、轻质隔墙材料、饰面板(砖)、涂料、裱糊与软包材料和细部工程材料等。 (2)装饰、装修工程所用的主要物资均应有出厂质量证明文件,包括出厂合格证、检验(测)报告和质量保证书等
注意事项	(1)进场后需要进行复验、复试的物资(如建筑外窗、人造木板、室内花岗石、外墙面砖和安全玻璃等),须按照现行相关规范、规定执行进行复试,并应有相应复试报告。 (2)建筑外窗应有抗风压性能、空气渗透性能和雨水渗透性能检测报告。 (3)有隔声、隔热、防火阻燃和、防水防潮和防腐等特殊要求的物资应有相应的性能检测报告。 (4)当规范或合同约定应对材料进行做见证检验(测)时,或对材料质量产生争议异议时,须进行见证检验,应有相应检验(测)报告

表 3-10　预应力工程物资

项　目	说　明
应具备的资料	(1)预应力工程物资主要包括预应力筋、锚(夹)具和连接器、水泥和预应力筋用螺旋管等。 (2)主要物资应有出厂质量合格证明文件,包括出厂合格证、检验(测)报告等
注意事项	(1)预应力筋、锚(夹)具和连接器等应有进场复试报告。涂包层和套管、孔道灌浆用水泥及外加剂应按照规定取样复试,并有复试报告。 (2)预应力筋用涂包层和套管、孔道灌浆用水泥及外加剂应按照规定取样复试。 (3)预应力混凝土结构所使用的外加剂的检测报告应有氯化物含量检测内容报告,严禁使用含氯化物的外加剂

表 3-11　钢结构工程物资

项　目	说　明
应具备的资料	(1)钢结构工程物资主要包括钢材、钢构件、焊接材料、连接用紧固件及配件、防火防腐涂料、焊接(螺栓)球、封板、锥头、套筒和金属板等。 (2)主要物资应有出厂质量合格证明文件,包括出厂合格证、检验(测)报告和中文标志等
注意事项	(1)钢材、钢构件应有性能检验报告,其品种、规格和性能等应符合现行国家标准、设计和合同规定标准要求。按规定应复验、复试的钢材必须有复验、复试报告,并按规定实行有见证取样和送检。 (2)重要钢结构采用的焊接材料应有复试报告,并按规定实行有见证取样和送检。焊接材料应有性能检验报告。重要钢结构采用的焊接材料应进行抽样复验,具有复验报告并按规定实行有见证取样和送检。 (3)高强度大六角头螺栓连接副和扭剪型高强度螺栓连接副应有扭矩系数和紧固轴力(预拉力)检验报告,并按规定做进场复验复试,实行有见证取样和送检。 (4)防火涂料应有相应资质等级、国家法定检测机构出具的检测报告

表 3-12　木结构工程物资

项　目	说　明
应具备的资料	(1)木结构工程物资主要包括木材方木、原木、胶合木、胶合剂和钢连接件等。 (2)主要物资应有出厂质量合格证明文件,包括产品合格证、检测报告等
注意事项	(1)按规定须复试的木材、胶合木的胶缝和钢件应有复试报告。 (2)木构件应有含水率试验报告。 (3)木结构用圆钉应有强度检测报告

第六节　园林绿化工程施工记录

一、通用记录

(1)《隐蔽工程检查记录》(表式 C5-1-1)。

《隐蔽工程检查记录》适用于各专业。隐蔽工程是指被下道工序施工所隐蔽的工程项目。隐蔽工程在隐蔽前必须进行隐蔽工程质量检查,由施工项目负责人组织施工人员、质检人员并请监理(建设)单位代表参加,必要时请设计人员参加,建(构)筑物的验槽,基础、主体结构的验收,应通知质量监督站参加。

1)隐蔽工程检查记录由施工单位填写后随各相应检验批进入资料流程,无对应检验批的直接报送监理单位审批后各相关单位存档。

2)相关规定与要求:

①工程名称、隐检项目、隐检部位及日期必须填写准确。

②隐检依据、主要材料名称及规格型号应准确,尤其对设计变更、洽商等容易遗漏的资料应填写完全。

③隐检内容应填写规范,必须符合各种规程、规范的要求。

④签字应完整,严禁他人代签。

3)注意事项:

①审核意见应明确,将隐检内容是否符合要求表述清楚。

②复查结论主要是针对上一次隐检出现的问题进行复查,因此要对质量问题整改的结果描述清楚。

4)本表由施工单位填报,建设单位、施工单位、城建档案馆各保存一份。

(2)《预检记录》(表式 C5-1-2)。

1)预检记录:由施工单位填写,随相应检验批进入资料流程。

2)相关规定与要求:依据现行施工规范,对于其他涉及工程结构安全、实体质量及人身安全须做质量预控的重要工序,做好质量预控,做好预检记录。

3)注意事项:

①检查意见应明确,一次验收未通过的要注明质量问题,并提出复查要求。

②复查意见主要是针对上一次验收的问题进行的,因此应把质量问题改正的情况表述清楚。

4)本表由施工单位保存。

5)预检记录是对施工重要工序进行的预先质量控制检查记录,为通用施工记录,适用于各专业,预检项目及内容见表 3-13。

表 3-13　　预检项目及内容

模板工程	几何尺寸、轴线、标高、预埋件及预留孔位置、模板牢固性、接缝严密性、起拱情况、清扫口留置、模内清理、脱模剂涂刷、止水要求等;节点做法,放样检查
设备基础和预制构件安装	设备基础位置、混凝土混凝土强度、标高、几何尺寸、预留孔、预埋件等
地上混凝土结构施工缝	留置方法、位置和接槎的处理等
管道预留孔洞	预留孔洞的尺寸、位置、标高等
管道预埋套管(预埋件)	预埋套管(预埋件)的规格、型式、尺寸、位置、标高等

(3)《施工检查记录(通用)》(表式 C5-1-3)。

1)施工检查记录(通用):由施工单位填写并保存。

2)相关规定与要求:按照现行规范要求应进行施工检查的重要工序,且无与其相适应的施工记录表格的,施工检查记录(通用)适用于各专业。

3)注意事项:对隐蔽检查记录和预检记录不适用的其他重要工序,应按照现行规范要求进行施工质量检查,填写《施工检查记录(通用)》。

4)施工检查记录应附有相关图表、图片、照片及说明文件等。

(4)《交接检查记录》(表式 C5-1-4)。

1)交接检查记录:由施工单位填写。

2)相关规定与要求:分项(分部)工程完成,在不同专业施工单位之间应进行工程交接,并进行专业交接检查,填写《交接检查记录》。移交单位、接收单位和见证单位共同对移交工程进行验收,并对质量情况、遗留问题、工序要求、注意事项、成品保护、注意事项等进行记录,填写《专业交接检查记录》。

3)注意事项:"见证单位"栏内应填写施工总承包单位质量技术部门,参与移交及接受的部门不得作为见证单位。

4)其他:

①本表由移交、接收和见证单位各保存一份。

②见证单位应根据实际检查情况,汇总移交和接收单位的意见并形成见证单位意见。

二、园林建筑及附属设施

(1)《地基验槽检查记录》(表式 C5-2-1)。

1)附件收集:相关设计图纸、设计变更洽商及地质勘察报告等。

2)地基验槽检查记录:由总包单位填报,经各相关单位转签后存档。

3)相关规定与要求:

①新建建筑物应进行施工验槽,检查内容包括基坑位置、平面尺寸、持力层核查、基底绝对高程标高(和相对标高和绝对高程)、持力层核查、基坑土质及地下水位等,有基础桩、桩支护或桩基的工程还应有工程桩的检查。

②地基验槽检查记录应由建设、勘察、设计、监理、施工单位共同验收签认。

③地基需处理时,应由勘察、设计部门提出处理意见。

4)注意事项:对于进行地基处理的基槽,还应再进行一次地基验槽记录,并将地基处理的洽商编号、处理方法等注明。

5)本表由施工单位填写,建设单位、施工单位、城建档案馆各保存一份。

(2)《地基处理记录》(表式 C5-2-2)。

1)附件收集:相关设计图纸、设计变更洽商及地质勘察报告等。

2)地基处理记录:由总包单位填报,经各相关单位转签后存档。

3)相关规定与要求:地基需处理时,应由勘察、设计部门提出处理意见,施工单位应依据勘察、设计单位提出的处理意见进行地基处理,完工后填写《地基处理记录》,内容包括地基处理方式、处理部位、深度及处理结果等。地基处理完成后,应报请勘察、设计、监理部门复查。

4)注意事项:

①当地基处理范围较大、内容较多、用文字描述较困难时,应附简图示意。

②如勘察、设计单位委托监理单位进行复查时,应有书面的委托记录。

5)本表由施工单位填写,建设单位、施工单位、城建档案馆各保存一份。

(3)《地基钎探记录》(表式 C5-2-3)。

1)地基钎探记录:本表由施工单位填写,建设单位、施工单位、城建档案馆各保存一份。

2)相关规定与要求:钎探记录用于检验浅土层(如基槽)的均匀性,确定基槽的容许承载力及检验填土质量。钎探前应绘制钎探点平面布置图,确定钎探点布置及顺序编号。按照钎探图及有关规定进行钎探并记录。

3)注意事项:地基钎探记录必须真实有效,严禁弄虚作假。

(4)《混凝土浇灌申请书》(表式 C5-2-4)。

1)混凝土浇灌申请书:由施工单位填写并保存,在浇筑混凝土之前报送监理单位备案。

2)相关规定与要求:正式浇筑混凝土前,施工单位应检查各项准备工作(如钢筋、模板工程检查;水电预埋检查;材料、设备及其他准备等),自检合格填写《混凝土浇灌申请书》报监理单位后方可浇筑混凝土。

3)其他:

①本表由施工单位填报并保存,并交给监理单位一份备案。

②"技术要求"栏应依据混凝土合同的具体要求填写。

(5)《预拌混凝土运输单》(表式 C5-2-5)。

(6)《混凝土开盘鉴定》(表式 C5-2-6)。

1)混凝土开盘鉴定由施工单位填写。

2)相关规定与要求:采用预拌混凝土的,应对首次使用的混凝土配合比在混凝土出厂前,由混凝土供应单位自行组织相关人员进行开盘鉴定。采用现场搅拌混凝土的,应由施工单位组织监理单位、搅拌机组、混凝土试配单位进行开盘鉴定工作,共同认定试验室签发的混凝土配合比确定的组成材料是否与现场施工所用材料相符,以及混凝土拌合物性能是否满足设计要求和施工需要。

3)注意事项:表中各项都应根据实际情况填写清楚、齐全,要有明确的鉴定结果和结论,签字齐全。

4)采用现场搅拌混凝土的工程,本表由施工单位填写并保存。

(7)《混凝土浇灌记录》(表式 C5-2-7)。

凡现场浇筑 C20(含 C20)强度等级以上混凝土,须按规定填写混凝土浇灌记录。混凝土浇灌记录由施工单位填写并保存。

(8)《混凝土养护测温记录》(表式 C5-2-8)。

当需要对混凝土进行养护测温(如大体积混凝土和冬期、高温季节混凝土施工)时,应按规定填写混凝土养护测温记录。

1)混凝土养护测温记录由施工单位填写并保存。

2)相关规定与要求:

①大体积混凝土施工应有混凝土入模时大气温度、养护温度的记录、内外温差记录和裂缝进行检查记录。

②大体积混凝土养护测温应附测温点布置图,包括测温点的布置位置、深度等。

3)注意事项:大体积混凝土养护测温记录应真实、及时,严禁弄虚作假。

(9)《预应力筋张拉记录》。

预应力筋张拉记录包括《预应力筋张拉数据记录》(表式 C5-2-9)、《预应力筋张拉记录(一)》(表式 C5-2-10)、《预应力筋张拉记录(二)》(表式 C5-2-11)、《预应力张拉孔道灌浆记录》(表式 C5-2-12)。

1)相关规定与要求:

①预应力筋张拉记录:应由专业施工人员负责填写。预应力筋张拉记录(一)包括预应力施工部位、预应力筋规格、平面示意图、张拉程序、应力记录、伸长量等。预应力筋张拉记录(二)要对每根预应力筋的张拉实测值进行记录。后张法预应力张拉施工应执行见证管理,按规定要求做见证张拉记录。

②有粘结预应力结构灌浆记录:后张法有粘结预应力筋张拉后应及时灌浆,并做灌浆记录,记录内容包括灌浆孔状况、水泥浆配比状况、灌浆压力、灌浆量,并有灌浆点简图和编号等。

③预应力张拉原始施工记录应归档保存。

④预应力工程施工记录由相应资质的专业施工单位负责提供。

2)本表由施工单位填写，建设单位、施工单位、城建档案馆各保存一份。

(10)《焊接材料烘焙记录》(表式 C5-2-13)。

1)焊接材料烘焙记录由施工单位填写并保存。

2)相关规定与要求：按照规范、标准和工艺文件等规定须进行烘焙的焊接材料应在使用前按要求进行烘焙，并填写《烘焙记录》。烘焙记录内容包括烘焙方法、烘干温度、要求烘干时间、实际烘焙时间和保温要求等。

(11)《构件吊装记录》(表式 C5-2-14)。

1)构件吊装记录由施工单位填写并保存。

2)相关规定与要求：预制混凝土结构构件、大型钢、木构件吊装应有《构件吊装记录》，吊装记录内容包括构件型号名称、安装位置、外观检查、楼板堵孔、清理、锚固、构件支点的搁置与搭接长度、接头处理、固定方法、标高、垂直偏差等，应符合设计和现行标准、规范要求。

3)注意事项："备注"栏内应填写吊装过程中出现的问题、处理措施及质量情况等。对于重要部位或大型构件的吊装工程，应有专项安全交底。

(12)《防水工程试水检查记录》(表式 C5-2-15)。

1)防水工程试水检查记录由施工单位填写，建设单位、施工单位各保存一份。

2)相关规定与要求：

①凡有防水要求的房间应有防水层及装修后的蓄水检查记录。检查内容包括蓄水方式、蓄水时间、蓄水深度、水落口及边缘封堵情况和有无渗漏现象等。

②屋面工程完毕后，应对细部构造(屋面天沟、檐沟、檐口、泛水、水落口、变形缝、伸出屋面的管道等)、接缝处和保护层进行雨期观察或淋水、蓄水检查。淋水试验持续时间不得少于 2h；做蓄水检查的屋面、蓄水时间不得少于 24h。

(13)《钢结构工程施工记录》。

1)钢结构工程施工记录由多项内容组成，具体形式由施工单位自行确定。

2)钢结构工程施工记录相关说明：

①《构件吊装记录》(表式 C5-2-14)：钢结构吊装应有《构件吊装记录》，吊装记录内容包括构件名称、安装位置、搁置与搭接长度、接头处理、固定方法、标高等。

②《焊接材料烘焙记录》(表式 C5-2-13)：焊接材料在使用前，应按规定进行烘焙，有烘焙记录。

③钢结构安装施工记录：钢结构主要受力构件安装完成后应进行钢架(梁)垂直度、侧向弯曲度、安装、钢柱垂直度等偏差检查，并做施工记录。

钢结构主体结构在形成空间刚度单元并连接固定后，应做整体垂直度和整体平面弯曲度的安装允许偏差检查，并做施工记录。

④钢网架(索膜)结构总拼及屋面工程完成后，应对其挠度值和其他安装偏差值进行测量，并做施工偏差检查记录。

⑤钢结构安装施工记录应由有相应资质的专业施工单位负责提供。

(14)《网架(索膜)施工记录》。

当工程中有网架(索膜)工程安装作业时，专业施工单位须提供网架(索膜)施工记录，具体形式由施工单位自行确定。

(15)《木结构施工记录》。

1)木结构工程施工记录具体形式由施工单位自行确定。

2)木结构工程施工记录相关说明:应对木桁架、梁和柱等构件的制作、安装、屋架安装的允许偏差和屋盖横向支撑的完整性进行检查,并有施工记录。

木结构工程施工记录应由具有相应资质的专业施工单位负责提供。

三、园林用电

(1)《电缆敷设检查记录》(表式 C5-3-1)。

对电缆的敷设方式、编号、起/止位置、规格、型号进行检查,并按《电气装置安装工程电缆线路施工及验收规范》(GB 50168—2006)要求,对安装工艺质量进行检查,填写《电缆敷设检查记录》。

(2)《电气照明装置安装检查记录》(表式 C5-3-2)。

对电气照明装置的配电箱(盘)、配线、各种灯具、开关、插座、风扇等安装工艺及质量按《建筑电气工程施工质量验收规范》(GB 50303—2002)要求进行检查,填写《电气照明装置安装检查记录》。

(3)《电线(缆)钢导管安装检查记录》(表式 C5-3-3)。

对电线(缆)钢导管的起、止点位置及高程、管径、长度、弯曲半径、连接方式、防腐及排列情况进行检查并填写《电线(缆)钢导管安装检查记录》。

(4)《成套开关柜(盘)安装检查记录》(表式 C5-3-4)。

检查成套开关柜(盘)型钢外廓尺寸、基础型钢的不直度、水平度、位置、不平行度及开关柜的垂直度、水平偏差、柜面偏差、柜间接缝,要求成套开关柜(盘)安装偏差符合规范要求并填写《成套开关柜(盘)安装检查记录》。

(5)《盘、柜安装及二次接线检查记录》(表式 C5-3-5)。

对盘、柜及二次接线安装工艺及质量进行检查。内容包括:盘、柜及基础型钢安装偏差;盘、柜固定及接地状况;盘、柜内电器元件、电气接线、柜内一次设备安装等及电气试验结果是否符合规范要求并填写《盘、柜安装及二次接线检查记录》。

(6)《避雷装置安装检查记录》(表式 C5-3-6)。

检查避雷装置安装质量,对避雷针、避雷网(带)、引下线的材质、规格、长度,结构形式、外观、焊接及防腐情况,引下线断点高度,接地极组数及接地电阻测量数值、防腐处理情况进行检查并填写《避雷装置安装检查记录》。

(7)《电机安装检查记录》(表式 C5-3-7)。

对电机安装位置;接线、绝缘、接地情况;转子转动灵活性;轴承框动情况;电刷与滑环(换向器)的接触情况;电机的保护、控制、测量、信号等回路工作状态进行检验并填写《电机安装检查记录》。

(8)《电缆头(中间接头)制作记录》(表式 C5-3-8)。

对电缆头型号、保护壳型式、接地线规格、绝缘带规格、芯线连接方法、相序校对、绝缘填料电阻测试值、电缆编号、规格型号等进行检查并填写《电缆头(中间接头)制作记录》。

(9)《供水设备供电系统调试记录》(表式 C5-3-9)。

电气设备安装调试应符合国家及有关专业的规定,各系统设备的单项安装调试合格后,由施工(安装)单位进行供水设备供电系统调试并填写《供水设备供电系统调试记录》。

第七节　园林绿化工程施工试验记录

一、通用记录

(1)《施工试验记录(通用)》(表式 C6-1-1)。

1)施工试验记录(通用):由具备相应资质等级的检测单位出具报告并随相关资料进入资料流程(后续各种专用试验记录与此相同)。

2)相关规定与要求:

①在完成检验批的过程中,由施工单位试验负责人负责制作施工试验试件,之后送至具备相应检测资质等级的检测单位进行试验。

②检测单位根据相关标准对送检的试件进行试验后,出具试验报告并将报告返还施工单位。

③施工单位将施工试验记录作为检验批报验的附件,随检验批资料进入审批程序(后续各种专用试验记录形成流程相同)。

3)注意事项:按照设计要求和规范规定应做施工试验,且无相应施工试验表格的,应填写施工试验记录(通用);采用新技术、新工艺及特殊工艺时,对施工试验方法和试验数据进行记录,应填写施工试验记录(通用)。

4)本表由建设单位、施工单位城建档案馆各保存一份。

(2)《设备单机试运转记录》(表式 C6-1-2)。

1)给水系统设备、热水系统设备、机械排水系统设备、消防系统设备、采暖系统设备、水处理系统设备,应进行单机试运转,并做记录。

2)相关规定与要求:

①水泵试运转的轴承温升必须符合设备说明书的规定。检验方法:通电、操作和温度计测温检查。水泵试运转,叶轮与泵壳不应相碰,进、出口部位的阀门应灵活。

②锅炉风机试运转,轴承温升应符合下列规定:滑动轴承温度最高不得超过 60℃。滚动轴承温度最高不得超过 80℃。检验方法:用温度计检查。轴承径向单振幅应符合下列规定:风机转速小于 1000r/min 时,不应超过 0.10mm;风机转速为 1000～1450r/min 时,不应超过 0.08mm。检验方法:用测振仪表检查。

3)注意事项:

①以设计要求和规范规定为依据,适用条目要准确。参考规范包括:《机械设备安装工程施工及验收通用规范》(GB 50231—1998)、《制冷设备、空气分离设备安装工程施工及验收规范》(GB 50274—1998)、《压缩机、风机、泵安装工程施工及验收规范》(GB 50275—1998)等。

②根据试运转的实际情况填写实测数据,要准确,内容齐全,不得漏项。设备单机试运转后应逐台填写记录,一台(组)设备填写一张表格。

③设备单机试运转是系统试运转调试的基础工作,一般情况下如设备的性能达不到设计要求,系统试运转调试也不会达到要求。

④工程采用施工总承包管理模式的,签字人员应为施工总承包单位的相关人员。

4)本表由施工单位填写,建设单位、施工单位、城建档案馆各保存一份。

(3)《系统试运转调试记录》(表式 C6-1-3)。

1)给水系统、热水系统、机械排水系统、消防系统、采暖系统、水处理系统等应进行系统试运转调试,并做好记录。

2)注意事项:

①以设计要求和规范规定为依据,适用条目要准确。

②根据试运转调试的实际情况填写实测数据,要准确,内容齐全,不得漏项。

③工程采用施工总承包管理模式的，签字人员应为施工总承包单位的相关人员。

3)其他：

①附必要的试运转调试测试表

②本表由施工单位填写，建设单位、施工单位、城建档案馆各保存一份。

二、园林建筑及附属设备

(1)《锚杆、土钉锁定力(抗拔力)试验报告》。

锚杆、土钉锁定力(抗拔力)试验报告由检测单位提供。

(2)《地基承载力检验报告》。

地基承载力检验报告由检测单位提供。

(3)《土工击实试验报告》(表式 C6-2-3)与回填试验报告(应附图)(表式 C6-2-4)。

1)土工击实试验报告和回填土试验报告由具备相应资质等级的检测单位出具后随相关资料进入资料流程。

2)相关规定与要求：

①土方工程应测定土的最大干密度和最优含水量，确定最小干密度控制值，由试验单位出具《土工击实试验报告》。

②应按规范要求绘制回填土取点平面示意图，分段、分层(步)取样做《回填土试验报告》。

3)注意事项：按照设计要求和规范规定应做施工试验，且无相应施工试验表格的，应填写《施工试验记录》(通用)(表式 C6-1-1)。

4)土工击实试验报告和回填土试验报告由建设单位、施工单位、城建档案馆各保存一份。

(4)《钢筋机械连接型式检验报告》。

钢筋机械连接型式检验报告由技术提供单位提供。

(5)《钢筋连接工艺检验(评定)报告》。

钢筋连接工艺检验(评定)报告由检测单位提供。

(6)《钢筋连接试验报告》(表式 C6-2-7)。

1)钢筋连接试验报告由具备相应资质等级的检测单位出具后随相关资料进入资料流程。

2)相关规定与要求：

①用于焊接、机械连接钢筋的力学性能和工艺性能应符合现行国家标准。

②正式焊(连)接工程开始前及施工过程中，应对每批进场钢筋，在现场条件下进行工艺检验，工艺检验合格后方可进行焊接或机械连接的施工。

③钢筋焊接接头或焊接制品、机械连接接头应按焊(连)接类型和验收批的划分进行质量验收并现场取样复试，钢筋连接验收批的划分及取样数量和必试项目见后表。

④承重结构工程中的钢筋连接接头应按规定实行有见证取样和送检的管理。

⑤采用机械连接接头型式施工时，技术提供单位应提交由有相应资质等级的检测机构出具的型式检验报告。

⑥焊(连)接工人必须具有有效的岗位证书。

3)注意事项：试验报告中应写明工程名称、钢筋级别、接头类型、规格、代表数量、检验形式、试验数据、试验日期以及试验结果。

4)本表由建设单位、施工单位、城建档案馆各保存一份。

5)钢筋连接试验项目、组批原则及规定见表 3-14。

表 3-14　　钢筋连接试验项目、组批原则及规定

材料名称及相关标准、规范代号	必　试 试验项目	组批原则及取样规定
钢筋电阻点焊	抗拉强度；抗剪强度；弯曲试验	班前焊(工艺性能试验)在工程开工或每批钢筋正式焊接前，应进行现场条件下的焊接性能试验。试验合格后方可正式生产。试件数量及要求如下： (1)钢筋焊接骨架： 1)凡钢筋级别、直径及尺寸相同的焊接骨架应视为同一类制品，且每 200 件为一验收批，一周内不足 200 件的也按一批计。 2)试件应从成品中切取，当所切取试件的尺寸小于规定的试件尺寸时，或受力钢筋大于 8mm 时，可在生产过程中焊接试验网片，从中切取试件。 3)由几种钢筋直径组合的焊接骨架，应对每种组合做力学性能检验；热轧钢筋焊点，应作抗剪试验，试件数量 3 件；冷拔低碳钢丝焊点，应作抗剪试验及对较小的钢筋作拉伸试验，试件数量 3 件。 (2)钢筋焊接网： 1)凡钢筋级别、直径及尺寸相同的焊接骨架应视为同一类制品，每批不应大于 30t，或每 200 件为一验收批，一周内不足 30t 或 200 件的也按一批计。 2)试件应从成品中切取；冷轧带肋钢筋或冷拔低碳钢丝焊点应作拉伸试验，试件数量 1 件，横向试件数量 1 件；冷轧带肋钢筋焊点应作弯曲试验，纵向试件数量 1 件，横向试件数量 1 件；热轧钢筋、冷轧带肋钢筋或冷拔低碳钢丝的焊点应作抗剪试验，试件数量 3 件
钢筋闪光对焊接头	抗拉强度；弯曲试验	(1)同一台班内由同一焊工完成的 300 个同级别、同直径钢筋焊接接头应作为一批，当同一台班内，可在一周内累计计算；累计仍不足 300 个接头，也按一批计。 (2)力学性能试验时，试件应从成品中随机切取 6 个试件，其中 3 个做拉伸试验，3 个做弯曲试验。 (3)焊接等长预应力钢筋(包括螺丝杆与钢筋)可按生产条件作模拟试件。 (4)螺丝端杆接头可只做拉伸试验。 (5)若初试结果不符合要求时，可随机再取双倍数量试件进行复试。 (6)当模拟试件试验结果不符合要求时，复试应从成品中切取，其数量和要求与初试时相同
钢筋电弧焊接头	抗拉强度	(1)工厂焊接条件下：同钢筋级别 300 个接头为一验收批。 (2)在现场安装条件下：每一至二层楼同接头形式、同钢筋级别的接头 300 个为一验收批，不足 300 个接头也按一批计。 (3)试件应从成品中随机切取 3 个接头进行拉伸试验。 (4)装配式结构节点的焊接接头可按生产条件制造模拟试件。 (5)当初试结果不符合要求时，应再取 6 个试件进行复试
钢筋电渣压力焊接头	抗拉强度	(1)一般构筑物中以 300 个同级别钢筋接头作为一验收批。 (2)在现浇钢筋混凝土多层结构中，应以每一楼层或施工区段中 300 个同级别钢筋接头作为一验收批，不足 300 个接头也按一批计。 (3)试件应从成品中随机切取 3 个接头进行拉伸试验。 (4)当初试结果不符合要求时，应再取 6 个试件进行复试

续表

材料名称及相关标准、规范代号	必试试验项目	组批原则及取样规定
钢筋气压焊接头	抗拉强度；弯曲试验（梁、板的水平筋连接）	(1)一般构筑物中以300个接头作为一验收批。 (2)在现浇钢筋混凝土房屋结构中，同一楼层中应以300个接头作为一验收批，不足300个接头也按一批计。 (3)试件应从成品中随机切取3个接头进行拉伸试验；在梁、板的水平钢筋连接中，应另切取3个试件做弯曲试验。 (4)当初试结果不符合要求时，应再取6个试件进行复试
预埋件钢筋T型接头	抗拉强度	(1)预埋件钢筋埋弧压力焊，同类型预埋件一周内累计每300件时为一验收批，不足300个接头也按一批计，每批随机切取3个试件做拉伸试验。 (2)当初试结果不符合规定时，再取6个试件进行复试
机械连接包括： (1)锥螺纹连接 (2)套筒挤压接头 (3)镦粗直螺纹钢筋接头 (GB 50204—2002) (JGJ 107—2010) (JGJ 108—1996) (JGJ 109—1996) (JGJ/T 3057—1999)	抗拉强度	(1)工艺检验：在正式施工前，按同批钢筋、同种机械连接形式的接头试件不少于3根，同时对应切取接头试件的母材，进行抗拉强度试验。 (2)现场检验：接头的现场检验按验收批进行，同一施工条件下采用同一批材料的同等级、同形式、同规格的接头每500个为一验收批，不足500个接头也按一批计，每一验收批必须在工程结构中随机切取3个试件做单向拉伸试验，在现场连续检验10个验收批，其全部单向拉伸试件一次抽样均合格时，验收批接头数量可扩大一倍

(7)《砂浆配合比申请单、通知单》(表式C6-2-8)、《砂浆抗压强度试验报告》(表式C6-2-9)和《砂浆试块强度统计、评定记录》(表式C6-2-10)。

1)砂浆配合比及抗压强度报告由具有相应资质等级的检测单位出具后随相关资料进入资料流程。

2)相关规定与要求：

①应有配合比申请单和试验室签发的配合比通知单。

②应有按规定留置的龄期为28d标养试块的抗压强度试验报告。

③承重结构的砌筑砂浆试块应按规定实行有见证取样和送检。

④砂浆试块的留置数量及必试项目符合规定要求。

⑤应有单位工程砌筑砂浆试块抗压强度统计、评定记录，按同一类型、同一强度等级砂浆为一验收批统计，评定方法及合格标准如下：

$$f_{2,m} \geqslant f_2$$

$$f_{2,\mathrm{mim}} \geqslant 0.75 f_2$$

式中 $f_{2,m}$——同一验收批中砂浆立方体抗压强度各组平均值(MPa)；

$f_{2,\mathrm{mim}}$——同一验收批中砂浆立方体抗压强度最小一组值(MPa)；

f_2——验收批砂浆设计强度等级所对应的立方体抗压强度(MPa)。

当施工出现下列情况时，可采用非破损或微破损检验方法对砂浆和砌体强度进行原位检测，推定砂浆强度，并应有法定单位出具的检测报告：

砂浆试块缺乏代表性或试块数量不足；

对砂浆试块的试验结果有怀疑或有争议。

砂浆试块的试验结果，已判定不能满足设计要求，需要确定砂浆和砌体强度。

3)砂浆配合比申请单、通知单由施工单位保存。砂浆抗压强度试验报告由施工单位、建设单位各保存一份。砂浆试块强度统计、评定记录由施工单位、建设单位、城建档案馆各保存一份。

(8)《混凝土配合比申请单、通知单》(表式 C6-2-11)、《混凝土抗压强度试验报告》(表式 C6-2-12)、《混凝土试块强度统计、评定记录》(表式 C6-2-13)、《混凝土抗渗试验报告》(表式 C6-2-14)。

1)试验报告由具备相应资质等级的检测单位出具后随相关资料进入资料流程。混凝土试块强度统计、评定记录由施工单位填写并报送建设单位、监理单位备案。

2)相关规定与要求：

①现场搅拌混凝土应有配合比申请单和配合比通知单,预拌混凝土应有试验室签发的配合比通知单。

②应有按规定留置龄期为 28d 标养试块和相应数量同条件养护试块的抗压强度试验报告,冬施还应有受冻临界强度试块和转常温试块的抗压强度试验报告。

③抗渗混凝土、特种混凝土除应具备上述资料外应有专项试验报告。

④应有单位工程《混凝土试块抗压强度统计、评定记录》,统计、评定方法及合格标准应符合规范要求。

⑤抗压强度试块、抗渗性能试块的留置数量及必试项目应符合规范要求。

⑥承重结构的混凝土抗压强度试块,应按规定实行有见证取样和送检。

⑦结构由有不合格批混凝土组成的,或未按规定留置试块的,应有结构处理的相关资料;需要检测的,应有相应资质检测机构检测报告,并有设计单位出具的认可文件。

⑧潮湿环境、直接与水接触的混凝土工程和外部有供碱环境并处于潮湿环境的混凝土工程,应预防混凝土碱骨料反应,并按有关规定执行,有相关检测报告。

3)注意事项:各项相关表格必须按规定填写,严禁弄虚作假。

4)混凝土配合比申请单、通知单由施工单位保存。混凝土抗压强度试验报告由施工单位、建设单位各保存一份。混凝土试块强度统计、评定记录和混凝土抗渗试验报告由施工单位、建设单位和城建档案馆各保存一份。

(9)《饰面砖粘结强度试验报告》(表式 C6-2-15)。

1)饰面砖粘结强度:试验报告由具备相应资质等级的检测单位出具后随相关资料进入资料流程。

2)相关规定与要求：

①地面回填应有《土工击实试验报告》和《回填土试验报告》。

②装饰装修工程使用的砂浆和混凝土应有配合比通知单和强度试验报告;有抗渗要求的还应有《抗渗试验报告》。

③外墙饰面砖粘贴前和施工过程中,应在相同基层上做样板件,并对样板件的饰面砖粘结强度进行检验,有《饰面砖粘结强度检验报告》,检验方法和结果判定应符合相关标准规定。

④后置埋件应有现场抗拔试验报告。

3)本表由建设单位、施工单位各保存一份。

(10)《后置埋件抗拔试验报告》。

后置埋件抗拔试验报告由检测单位提供。

(11)《超声波探伤报告》(表式 C6-2-17)、《超声波探伤记录》(表式 C6-2-18)、《钢构件射线探伤报告》(表式 C6-2-19)。

1)试验报告由具备相应资质等级的检测单位出具后随相关资料进入资料流程。

2)相关规定与要求：

①高强度螺栓连接应有摩擦面抗滑移系数检验报告及复试报告，并实行有见证取样和送检。

②施工首次使用的钢材、焊接材料、焊接方法、焊后热处理等应进行焊接工艺评定，有焊接工艺评定报告。

③设计要求的一、二级焊缝应做缺陷检验，由有相应资质等级的检测单位出具超声波、射线探伤检验报告或磁粉探伤报告。

④建筑安全等级为一级、跨度 40m 及以上的公共建筑钢网架结构，且设计有要求的，应对其焊(螺栓)球节点进行节点承载力试验，并实行有见证取样和送检。

⑤钢结构工程所使用的防腐、防火涂料应做涂层厚度检测，其中防火涂层应有相应资质的检测单位检测报告。

⑥焊(连)接工人必须持有效的岗位证书。

3)超声波探伤报告、超声波探伤记录、钢构件射线探伤报告由施工单位、建设单位、城建档案馆各保存一份。

(12)磁粉探伤报告、高强螺栓抗滑移系数检测报告、钢结构涂料厚度检测报告。

钢结构工程施工试验记录中的磁粉探伤报告、高强螺栓抗滑移系数检测报告、钢结构涂料厚度检测报告均由检测单位提供。

(13)木结构胶缝试验报告、木结构构件力学性能试验报告、木结构防护剂试验报告。

木结构工程施工试验记录中的木结构胶缝试验报告、木结构构件力学性能试验报告、木结构防护剂试验报告均由检测单位提供。

三、园林给排水

(1)《灌(满)水试验记录》(表式 C6-3-1)。

1)非承压管道系统和设备，包括开式水箱、卫生洁具、安装在室内的雨水管道等，在系统和设备安装完毕后，以及暗装、埋地、有绝热层的室内外排水管道进行隐蔽前，应进行灌(满)水试验，并做记录。

2)相关规定与要求：

①敞口箱、罐安装前应做满水试验；密闭箱、罐应以工作压力的 1.5 倍做水压试验，但不得小于 0.4MPa。检验方法：满水试验满水后静置 24h 不渗不漏；水压试验在试验压力下 10min 内无压降，不渗不漏。

②隐蔽或埋地的排水管道在隐蔽前必须做灌水试验，其灌水高度应不低于底层卫生器具的上边缘或底层地面高度。检验方法：满水 15min 水面下降后，再灌满观察 5min，液面不降，管道及接口无渗漏为合格。

③安装在室内的雨水管道安装后应做灌水试验，灌水高度必须到每根立管上部的雨水斗。检验方法：灌水试验持续 1h，不渗不漏。

④室外排水管网安装管道埋设前必须做灌水试验和通水试验，排水应畅通，无堵塞，管接口无渗漏。检验方法：按排水检查井分段试验，试验水头应以试验段上游管顶加 1m，时间不少于 30min，逐段观察。

3)注意事项：

①以设计要求和规范规定为依据，适用条目要准确。

②根据试运转调试的实际情况填写实测数据，要准确，内容齐全，不得漏项。

③工程采用施工总承包管理模式的，签字人员应为施工总承包单位的相关人员。

4)本表由施工单位填写并保存。

(2)《强度严密性试验记录》(表式 C6-3-2)。

1)室内外输送各种介质的承压管道、设备在安装完毕后,进行隐蔽之前,应进行强度严密性试验,并做记录。

2)相关规定与要求:

①室内给水管道的水压试验必须符合设计要求。当设计未注明时,各种材质的给水管道系统试验压力均为工作压力的1.5倍,但不得小于0.6MPa。检验方法:金属及复合管给水管道系统在试验压力下观测10min,压力降不应大于0.02MPa,然后降到工作压力进行检查,应不渗不漏;塑料管给水系统应在试验压力下稳压1h,压力降不得超过0.05MPa,然后在工作压力的1.15倍状态下稳压2h,压力降不得超过0.03MPa,同时检查各连接处不得渗漏。

②热水供应系统安装完毕,管道保温之前应进行水压试验。试验压力应符合设计要求。当设计未注明时,热水供应系统水压试验压力应为系统顶点的工作压力加0.1MPa,同时在系统顶点的试验压力不小于0.3MPa。检验方法:钢管或复合管道系统试验压力下10min内压力降不大于0.02MPa,然后降至工作压力检查,压力应不降,且不渗不漏;塑料管道系统在试验压力下稳压1h,压力降不得超过0.05MPa,然后在工作压力1.15倍状态下稳压2h,压力降不得超过0.03MPa,连接处不得渗漏。

③热交换器应以工作压力的1.5倍做水压试验。蒸汽部分应不低于蒸汽供汽压力加0.3MPa;热水部分应不低于0.4MPa。检验方法:试验压力下10min内压力不降,不渗不漏。

④低温热水地板辐射采暖系统安装,盘管隐蔽前必须进行水压试验,试验压力为工作压力的1.5倍,但不小于0.6MPa。检验方法:稳压1h内压力降不大于0.05MPa且不渗不漏。

⑤采暖系统安装完毕,管道保温之前应进行水压试验。试验压力应符合设计要求。当设计未注明时,应符合下列规定:

a. 蒸汽、热水采暖系统,应以系统顶点工作压力加0.1MPa做水压试验,同时在系统顶点的试验压力不小于0.3MPa。

b. 高温热水采暖系统,试验压力应为系统顶点工作压力加0.4MPa。

c. 使用塑料管及复合管的热水采暖系统,应以系统顶点工作压力加0.2MPa做水压试验,同时在系统顶点的试验压力不小于0.4MPa。检验方法:使用钢管及复合管的采暖系统应在试验压力下10min内压力降不大于0.02MPa,降至工作压力后检查,不渗、不漏使用塑料管的采暖系统应在试验压力下1h内压力降不大于0.05MPa,然后降压至工作压力的1.15倍,稳压2h,压力降不大于0.03MPa,同时各连接处不渗、不漏。

⑥室外给水管网必须进行水压试验,试验压力为工作压力的1.5倍,但不得小于0.6MPa。检验方法:管材为钢管、铸铁管时,试验压力下10min内压力降不应大于0.05MPa,然后降至工作压力进行检查,压力应保持不变,不渗不漏;管材为塑料管时,试验压力下,稳压1h压力降不大于0.05MPa,然后降至工作压力进行检查,压力应保持不变,不渗不漏。

⑦消防水泵接合器及室外消火栓安装系统必须进行水压试验,试验压力为工作压力的1.5倍,但不得小于0.6MPa。检验方法:试验压力下,10min内压力降不大于0.05MPa,然后降至工作压力进行检查,压力保持不变,不渗不漏。

⑧锅炉的汽、水系统安装完毕后,必须进行水压试验。水压试验的压力应符合规范规定。检验方法:在试验压力下10min内压力降不超过0.02MPa;然后降至工作压力进行检查,压力不降,不渗、不漏;观察检查,不得有残余变形,受压元件金属壁和焊缝上不得有水珠和水雾。

⑨锅炉分汽缸(分水器、集水器)安装前应进行水压试验,试验压力为工作压力的1.5倍,但不得小于0.6MPa。检验方法:试验压力下10min内无压降、无渗漏。

⑩锅炉地下直埋油罐在埋地前应做气密性试验,试验压力降不应小于0.03MPa。检验方法:

试验压力下观察30min不渗、不漏，无压降。

⑪连接锅炉及辅助设备的工艺管道安装完毕后，必须进行系统的水压试验，试验压力为系统中最大工作压力的1.5倍。检验方法：在试验压力10min内压力降不超过0.05MPa，然后降至工作压力进行检查，不渗不漏。

⑫自动喷水系统当系统设计工作压力等于或小于1.0MPa时，水压强度试验压力应为设计工作压力的1.5倍，并不应低于1.4MPa；当系统设计工作压力大于1.0MPa时，水压强度试验压力应为该工作压力加0.4MPa。水压强度试验的测试点应设在系统管网的最低点。对管网注水时，应将管网内的空气排净，并应缓慢升压，达到试验压力后，稳压30min，目测管网应无渗漏和无变形，且压力降不应大于0.05MPa。

⑬自动喷水系统水压严密度试验应在水压强度试验和管网冲洗合格后进行。试验压力应为设计工作压力，稳压24h，应无渗漏。

⑭自动喷水系统气压严密性试验的试验压力应为0.28MPa，且稳压24h，压力降不应大于0.01MPa。

3)注意事项：

①以设计要求和规范规定为依据，适用条目要准确。

②单项试验和系统性试验，强度和严密度试验有不同要求，试验和验收时要特别留意；系统性试验、严密度试验的前提条件应充分满足，如自动喷水系统水压严密度试验应在水压强度试验和管网冲洗合格后才能进行；而常见做法是先根据区段验收或隐检项目验收要求完成单项试验，系统形成后进行系统性试验，再根据系统特殊要求进行严密度试验。

③根据试验的实际情况填写实测数据，要准确，内容齐全，不得漏项。

④工程采用施工总承包管理模式的，签字人员应为施工总承包单位的相关人员。

4)本表由施工单位填写，建设单位、施工单位、城建档案馆各保存一份。

(3)《通水试验记录》(表式C6-3-3)。

1)室内外给水(冷、热)、中水卫生洁具、地漏及地面清扫口及室内外排水系统应分系统(区、段)进行通水试验，并做记录。

2)相关规定与要求：

①给水系统交付使用前必须进行通水试验并做好记录。检验方法：观察和开启阀门、水嘴等放水。

②卫生器具交工前应做满水和通水试验。检验方法：满水后各连接件不渗不漏；通水试验给、排水畅通。

3)注意事项：

①以设计要求和规范规定为依据，适用条目要准确。

②根据试验的实际情况填写实测数据，要准确，内容齐全，不得漏项。

③通水试验为系统试验，一般在系统完成后统一进行。

④工程采用施工总承包管理模式的，签字人员应为施工总承包单位的相关人员。

⑤表格中通水流量(m^3/h)按卫生器具供水管径核算获得。

4)本表由施工单位填写并保存。

(4)《吹(冲)洗(脱脂)试验记录》(表式C6-3-4)。

1)室内外给水(冷、热)、中水及采暖、空调、消防管道及设计有要求的管道应在使用前做冲洗试验；介质为气体的管道系统应按有关设计要求及规范规定做吹洗试验。设计有要求时还应做脱脂处理。

2)相关规定与要求：

①生活给水系统管道在交付使用前必须冲洗和消毒，并经有关部门取样检验，符合国家《生活饮用水标准》方可使用。检验方法：检查有关部门提供的检测报告。

②热水供应系统竣工后必须进行冲洗。检验方法：现场观察检查。

③采暖系统试压合格后，应对系统进行冲洗并清扫过滤器及除污器。检验方法：现场观察，直至排出水不含泥沙、铁屑等杂质，且水色不浑浊为合格。

④消防水泵接合器及室外消火栓安装系统消防管道在竣工前，必须对管道进行冲洗。检验方法：观察冲洗出水的浊度。

⑤供热管道试压合格后，应进行冲洗。检验方法：现场观察，以水色不浑浊为合格。

⑥自动喷水系统管网冲洗的水流流速、流量不应小于系统设计的水流流速、流量；管网冲洗宜分区、分段进行；水平管网冲洗时其排水管位置应低于配水支管。管网冲洗应连续进行，当出水口处水的颜色、透明度与入水口处水的颜色、透明度基本一致时为合格。

3)注意事项：

①以设计要求和规范规定为依据，适用条目要准确。

②根据试验的实际情况填写实测数据，要准确，内容齐全，不得漏项。

③吹(冲)洗(脱脂)试验为系统试验，一般在系统完成后统一进行。

④工程采用施工总承包管理模式的，签字人员应为施工总承包单位的相关人员。

4)本表由施工单位填写并保存。

(5)《通球试验记录》(表式C6-3-5)。

1)室内排水水平干管、主立管应按有关规定进行通球试验，并做记录。

2)相关规定与要求：排水主立管及水平干管管道均应做通球试验，通球球径不小于排水管道管径的2/3，通球率必须达到100%。检查方法：通球检查。

3)注意事项：

①以设计要求和规范规定为依据，适用条目要准确。

②根据试验的实际情况填写实测数据，要准确，内容齐全，不得漏项。

③通水试验为系统试验，一般在系统完成、通水试验合格后进行。

④工程采用施工总承包管理模式的，签字人员应为施工总承包单位的相关人员。

⑤通球试验用球宜为硬质空心塑料球，投入时做好标记，以便同排出的试验球核对。

4)本表由施工单位填写，建设单位、施工单位各保存一份。

四、园林用电

(1)《电气接地电阻测试记录》(表式C6-4-1)。

1)电气接地电阻测试记录应有建设(监理)单位及施工单位共同进行检查。

2)检测阻值结果和结论齐全。

3)电气接地电阻测试应及时，测试必须在接地装置敷设后隐蔽之前进行。

4)应绘制建筑物及接地装置的位置示意图表(见电气接地装置隐检与平面示意图表的填写要求)。

5)编号栏的填写应参照隐蔽工程检查记录表编号编写，但表式不同时顺序号应重新编号。

6)要求无未了事项：

①表格中凡需填空的地方，实际已发生的，如实填写；未发生的，则在空白处划横杠“—”。

②对于选择框，有此项内容，在选择框处划“√”，若无此项内容，可空着，不必划“×”。

7)本表由施工单位填写，建设单位、施工单位、城建档案馆各保存一份。

(2)《电气接地装置隐检与平面示意图表》(表式 C6-4-2)。

1)电气接地装置隐检与平面示意图应由建设(监理)单位及施工单位共同进行检查。

2)检测结论齐全。

3)检验日期应与电气接地电阻测试记录日期一致。

4)绘制接地装置隐检与平面示意图时,应把建筑物轴线、各测试点的位置及阻值标出。

5)编号栏的填写:应与电气接地电阻测试记录编号一致。

6)要求无未了事项:表格中凡需填空的地方,实际已发生的,如实填写;未发生的,则在空白处划“—”。

7)本表由施工单位填写,建设单位、施工单位、城建档案馆各保存一份。

(3)《电气绝缘电阻测试记录》(表式 C6-4-3)。

1)电气绝缘电阻测试记录应由建设(监理)单位及施工单位共同进行检查。

2)检测阻值结果和测试结论齐全。

3)当同一配电箱(盘、柜)内支路很多,又是同一天进行测试时,本表格填不下,可续表格进行填写,但编号应一致。

4)阻值必须符合规范、标准的要求,若不符合规范、标准的要求,应查找原因并进行处理,直到符合要求方可填写此表。

5)编号栏的填写应参照隐蔽工程检查记录表编号编写,但表式不同时顺序号应重新编号,一、二次测试记录的顺序号应连续编写。

6)要求无未了事项:表格中凡需填空的地方,实际已发生的,如实填写;未发生的,则在空白处划“—”。

7)本表由施工单位填报,建设单位、施工单位各保存一份。

(4)《电气器具通电安全检查记录》(表式 C6-4-4)。

1)电气器具通电安全检查记录应由施工单位的专业技术负责人、质检员、工长参加。

2)检查结论应齐全。

3)检查正确、符合要求时填写“√”,反之则填写“×”。当检查不符合要求时,应进行修复,并在检查结论中说明修复结果。当检查部位为同一楼门单元(或区域场所),检查点很多又是同一天检查时,本表格填不下,可续表格进行填写,但编号应一致。

4)编号栏的填写应参照隐蔽工程检查记录表编号编写,但表式不同时顺序号应重新编号。

5)要求无未了事项:表格中凡需填空的地方,实际已发生的,如实填写;未发生的,则在空白处划“—”。

(5)《电气设备空载试运行记录》(表式 C6-4-5)。

1)电气设备空载试运行记录应由建设(监理)单位及施工单位共同进行检查。

2)试运行情况记录应详细:

①记录成套配电(控制)柜、台、箱、盘的运行电压、电流情况、各种仪表指示情况。

②记录电动机转向和机械转动有无异常情况、机身和轴承的温升、电流、电压及运行时间等有关数据。

③记录电动执行机构的动作方向及指示,是否与工艺装置的设计要求保持一致。

3)当测试设备的相间电压时,应把相对零电压划掉。

4)编号栏的填写应参照隐蔽工程检查记录表编号编写,但表式不同时顺序号应重新编号。

5)要求无未了事项:表格中凡需填空的地方,实际已发生的,如实填写;未发生的,则在空白处划“—”。

6)本表由施工单位填写,建设单位、施工单位各保存一份。

(6)《建设物照明通电试运行记录》(表式 C6-4-6)。

1)建筑物照明通电试运行记录应由建设(监理)单位及施工单位共同进行检查。

2)试运行情况记录应详细:

①照明系统通电,灯具回路控制应与照明配电箱及回路的标识一致。

②开关与灯具控制顺序相对应,风扇的转向及调速开关应正常。

③记录电流、电压、温度及运行时间等有关数据。

④配电箱内电气线路连接节点处应进行温度测量,且温升值稳定不大于设计值。

⑤配电箱内电气线路连接节点测温应使用远红外摇表测量仪,并在检定有效期内。

3)除签字栏必须亲笔签字外,其余项目栏均须打印。

4)当测试线路为相对零电压时,应把相间电压划掉。

5)编号栏的填写应参照隐蔽工程检查记录表编号编写,但表式不同时顺序号应重新编号。

6)要求无未了事项:

①表格中凡需填空的地方,实际已发生的,如实填写;未发生的,则在空白处划"—"。

②对于选择框,有此项内容,在选择框处划"√",若无此项内容,可空着,不必划"×"。

7)本表由施工单位填写,建设单位、施工单位各保存一份。

(7)《大型照明灯具承载试验记录》(表式 C6-4-7)。

1)照明灯具承载试验记录应由建设(监理)单位及施工单位共同进行检查。

2)检查结论应齐全。

3)编号栏的填写应参照隐蔽工程检查记录表编号编写,但表式不同时顺序号应重新编号。

4)要求无未了事项:表格中凡需填空的地方,实际已发生的,如实填写;未发生的,则在空白处划"—"。

5)其他:本表由施工单位填写,建设单位、施工单位各保存一份。

(8)《漏电开关模拟试验记录》(表式 C6-4-8)。

1)漏电开关模拟试验记录应由建设(监理)单位及施工单位共同进行检查。

2)若当天内检查点很多时,本表格填不下,可续表格进行填写,但编号应一致。

3)测试结论应齐全。

4)编号栏的填写应参照隐蔽工程检查记录表编号编写,但表式不同时顺序号应重新编号。

5)要求无未了事项:表格中凡需填空的地方,实际已发生的,如实填写;未发生的,则在空白处划"—"。

6)本表由施工单位填写,建设单位、施工单位各保存一份。

(9)《大容量电气线路结点测温记录》(表式 C6-4-9)。

1)大容量电气线路结点测温记录应由建设(监理)单位及施工单位共同进行检查。

2)测试结论应齐全。

3)编号栏的填写:应参照隐蔽工程检查记录表编号编写,但表式不同时顺序号应重新编号。

4)要求无未了事项:

①表格中凡需填空的地方,实际已发生的,如实填写;未发生的,则在空白处划"—"。

②对于选择框,有此项内容,在选择框处划"√",若无此项内容,可空着,不必划"×"。

(10)《避雷带支架拉力测试记录》(表式 C6-4-10)。

1)避雷带支架拉力测试记录应有建设(监理)单位及施工单位共同进行检查。

2)若当天内检查点很多时,本表格填不下,可续表格进行填写,但编号应一致。

3)检查结论应齐全。

4)编号栏的填写应参照隐蔽工程检查记录表编号编写,但表式不同时顺序号应重新编号。

5)要求无未了事项:表格中凡需填空的地方,实际已发生的,如实填写;未发生的,则在空白处划"—"。

6)本表由施工单位填写,建设单位、施工单位各保存一份。

第八节　园林绿化工程施工验收资料

一、工程竣工报告(施工总结)

《工程完工后由施工单位编写工程竣工报告(施工总结)》(表式 C7-1),主要内容包括:

(1)工程概况:工程名称,工程地址,工程结构类型及特点,主要工程量,建设、勘察、设计、监理、施工(含分包)单位名称,施工单位项目经理、技术负责人、质量管理负责人等情况。

(2)工程施工过程:开工、完工日期,主要/重点施工过程的简要描述。

(3)合同及设计约定施工项目的完成情况。

(4)工程质量自检情况:评定工程质量采用的标准,自评的工程质量结果(对施工主要环节质量的检查结果,有关检测项目的检测情况、质量检测结果,功能性试验结果,施工技术资料和施工管理资料情况)。

(5)主要设备调试情况。

(6)其他需说明的事项:有无甩项,有无质量遗留问题,需说明的其他问题,建设行政主管部门及其委托的工程质量监督机构等有关部门责令整改问题的整改情况。

(7)经质量自检,工程是否具备竣工验收条件。

项目经理、单位负责人签字,单位盖公章,填写报告日期;有监理的工程还应由总监理工程师签署意见并签字。

二、检验批质量验收记录

(1)检验批质量验收的程序和组织。检验批施工完成,施工单位自检合格后,应由项目专业质量检查员填报《检验批质量验收记录表》(表式 C7-2)。按照质量验收规范的规定,检验批质量验收应由监理工程师(建设单位项目专业技术负责人)组织项目专业质量检查员等进行验收并签认。

(2)检验批质量验收记录表的填写要求。

1)表头的填写:

①单位(子单位)工程名称按合同文件上的单位工程名称填写,子单位工程标出该部分的位置;

②分部(子分部)工程名称按划定的分部(子分部)名称填写;

③验收部位是指一个分项工程中验收的那个检验批的抽样范围,要按实际情况标注清楚;

④检验批验收记录表中,施工执行标准名称及编号应填写施工所执行的工艺标准的名称及编号,例如,可以填写所采用的企业标准、地方标准、行业标准或国家标准;如果未采用上述标准,也可填写实际采用的施工技术方案等依据,填写时要将标准名称及编号填写齐全,此栏不应填写验收标准;

⑤表格中工程参数等应如实填写,施工单位、分包单位名称宜写全称,并与合同上公章名称一致,并注意各表格填写的名称应相互一致;项目经理应填写合同中指定的项目负责人,分包单

位的项目经理也应是合同中指定的项目负责人，表头签字处不需要本人签字的地方，由填表人填写即可，只是标明具体的负责人。

2)"施工质量验收规范的规定"栏制表时按4种情况填写：

①直接写入：将主控项目、一般项目的要求写入；

②简化描述：将质量要求作简化描述，作为检查提示；

③写入条文号：当文字较多时，只将引用标准规范的条文号写入；

④写入允许偏差：对定量要求，将允许偏差直接写入。

3)填写"施工单位检查评定记录"栏，应遵守下列要求：

①对定量检查项目，当检查点少时，可直接在表中填写检查数据；当检查点数较多填写不下时，可以在表中填写综合结论，如"共检查20处，平均4mm，最大7mm"、"共检查36处，全部合格"等字样，此时应将原始检查记录附在表后；

②对定性类检查项目，可填写"符合要求"或用符号表示，打"√"或打"×"；

③对既有定性又有定量的项目，当各个子项目质量均符合规范规定时，可填写"符合要求"或打"√"，不符合要求时打"×"；

④在一般项目中，规范对合格点百分率有要求的项目，也可填写达到要求的检查点的百分率；

⑤对混凝土、砂浆强度等级，可先填报告份数和编号，待试件养护至28d试压后，再对检验批进行判定和验收，应将试验报告附在验收表后；

⑥主控项目不得出现"×"，当出现打"×"时，应进行返工修理，使之达到合格；一般项目不得出现超过20%的检查点打"×"，否则应进行返工修理；

⑦有数据的项目，将实际测量的数值填入格内。"施工单位检查评定记录"栏应由质量检查员填写。填写内容：可为"合格"或"符合要求"，也可为"检查工程主控项目、一般项目均符合《××××质量验收规范》(GB××—××)的要求，评定合格"等。质量检查员代表企业逐项检查评定合格后，应如实填表并签字，然后交监理工程师或建设单位项目专业技术负责人验收。

4)"监理单位验收记录"栏：

通常在验收前，监理人员应采用平行、旁站或巡回等方法进行监理，对施工质量抽查，对重要项目作见证检测，对新开工程、首件产品或样板间等进行全面检查。以全面了解所监理工程的质量水平、质量控制措施是否有效及实际执行情况，做到心中有数。

在检验批验收时，监理工程师应与施工单位质量检查员共同检查验收。监理人员应对主控项目、一般项目按照施工质量验收规范的规定逐项抽查验收。应注意：监理工程师应该独立得出是否符合要求的结论，并对得出的验收结论承担责任。对不符合施工质量验收规范规定的项目，暂不填写，待处理后再验收，但应做出标记。

5)"监理单位验收结论"栏：

应由专业监理工程师或建设单位项目专业技术负责人填写。

填写前，应对"主控项目"、"一般项目"按照施工质量验收规范的规定逐项抽查验收，独立得出验收结论。认为验收合格，应签注"同意施工单位评定结果，验收合格"。

如果检验批中含有混凝土、砂浆试件强度验收等内容，应待试验报告出来后再作判定。

三、分项工程质量验收记录

(1)分项工程质量验收程序和组织。

1)分项工程完成(即分项工程所包含的检验批均已完工)，施工单位自检合格后，应填报《________分项工程质量验收记录表》和《分项/分部工程施工报验表》(表式C7-3)。

2)分项工程质量验收由监理工程师(建设单位项目专业技术负责人)组织项目专业技术负责人等进行验收并签认。

(2)分项工程质量验收记录填写要求。

1)填写要点:

①除填写表中基本参数外,首先应填写各检验批的名称、部位、区段等,注意要填写齐全;

②表中部"施工单位检查评定结果"栏,由施工单位质量检查员填写,可以打"√"或填写"符合要求,验收合格";

③表中部右边"监理单位验收结论"栏,专业监理工程师应逐项审查,同意项填写"合格"或"符合要求",如有不同意项应做标记但暂不填写,待处理后再验收;对不同意项,监理工程师应指出问题,明确处理意见和完成时间;

④表下部"检查结论"栏,由施工单位项目技术负责人填写,可填"合格",然后交监理单位验收;

⑤表下部"验收结论"栏,由监理工程师填写,在确认各项验收合格后,填入"验收合格"。

2)注意事项:

①核对检验批的部位、区段是否全部覆盖分项工程的范围,有无遗漏的部位;

②一些在检验批中无法检验的项目,在分项工程中直接验收,如有混凝土、砂浆强度要求的检验批,到龄期后试验结果能否达到设计要求;

③检查各检验批的验收资料是否完整并做统一整理,依次登记保管,为下一步验收打下基础。

四、分部(子分部)工程质量验收记录

(1)分部(子分部)工程质量验收程序和组织。

1)分部(子分部)工程完成,施工单位自检合格后,应填报《分部(子分部)工程质量验收记录表》(表式 C7-4)。

2)分部(子分部)工程应由总监理工程师或建设单位项目负责人组织有关设计单位及施工单位项目负责人和技术质量负责人等共同验收并签认。

(2)分部(子分部)工程质量验收记录表填写要求。

1)填写要点:

①表名前应填写分部(子分部)工程的名称,然后将"分部"、"子分部"两者划掉其一。

②工程名称、施工单位名称要填写全称,并与检验批、分项工程验收表的工程名称一致。

③技术、质量部门负责人是指项目的技术、质量负责人,但地基基础、主体结构及重要安装分部(子分部)工程应填写施工单位的技术、质量部门负责人。

④有分包单位时填写分包单位名称,分包单位要写全称,与合同或图章一致。分包单位负责人及分包技术负责人,填写本项目的项目负责人及项目技术负责人;按规定地基基础、主体结构不准分包,因此不应有分包单位。

⑤"分部工程"栏先由施工单位按顺序将分项工程名称填入,将各分项工程检验批的实际数量填入,注意应与各分项工程验收表上的检验批数量相同,并要将各分项工程验收表附后。

⑥"施工单位检查评定"栏填写施工单位对各分项工程自行检查评定的结果,可按照各分项工程验收表填写,合格的分项工程打"√"或填写"符合要求",填写之前,应核查各分项工程是否全部都通过了验收,有无遗漏。

⑦"质量控制资料验收"栏应按《单位(子单位)工程质量控制资料核查记录》来核查,但是各专业只需要检查该表内对应于本专业的那部分相关内容,不需要全部检查表内所列内容,也未要

求在分部工程验收时填写该表。

核查时，应对资料逐项核对检查，应核查下列几项：

(a)查资料是否齐全，有无遗漏；

(b)查资料的内容有无不合格项；

(c)查资料横向是否相互协调一致，有无矛盾；

(d)查资料的分类整理是否符合要求，案卷目录、份数页数及装订等有无缺漏；

(e)查各项资料签字是否齐全。

当确认能够基本反映工程质量情况，达到保证结构安全和使用功能的要求，该项即可通过验收。全部项目都通过验收，即可在"施工单位检查评定"栏内打"√"或标注"检查合格"，然后送监理单位或建设单位验收，监理单位总监理工程师组织审查，如认为符合要求，则在"验收意见"栏内签注"验收合格"意见。

对一个具体工程，是按分部还是按子分部进行资料验收，需要根据具体工程的情况自行确定。

⑧"安全和功能检验(检测)报告"栏应根据工程实际情况填写。安全和功能检验，是指按规定或约定需要在竣工时进行抽样检测的项目。这些项目凡能在分部(子分部)工程验收时进行检测的，应在分部(子分部)工程验收时进行检测。具体检测项目可按《单位(子单位)工程安全和功能检验资料核查及主要功能抽查记录》中相关内容在开工之前加以确定。设计有要求或合同有约定的，按要求或约定执行。

在核查时，要检查开工之前确定的检测项目是否全部进行了检测。要逐一对每份检测报告进行核查，主要核查每个检测项目的检测方法、程序是否符合有关标准规定；检测结论是否达到规范的要求；检测报告的审批程序及签字是否完整等。

如果每个检测项目都通过审查，施工单位即可在检查评定栏内打"√"或标注"检查合格"。由项目经理送监理单位或建设单位验收，监理单位总监理工程师或建设单位项目技术负责人组织审查，认为符合要求后，在"验收意见"栏内签注"验收合格"意见。

⑨"观感质量验收"栏的填写应符合工程的实际情况。对观感质量的评判只作定性评判，不再作量化打分。观感质量等级分为"好"、"一般"、"差"共3档。"好"、"一般"均为合格；"差"为不合格，需要修理或返工。

观感质量检查的主要方法是观察。但除了检查外观外，还应对能启动、运转或打开的部位进行启动或打开检查。并注意应尽量做到全面检查，对屋面、地下室及各类有代表性的房间、部位都应查到。

观感质量检查首先由施工单位项目经理组织施工单位人员进行现场检查，检查合格后填表，由项目经理签字后交监理单位验收。

监理单位总监理工程师或建设单位项目专业负责人组织对观感质量进行验收，并确定观感质量等级。认为达到"好"或"一般"，均视为合格。在"分部(子分部)工程观感质量验收意见"栏内填写"验收合格"。评为"差"的项目，应由施工单位修理或返工。如确实无法修理，可经协商实行让步验收，并在验收表中注明。由于"让步验收"意味着工程留下永久性缺陷，故应尽量避免出现这种情况。

关于"验收意见"栏由总监理工程师与各方协商，确认符合规定，取得一致意见后，按表中各栏分项填写。可在"验收意见"各栏填入"验收合格"。

当出现意见不一致时，应由总监理工程师与各方协商，对存在的问题，提出处理意见或解决办法，待问题解决后再填表。

⑩《分部(子分部)工程质量验收记录表》中,制表时已经列出了需要签字的参加工程建设的有关单位。应由各方参加验收的代表亲自签名,以示负责。通常《分部(子分部)工程质量验收记录表》不需盖章。勘察单位需签认地基基础、主体结构分部工程,由勘察单位的项目负责人亲自签认。

设计单位需签认地基基础、主体结构及重要安装分部(子分部)工程,由设计单位的项目负责人亲自签认。

施工方总承包单位由项目经理亲自签认,有分包单位的,分包单位应签认其分包的分部(子分部)工程,由分包项目经理亲自签认。

监理单位作为验收方,由总监理工程师签认验收。未委托监理的工程,可由建设单位项目技术负责人签认验收。

2)注意事项:

①核查各分部(子分部)工程所含分项工程是否齐全,有无遗漏。

②核查质量控制资料是否完整,分类整理是否符合要求。

③核查安全、功能的检测是否按规范、设计、合同要求全部完成,未做的应补做,核查检测结论是否合格。

④对分部(子分部)工程应进行观感质量检查验收,主要检查分项工程验收后到分部(子分部)工程验收之间,工程实体质量有无变化,如有,应修补达到合格,才能通过验收。

五、单位(子单位)工程质量竣工验收记录

(1)相关规定及要求。

《单位(子单位)工程质量竣工验收记录》(表式 C7-5)是一个工程项目的最后一份验收资料,应由施工单位填写,各有关单位保存。

1)单位工程完工,施工单位组织自检合格后,应报请监理单位进行工程预验收,通过后向建设单位提交工程竣工报告并填报《单位(子单位)工程质量竣工验收记录》。建设单位应组织设计单位、监理单位、施工单位等进行工程质量竣工验收并记录,验收记录上各单位必须签字并加盖公章。

2)凡列入报送城建档案馆的工程档案,应在单位工程验收前由城建档案馆对工程档案进行预验收,并出具《建设工程竣工档案预验收意见》。

3)单位工程质量竣工验收记录应由施工单位填写,验收结论由监理单位填写,综合验收结论应由参加验收各方共同商定,并由建设单位填写,主要对工程质量是否符合设计和规范要求及总体质量水平做出评价。

4)进行单位(子单位)工程质量竣工验收时,施工单位应同时填报《单位(子单位)工程质量控制资料核查记录》、《单位(子单位)工程安全和功能检查资料核查及主要功能抽查记录》、《单位(子单位)工程观感质量检查记录》,作为单位(子单位)工程质量竣工验收记录的附表。

(2)填写要点。

1)"分部工程"栏根据各《分部(子分部)工程质量验收记录》填写。应对所含各分部工程,由竣工验收组成员共同逐项核查。对表中内容如有异议,应对工程实体进行检查或测试。

核查并确认合格后,由监理单位在"验收记录"栏注明共验收了几个分部,符合标准及设计要求的有几个分部,并在右侧的"验收结论"栏内,填入具体的验收结论。

2)"质量控制资料核查"栏根据《单位(子单位)工程质量控制资料核查记录》的核查结论填写。建设单位组织由各方代表组成的验收组成员,或委托总监理工程师,按照《单位(子单位)工程质量控制资料核查记录》的内容,对资料进行逐项核查。确认符合要求后,在《单位(子单位)工

程质量竣工验收记录》右侧的“验收结论”栏内，填写具体验收结论。

3)“安全和主要使用功能核查及抽查结果”栏根据《单位（子单位）工程安全和功能检验资料核查及主要功能抽查记录》的核查结论填写。

对于分部工程验收时已经进行了安全和功能检测的项目，单位工程验收时不再重复检测。但要核查以下内容：

①单位工程验收时按规定、约定或设计要求，需要进行的安全功能抽测项目是否都进行了检测；具体检测项目有无遗漏。

②抽测的程序、方法是否符合规定。

③抽测结论是否达到设计及规范规定。

经核查认为符合要求的，在《单位（子单位）工程质量竣工验收记录》中的“验收结论”栏填入符合要求的结论。如果发现某些抽测项目不全，或抽测结果达不到设计要求，可进行返工处理，使之达到要求。

4)“观感质量验收”栏根据《单位（子单位）工程观感质量检查记录》的检查结论填写。参加验收的各方代表，在建设单位主持下，对观感质量抽查，共同做出评价。如确认没有影响结构安全和使用功能的项目，符合或基本符合规范要求，应评价为“好”或“一般”。如果某项观感质量被评价为“差”，应进行修理。如果确难修理时，只要不影响结构安全和使用功能的，可采用协商解决的方法进行验收，并在验收表上注明。

5)“综合验收结论”栏应由参加验收各方共同商定，并由建设单位填写，主要对工程质量是否符合设计和规范要求及总体质量水平做出评价。

六、单位(子单位)工程质量控制资料核查记录

(1)相关规定与要求：

1)单位(子单位)工程质量控制资料是单位工程综合验收的一项重要内容，是单位工程包含的有关分项工程中检验批主控项目、一般项目要求内容的汇总表。

2)《单位(子单位)工程质量控制资料核查记录》(表式 C7-6)由施工单位按照所列质量控制资料的种类、名称进行检查，并填写份数，然后提交给监理单位验收。

(2)注意事项：

1)本表其他各栏内容均由监理单位进行核查，独立得出核查结论。合格后填写具体核查意见，如齐全，具体核查人在“核查人”栏签字。

2)总监理工程师在“结论”栏里填写综合性结论。

3)施工单位项目经理在“结论”栏里签字确认。

七、单位(子单位)工程安全和功能检验资料核查及主要功能抽查记录

(1)《单位(子单位)工程安全和功能检验资料核查及主要功能抽查记录》(表式 C7-7)由施工单位按所列内容检查并填写数份后，提交给监理单位。

(2)相关规定与要求：

1)施工验收对能否满足安全和使用功能的项目进行强化验收。

2)对主要项目进行抽查记录，填写该表。

(3)注意事项：

1)本表其他栏目由总监理工程师或建设单位项目负责人组织核查、抽查并由监理单位填写。

2)监理单位经核查和抽查合格，由总监理工程师在表中“结论”栏填写综合性验收结论，并由施工单位项目经理签字确认。

3)安全和功能的检测,如条件具备,应在分部工程验收时进行。分部工程验收时凡已经做过的安全和功能检测项目,单位工程竣工验收时不再重复检测,只核查检测报告是否符合有关规定。

(4)其他:抽查项目由验收组协商确定。

八、单位(子单位)工程观感质量检查记录

(1)《单位(子单位)工程观感质量检查记录》(表式 C7-8)由总监理工程师组织参加验收的各方代表,按照表中所列内容,进行实际检查,协商得出质量评价、综合评价和验收结论意见。

(2)相关规定与要求:

1)工程质量观感检查是工程竣工后进行的一项重要验收工作,是对工程的一个全面检查。

2)单位工程的质量观感验收,分为“好”、“一般”、“差”三个等级,检查的方法、程序及标准等与分部工程相同,属于综合性验收。

(3)注意事项:

1)参加验收的各方代表,经共同检查确认没有影响结构安全和使用功能等问题,可共同商定评价意见。评价为“好”或“一般”的项目由总监理工程师在“检查结论”栏内填写验收结论。

2)如有被评价为“差”的项目,属不合格项,应返工修理,并重新验收。

3)“抽查质量状况栏”可填写具体数据。

(4)质量评价为差的项目,应进行返修。

第四章　园林绿化工程施工资料填写范例

第一节　园林绿化工程施工管理资料常用表格

一、工程概况表

表式 C1-1　　　　　　　　　　工程概况表

工程名称	××园林绿化工程		
曾用名	—		
工程地址	××市××区××路××号		
开工日期	××年×月×日	竣工日期	××年×月×日
工程档案登记号	××××	规划用地许可证号	××××
工程规划许可证号	××××	工程施工许可证号	××××
监督注册号	××××	国有土地使用证号	××××
国有土地使用证号	××××		
建设单位	××集团开发有限公司		
立项批准单位	××市规划局		
监理单位	××监理公司		
勘察单位	××建设工程勘察设计院		
设计单位	××风景园林规划设计院		
施工单位	××园林园艺公司		
竣工测量单位	××工程公司		
质量监督单位	××园林绿化工程质量监督站		
规划用地面积	13428m^2	规划绿化面积	6486m^2
实施绿地面积	6782m^2	绿地率	50.5%
工程内容	（略）		
主要工程量	（略）		
主要施工工艺	（略）		
其　　他			

二、施工现场质量管理检查记录

表式 C1-2 施工现场质量管理检查记录

编号：×××

<table>
<tr><td colspan="2">工程名称</td><td colspan="4">××园林绿化工程</td></tr>
<tr><td colspan="2">开工日期</td><td>××年×月×日</td><td>施工许可证(开工证)</td><td colspan="2">××××××</td></tr>
<tr><td colspan="2">建设单位</td><td>××集团开发有限公司</td><td>项目负责人</td><td colspan="2">×××</td></tr>
<tr><td colspan="2">设计单位</td><td>××风景园林规划设计院</td><td>项目负责人</td><td colspan="2">×××</td></tr>
<tr><td colspan="2">监理单位</td><td>××监理公司</td><td>总监理工程师</td><td colspan="2">×××</td></tr>
<tr><td>施工单位</td><td>××园林园艺公司</td><td>项目经理</td><td>×××</td><td>项目技术负责人</td><td>×××</td></tr>
<tr><td>序号</td><td colspan="2">项　　目</td><td colspan="3">内　　容</td></tr>
<tr><td>1</td><td colspan="2">现场质量管理制度</td><td colspan="3">质量例会制度；月评比及奖罚制度；三检及交接检制度；质量与经济挂钩制度</td></tr>
<tr><td>2</td><td colspan="2">质量责任制</td><td colspan="3">岗位责任制；设计交底会制；技术交底制；挂牌制度。</td></tr>
<tr><td>3</td><td colspan="2">主要专业工种操作上岗证书</td><td colspan="3">测量工、钢筋工、起重工、木工、混凝土工、电焊工、架子工、有证</td></tr>
<tr><td>4</td><td colspan="2">分包方资质与分包单位的管理制度</td><td colspan="3"></td></tr>
<tr><td>5</td><td colspan="2">施工图审查情况</td><td colspan="3">审查报告及审查批准书××设××号</td></tr>
<tr><td>6</td><td colspan="2">地质勘察资料</td><td colspan="3">地质勘探报告</td></tr>
<tr><td>7</td><td colspan="2">施工组织设计、施工方案及审批</td><td colspan="3">施工组织设计编制、审核、批准齐全</td></tr>
<tr><td>8</td><td colspan="2">施工技术标准</td><td colspan="3">有模板、钢筋、混凝土灌注等 20 多种</td></tr>
<tr><td>9</td><td colspan="2">工程质量检验制度</td><td colspan="3">有原材料及施工检验制度；抽测项目的检验计划</td></tr>
<tr><td>10</td><td colspan="2">搅拌站及计量设置</td><td colspan="3">有管理制度和计量设施精确度及控制措施</td></tr>
<tr><td>11</td><td colspan="2">现场材料、设备存放与管理</td><td colspan="3">钢材、砂石、水泥及玻璃、地面砖的管理办法</td></tr>
<tr><td>12</td><td colspan="2"></td><td colspan="3"></td></tr>
<tr><td colspan="6">检查结论：

施工现场质量管理制度完整，符合要求，工程质量有保障。

总监理工程师：×××
（建设单位项目负责人）　　××年×月×日</td></tr>
</table>

三、施工日志

表式 C1-3　　　　　　　　　　　**施工日志**

编号：×××

时间	天气状况	风力	最高/最低温度	备注
白天	晴	2～3 级	24℃/19℃	
夜间	晴	1～2 级	17℃/8℃	

生产情况纪录：(施工部位、施工内容、机械作业、班组工作、生产存在问题等)

地下二层

(1)Ⅰ段(①～⑬/Ⓐ～Ⓙ轴)顶板钢筋绑扎，埋件固定，塔吊作业，型号××，钢筋班组 15 人，组长：×××。

(2)Ⅱ段(⑭～⑲/Ⓐ～Ⓙ轴)梁开始钢筋绑扎，塔吊作业，型号××，钢筋班组 18 人。

(3)Ⅲ段(⑲～㉘/Ⓑ～Ⓕ轴)该部位施工图纸由设计单位提出修改，待设计通知单下发后，组织相关人员施工。

(4)Ⅳ段(㉘～㊶/Ⓑ～Ⓖ轴)剪力墙、柱模板安装，塔吊作业，型号××，木工班组 21 人。

(5)发现问题：Ⅰ段顶板(①～⑬/Ⓐ～Ⓙ轴)钢筋保护层厚度不够，马镫铁间距未按要求布置。

技术质量安全工作纪录：(技术质量安全活动、检查评定验收、技术质量安全问题等)

(1)建设单位、设计、监理、施工单位在现场召开技术质量安全工作会议，参加人员：×××(职务)等。

会议决定：

1)±0.000 以下结构于×月×日前完成。

2)地下三层回填土×月×日前完成，地下二层回填土×月×日前完成。

3)对施工中发现问题(××××××××××××××××××问题)，立即返修，整改复查，符合设计、规范要求。

(2)安全生产方面：由安全员带领 3 人巡视检查，主要是"三宝、四边、五邻边"，检查全面到位，无隐患。

(3)检查评定验收：各施工班组施工工序合理、科学，Ⅱ段(⑭～⑲/Ⓐ～Ⓙ轴)梁、Ⅳ段(㉘～㊶/Ⓑ～Ⓖ轴)剪力墙、柱予以验收，实测误差达到规范要求。

参加验收人员

监理单位：×××(职务)等

施工单位：×××(职务)等

记录人	×××	日期	××年×月×日　　星期×

本表由施工单位填写并保存。

四、工程质量事故调(勘)察记录

表式 C1-4-1　　工程质量事故调(勘)察记录

编号：×××

<table>
<tr><td>工程名称</td><td colspan="2">××园林景观</td><td>日期</td><td colspan="2">××年×月×日</td></tr>
<tr><td>调(勘)察时间</td><td colspan="5">××年×月×日×时×分至×时×分</td></tr>
<tr><td>调(勘)察地点</td><td colspan="5">××区××(工程项目所在地)</td></tr>
<tr><td>参加人员</td><td colspan="2">单位</td><td>姓名</td><td>职务</td><td>电话</td></tr>
<tr><td>被调查人</td><td colspan="2">××园林园艺公司</td><td>×××</td><td>项目经理</td><td>×××××××××</td></tr>
<tr><td rowspan="2">陪同调(勘)察人员</td><td colspan="2">×××</td><td>×××</td><td>质检员</td><td>×××××××××</td></tr>
<tr><td colspan="2">×××</td><td>×××</td><td>质检员</td><td>×××××××××</td></tr>
<tr><td>调(勘)察笔录</td><td colspan="5">××年×月×日在花架廊架柱混凝土施工时，由于振捣工没有按照混凝土振捣操作规程操作致使花架廊架 1－A 轴交接处一根柱混凝土发生漏筋、孔洞等质量缺陷。</td></tr>
<tr><td>现场证物照片</td><td colspan="5">☑有　□无　共 5 张　共 4 页</td></tr>
<tr><td>事故证据资料</td><td colspan="5">☑有　□无　共 8 张　共 5 页</td></tr>
<tr><td>被调查人签字</td><td colspan="2">×××</td><td>调(勘)察人</td><td colspan="2">×××</td></tr>
</table>

五、工程质量事故报告书

表 C1-4-2　　　　　　　　工程质量事故报告书

编号：×××

工程名称	××园林景观	建设地点	××区××路××号
建设单位	××大学	设计单位	××风景园林规划设计院
施工单位	××园林园艺公司	建设面积(m^2) 工作量(元)	6321.00m^2 631.00 万元
工程类型	园林绿化	事故发生时间	××年×月×日
上报时间	××年×月×日	经济损失(元)	2000.00 元

事故经过、后果与原因分析：

××年×月×日在花架廊架柱混凝土施工时，由于振捣工没有按照混凝土振捣操作规程操作致使花架廊架 1—A 轴交接处一根柱混凝土发生漏筋、漏石、孔洞等质量缺陷。

事故发生后采取的措施：

经研究决定对该柱采取返工处理，重新进行混凝土浇筑。

事故责任单位、责任人及处理意见：

事故责任单位：混凝土施工班组
责任人：振捣工
处理意见：
(1)对直接责任人进行质量意识教育，切实加强混凝土操作规程培训学习及贯彻执行，持证上岗，并处以适当经济处罚。
(2)对所在班组提出批评，切实加强过程控制。

负责人	×××	报告人	×××	日期	××年×月×日

第二节　园林绿化工程施工技术资料常用表格

一、工程技术文件审批表

表式 B2-1

施工组织设计(方案)报审表

工程名称：×××工程　　　　编号：×××

致：×××监理公司（监理单位）

我方已根据施工合同的有关规定完成了×××工程施工组织设计(方案)的编制，并经我单位上级技术负责人审查批准，请予以审查。

附：施工组织设计(方案)

承包单位(章)××园林园艺公司

项目经理×××

日期××年×月×日

专业监理工程师审查意见：

施工组织设计(方案)合理、可行，且审批手续齐全，拟同意承包单位按该施工组织设计(方案)组织施工，请总监理工程师审核。

若不符合要求，专业监理工程师审查意见应简要指出不符合要求之处，并提出修改补充意见后签署"暂不同意(部分或全部应指明)承包单位按该施工组织设计(方案)组织施工，待修改完善后再报，请总监理工程师审核"。

专业监理工程师×××

日期××年×月×日

总监理工程师审查意见：

同意专业监理工程师审查意见，同意承包单位按该施工组织设计(方案)组织施工。

如不同意专业监理工程师的审查意见，应简要指明与专业监理工程师审查意见中的不同之处，签署修改意见；并签认最终结论"不同意承包单位按该施工组织设计(方案)组织施工(修改后再报)"。

项目监理机构××监理公司××项目监理部

总监理工程师×××

日期××年×月×日

二、图纸会审记录

表式 C2-2

图纸会审记录

编号：×××

工程名称	××园林绿化工程		日期	××年×月×日
地点	×××		专业名称	园林建筑及附属设施
序号	图号	图纸问题	图纸问题交底	
1	结一1	结构说明3中，混凝土材料：地下室底板外墙使用抗渗混凝土，未给出抗渗等级。	抗渗等级为P8	
2	结一3，结一5	地下一层顶板③～⑤/Ⓒ～Ⓔ轴分布筋未标注。	分布筋双向双排，均为 ϕ8@200。	
3	结一10	Z14中标高为25.20～28.00m与剖面图不符。	Z14标高应改为21.50～28.00mm。	
4	建一1，结一3，结一12	地下室外墙防水层使用SBSⅡ型防水卷材，是否需加砌砖墙做防水保护层。砌120mm厚砖墙做保护层。	砌120厚砖墙做保护层。	
签字栏	建设单位	监理单位	设计单位	施工单位
	×××	×××	×××	×××

三、设计交底记录

表式 C2-3

设计交底记录

编号：×××

工程名称	××园林绿化工程	
交底日期	××年×月×日	共1页　第1页

交底要点及纪要：

(1)路口的竖向设计图纸由甲方提供，路口有等高线图按图纸做。
(2)设计路与现况路高差差少的以接顺为主。
(3)地基处理：处理时由现场定，但要求按施工规范做。

单位名称		签　字	
建设单位	×××集团开发有限公司	×××	(建设单位章)
设计单位	××风景园林规划设计院	×××	
监理单位	××监理公司	×××	
施工单位	××园林园艺公司	×××	

由建设单位整理、汇总，与会单位会签，城建档案馆、建设单位、监理单位、施工单位保存。

四、技术交底记录

表式 C2-4　　　　　　　　　　　　**技术交底记录**

编号：________

工程名称		交底日期	
施工单位		分项工程名称	
交底提要			
交底内容：			

审核人		交底人		接受交底人	

五、工程洽商记录

表式 C2-5

工程洽商记录

编号：×××

工程名称		××110kV变电站工程	专业名称	建筑
提出单位名称		×××	日期	××年×月×日
内容摘要		关于主变间、地下电缆夹层装修做法		
序号	图号	洽商内容		
1	建一1	主变间、主变间夹层、地下电缆夹层，原设计顶棚为喷大白浆，现改为耐擦洗涂料。		
2	建一1	主变间内墙、地下电缆夹层墙面，原设计为1∶3石灰膏砂浆打底，纸筋灰罩面，现改为水泥砂浆打底、压光。		
3	建一1	主变间内墙、地下电缆夹层内墙，面层原设计为喷大白浆，现改为耐擦洗涂料。		

签字栏	建设单位	监理单位	设计单位	施工单位
	×××	×××	×××	×××

六、工程设计变更通知单

表式 C2-6　　　　　　　　**工程设计变更通知单**

编号：×××

工程名称	×××工程	专业名称	结构
设计单位名称	×××设计院	日期	××年×月×日
序号	图号	变更内容	
1	结施 2、3	DL1、DL2 梁底标高－2.000 改为－1.800，切 DL1 上挑耳取消。	
2	结施－14	Z10 中配筋 ϕ18 改为 ϕ20，根数不变。	
3	结施－30	KL－42，44 的梁高 700 改为 900。	
4	结施－40	二层梁顶 LL－18 梁高出板面 0.55 改为 0.60。	
5			
6			

签字栏	建设(监理)单位	设计单位	施工单位
	×××	×××	×××

七、安全交底记录

表式 C2-7　　　　安全交底记录

编号：×××

工程名称	××园林绿化工程		
施工单位	××市政工程有限公司		
交底项目(部位)	混凝土浇筑	交底日期	××年×月×日

交底内容(安全措施及注意事项)：

(1)进入施工现场后必须戴安全帽，施工现场严禁吸烟、酒后上岗。
(2)使用电动振捣器、振捣棒必须穿绝缘鞋，戴绝缘手套。
(3)施工现场内的电气设备机械，无关人员严禁动用。
(4)塔吊运转和落钩时，作业面施工人员要远离吊运点，待吊钩物体停稳后再进行施工作业。
(5)施工作业人员必须听从信号工的统一指挥和安排，严禁违章作业、违章指挥。
(6)如天气有变化，5 级以上大风塔吊应停止作业。

交底人	×××	接受交底班组长	×××	接受交底人数	20

本表由施工单位填写并保存(一式三份。班组一份、安全员一份、交底人一份)。

第三节　园林绿化工程施工测量资料常用表格

一、工程定位测量记录

表式 C3-1　　　　**工程定位测量记录**

编号：×××

工程名称	××园林绿化	委托单位	××公司
图纸编号	×××	施测日期	××年×月×日
平面坐标依据	××——036 A、方 1、D	复测日期	××年×月×日
高程依据	测××——036 BMG	使用仪器	DS1 96007
允许误差	±13mm	仪器校验日期	××年×月×日

定位抄测示意图：

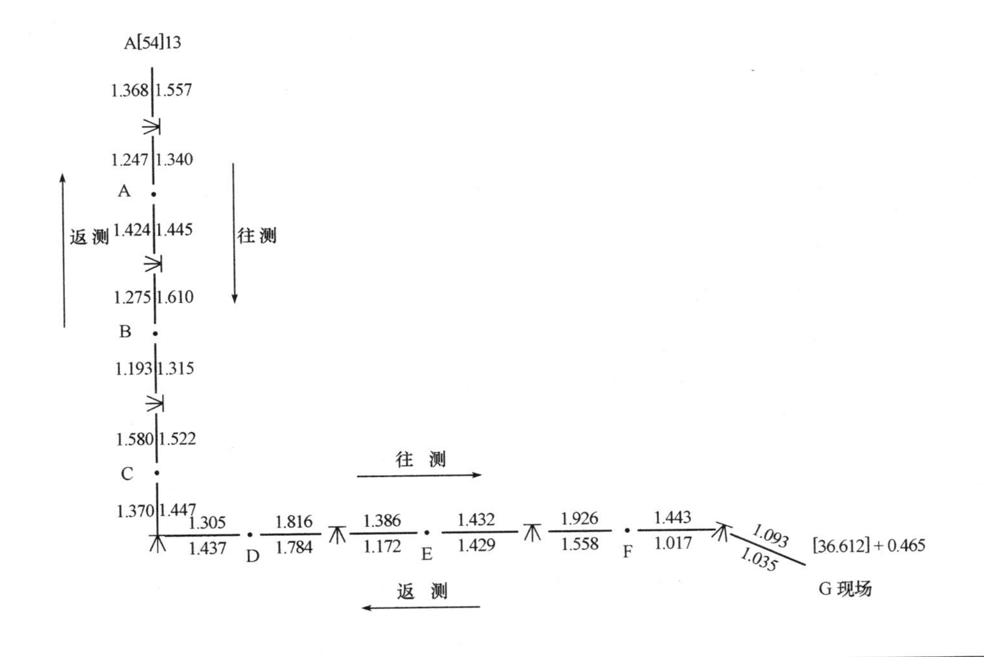

复测结果：

$h_{往}$＝∑后－∑前＝＋0. 273m

$h_{返}$＝∑后－∑前＝－0. 281m

$f_{测}$＝∑后＋∑前＝－8m

$f_{允}$＝±5mm　　$\sqrt{N}$＝±5mm　　　　允许误差±13mm＞$f_{测}$ 精度合格

高差 h＝＋0. 277m

<table>
<tr><td rowspan="3">签字栏</td><td rowspan="2">建设（监理）单位</td><td>施工（测量）单位</td><td>××建筑工程公司</td><td>测量人员岗位证书号</td><td>027－001038</td></tr>
<tr><td>专业技术负责人</td><td>测量负责人</td><td>复测人</td><td>施测人</td></tr>
<tr><td>×××</td><td>×××</td><td>×××</td><td>×××</td><td>×××</td></tr>
</table>

二、施工测量定点放线报验

表式 B2-2 **施工测量放线定点报验表**

工程名称：××××园林绿化工程　　　　编号：×××

致：××××监理公司（监理单位）

我单位已完成了××××园林绿化工程施工测量放线工作，现报上该工程报验申请表，请予以审查和验收。

附件：

(1)测量放线的部位及内容：

序号	工程部位名称	测量放线内容	专职测量员(岗位证书编号)	备　注
1	亭台②～⑦/Ⓐ～Ⓓ轴	轴线控制线、墙柱轴线及边线、门窗洞口位置线等	×××(*********) ×××(*********)	30m 钢尺 DS3 级水准仪
2	廊架⑥～⑨/Ⓔ～Ⓗ轴	柱轴线控制线、柱边线等	×××(*********) ×××(*********)	

(2)放线的依据材料 1 页。

(3)放线成果表 5 页。

承包单位(章)××× 园林园艺公司

项目经理 ×××

日期 ××年×月×日

审查意见：

经检查，符合工程施工图的设计要求，达到了规定的精度要求。

项目监理机构 ××监理公司××项目监理部

总/专业监理工程师 ×××

日期 ××年×月×日

三、基槽验线记录

表式 C3-2　　　　　　　　　　　　基槽验线记录

编号：×××

<table>
<tr><td>工程名称</td><td colspan="2">××园林绿化</td><td>日期</td><td colspan="2">××年×月×日</td></tr>
<tr><td colspan="6">验线依据及内容：

依据：(1)施工图纸(图号××)设计变更/洽商(编号××)。
(2)本工程《施工测量方案》。
(3)定位轴线控制网。

内容：根据主控轴线和基底平面图，检验建筑物基底外轮廓线、集水坑(电梯井坑)、垫层标高、基槽断面尺寸及边坡坡度(1∶0.5)等。</td></tr>
<tr><td colspan="6">基槽平面、剖面简图(单位：mm)：
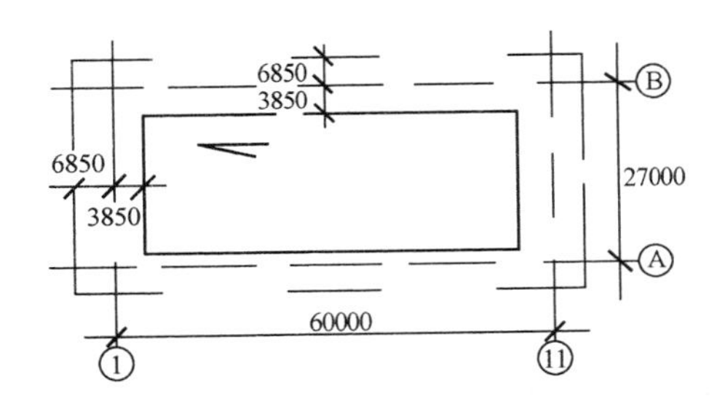

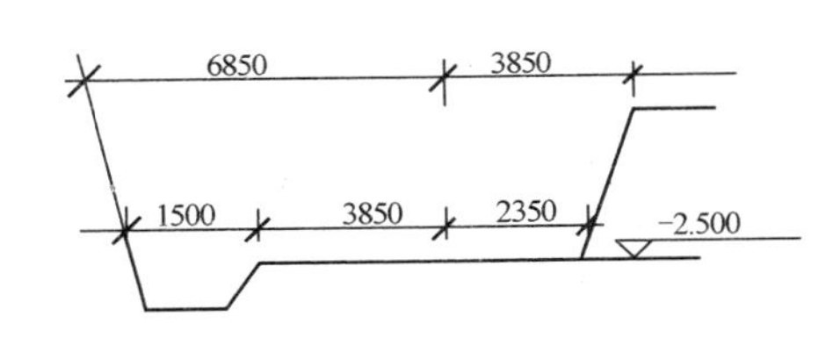
</td></tr>
<tr><td colspan="6">检查意见：

经检查：①～⑪/Ⓐ～Ⓑ轴为基底控制轴线，垫层标高(误差：－1mm)，基槽开挖的断面尺寸(误差：＋2mm)，坡度边线、坡度等各项指标符合设计要求及本工程《施工测量方案》规定，可进行下道工序施工。</td></tr>
<tr><td rowspan="3">签字栏</td><td rowspan="2">建设(监理)单位</td><td>施工测量单位</td><td colspan="3">××园林园艺公司</td></tr>
<tr><td>专业技术负责人</td><td>专业质检员</td><td colspan="2">施测人</td></tr>
<tr><td>×××</td><td>×××</td><td>×××</td><td colspan="2">×××</td></tr>
</table>

第四节　园林绿化工程施工物资资料常用表格

一、材料、苗木进场检验记录

表式 C4-1　　　　　　　　**材料、苗木进场检验记录**

编号：________

工程名称				检验日期			
序号	名　　称	规格型号	进场数量	生产厂家 合格证号	检验项目	检验结果	备　注

检验结论：

签字栏	建设（监理）单位	施工单位		
		专业质检员	专业工长	检验员

本表由施工单位填写，施工单位、监理单位各保存一份。

二、设备开箱检查记录

表式 C4-2　　　　设备开箱检查记录

编号：×××

<table>
<tr><td colspan="2">设备名称</td><td>离心水泵</td><td colspan="2">检查日期</td><td colspan="2">××年×月×日</td></tr>
<tr><td colspan="2">规格型号</td><td>×××</td><td colspan="2">总数量</td><td colspan="2">×××台</td></tr>
<tr><td colspan="2">装箱单号</td><td>×××</td><td colspan="2">检验数量</td><td colspan="2">×××台</td></tr>
<tr><td rowspan="5">检验记录</td><td>包装情况</td><td colspan="5">包装完整良好，无损坏，标识明确</td></tr>
<tr><td>随机文件</td><td colspan="5">设备装箱单 1 份，中文质量合格证明 1 份，安装使用说明书 1 份</td></tr>
<tr><td>备件与附件</td><td colspan="5">配套法兰、螺栓、螺母等齐全</td></tr>
<tr><td>外观情况</td><td colspan="5">外观良好，无损坏锈蚀现象</td></tr>
<tr><td>测试情况</td><td colspan="5">良好</td></tr>
<tr><td rowspan="9">检验结果</td><td colspan="6">缺、损附备件明细表</td></tr>
<tr><td>序　号</td><td>名　称</td><td>规　格</td><td>单　位</td><td>数　量</td><td>备　　注</td></tr>
<tr><td></td><td></td><td></td><td></td><td></td><td></td></tr>
<tr><td></td><td></td><td></td><td></td><td></td><td></td></tr>
<tr><td></td><td></td><td></td><td></td><td></td><td></td></tr>
<tr><td></td><td></td><td></td><td></td><td></td><td></td></tr>
<tr><td></td><td></td><td></td><td></td><td></td><td></td></tr>
<tr><td></td><td></td><td></td><td></td><td></td><td></td></tr>
<tr><td></td><td></td><td></td><td></td><td></td><td></td></tr>
<tr><td colspan="7">结论：
设备包装、外观状况、测试情况良好，随机文件、备件与附件齐全，符合设计及施工质量验收规范要求。</td></tr>
<tr><td rowspan="2">签字栏</td><td colspan="2">建设(监理)单位</td><td colspan="2">施工单位</td><td colspan="2">供应单位</td></tr>
<tr><td colspan="2">××监理公司</td><td colspan="2">×××公司</td><td colspan="2">××公司</td></tr>
</table>

三、设备及管道附件试验记录

表式 C4-3　　　　　　　　　　**设备及管道附件试验记录**

编号：×××

工程名称	×××工程				使用部位		给水系统	
设备/管道附件名称	型号	规格	编号	介质	强度试验		严密性试验(MPa)	试验结果
					压力(MPa)	停压时间		
闸阀	×××	*DN*65	×××	水	2.4	60s	1.76	合格
蝶阀	×××	*DN*50	×××	水	2.4	15s	1.76	合格
施工单位	××公司		试验		×××	试验日期	××年×月×日	

注：本表由施工单位填写，建设单位、施工单位各保存一份。

四、主要设备、原材料、构配件质量证明文件及复试报告汇总表

表式 C4-4　　主要设备、原材料、构配件质量证明文件及复试报告汇总表

编号：×××

工程名称	×××园路广场工程						
施工单位	××园林园艺公司						
材料（设备）名　称	规格型号	生产厂家	单位	数量	使用部位	出厂证明或试验、检测单编号	出厂或试验日期
路缘石	**甲$_{L}$50×30×$^{12}/_{25}$**	**××构件厂**	**块**	**160**	**园路**	**×××－184**	**××年×月×日**
弯缘石	**甲$_{L}$K2. 5M**	**××构件厂**	**块**	**60**	**园路**	**×××－176**	**××年×月×日**
弯缘石	**甲$_{L}$K20M**	**××构件厂**	**块**	**80**	**园路**	**×××－175**	**××年×月×日**
混凝土	**C25**	**××混凝土搅拌场**	**m^3**	**130**	**雨水口支口**	**HN04－03013**	**××年×月×日**
混凝土路面砖	**200×100×60**	**××建材厂**	**块**	**300**	**广场**	**×××－00093**	**××年×月×日**
技术负责人	×××			填表人	×××		

本表由供应填写，城建档案馆、建设单位、施工单位各保存一份。

五、产品合格证

1. 半成品钢筋出厂合格证

表式 C4-5-1 **半成品钢筋出厂合格证**

编号：×××

工程名称		××园林绿化工程					
委托单位		××园林园艺公司				合格证编号	×××－017
供应总量		1001		加工日期	××年×月×日	供货日期	××年×月×日
序号	级别规格	供应数量(t)	进货日期	生产厂家	原材报告编号	复试报告编号	使用部位
1	Φ 20	25	××年×月×日	××加工厂	×××－01940	×××－0175	桥墩
2	Φ 25	50	××年×月×日	××加工厂	×××－01551	×××－0176	桥墩
3	Φ 10	25	××年×月×日	××加工厂	×××－02337	×××－0177	桥墩

结论及备注：

合格。

技术负责人	填表人	加工单位（盖章）
×××	×××	
出厂日期：	××年×月×日	

本表由半成品钢筋供应单位提供，建设单位、施工单位各保存一份。

2. 预拌混凝土出厂合格证

表式 C4-5-2　　　　**预拌混凝土出厂合格证**

编号：×××

订货单位	**××园林园艺公司**					
工程名称	**××园林绿化工程**			浇筑部位	**电力直埋管垫层**	
强度等级	**C10**	抗渗等级		供应数量	**4.0m^3**	
供应日期	**××年×月×日**			配合比编号	**×××—2966**	
原材料名称	水泥	砂	石	掺合料	外加剂	
品种及规格	**P. O 42.5**	**中砂**	**碎石 5～25**	**粉煤灰Ⅱ级**	**防冻剂**	
试验编号	**C××—093**	**S××—181**	**G××—195**	**F××—060**	**A××—054**	
每组抗压强度值（MPa）	试验编号	强度值	试验编号	强度值	备注：	
	××—03704	**17.2**				
每组抗折强度值（MPa）						
抗冻试验	试验编号	抗冻等级	试验编号	抗冻等级		
抗渗试验	试验编号	抗渗等级	试验编号	抗渗等级		

抗压强度统计结果			结论：
组数（n）	平均值（MPa）	最小值（MPa）	**该批混凝土质量合格。**
1	**17.2**	**17.2**	
技术负责人	填表人		供货单位（盖章）
×××	×××		
填表日期：	××年×月×日		

本表由预拌混凝土供应单位提供，建设单位、施工单位各保存一份。

3. 预制混凝土构件出厂合格证

表式 C4-5-3　　　　预制混凝土构件出厂合格证

编号：×××

工程名称	××园林绿化工程				
构件名称	预应力圆孔板				
构件规格型号	YK13－3		构件编号	015	
混凝土浇筑日期	××年×月×日	构件出厂日期	××年×月×日	养护方法	
混凝土设计强度等级	C30	构件出厂强度	45.0MPa		
主筋牌号、种类		直　径	(mm)	试验编号	
预应力筋牌号、种类	钢绞线 415.20	标准抗拉强度	1860MPa	试验编号	×××－0174
预应力张拉记录编号	×××－015				
质量情况(外观、结构性能等)： 外观检查：表面无蜂窝、麻面，构件几何尺寸合格。 结构性能：试件结构各项性能指标检验均达到规范要求。					
结论及备注： 该批预制构件检测合格。					
技术负责人	填表人	企业等级：一级			
×××	×××	供货单位 (盖章)			
签发日期	××年×月×日				

本表由预制混凝土构件单位提供，建设单位、施工单位各保存一份。

4. 钢构件出厂合格证

表式 C4-5-4　　　　　　　　　　　　**钢构件出厂合格证**

编号：×××

工程名称		××园林绿化工程			合格证编号	×××－135
委托单位		××钢构件厂				
供应总量		90t	加工日期	××年×月×日	出厂日期	××年×月×日
序号	构件名称	构件编号	构件单重(kg)	构件数量	使用部位	
1	1# 钢柱	GZ－1	85	12	园桥	
2	1# 桁架	GL－1	30	3	园桥	

附：

(1)焊工资格报审表。
(2)焊缝质量综合评级报告。
(3)防腐施工质量检查记录。
(4)钢材复试报告。

结论及备注：

该批钢构件合格。

负责人：×××　　　　填表人：×××　　　　供货单位（盖章）

填表日期：××年×月×日

本表由钢构件供应单位提供，建设单位、施工单位各保存一份。

六、材料试验报告

1. 材料试验报告(通用)

表式 C4-7-1 **材料试验报告(通用)**

编号:×××
试验编号:××-0065
委托编号:××-01360

工程名称及部位	××园林绿化工程园桥桥面			试样编号	×××
委托单位	×××			试验委托人	×××
材料名称及规格	缓凝减水剂			产地、厂别	××化工厂
代表数量	××	来样日期	××年×月×日	试验日期	

要求试验项目及说明:

必试项目:
(1)钢筋腐蚀。
(2)凝结时间差。
(3)28d抗压强度比。
(4)减水率。

试验结果:

(1)钢筋腐蚀:无锈蚀作用。
(2)凝结时间差:初凝165min,终凝205min。
(3)28d抗压强度比:
3d抗压强度比:124%。
7d抗压强度比:119%。
28d抗压强度比:116%。
(4)减水率:21.4%。

结论:

依据《混凝土外加剂》(GB 8076—1997)标准,所验项目达到合格品指标要求,对钢筋无腐蚀。

批准	×××	审核	×××	试验	×××
试验单位	××工程公司试验室				
报告日期	××年×月×日				

注:本表由试验单位提供,建设单位、施工单位各保存一份。

2. 水泥试验报告

表式 C4-7-2 **水泥试验报告**

编号：×××
试验编号：××－0666
委托编号：××－06379

工程名称	**××园林绿化工程 墙体砌筑**		试样编号	×××	
委托单位	**××园林园艺公司**		试验委托人	×××	
品种及强度等级	**P·S 32.5**	出厂编号及日期	××年×月×日	厂别牌号	×××
代表数量(t)	**200**	来样日期	××年×月×日	试验日期	××年×月×日

试验结果					
一、细度	1. 80μm方孔筛余量	(%)			
	2. 比表面积	(m^3/kg)			
二、标准稠度用水量(P)	**25.4** %				
三、凝结时间	初凝	**03** h **30** min	终凝	**05** h **25** min	
四、安定性	**雷氏法**	mm	饼法	—	
五、其他	—	—	—	—	
六、强度(MPa)					

抗折强度				抗压强度			
3d		28d		3d		28d	
单块值	平均值	单块值	平均值	单块值	平均值	单块值	平均值
4.5	**4.4**	**8.7**	**8.7**	**23.0**	**23.5**	**52.5**	**53.1**
				23.8		**53.2**	
4.3		**8.8**		**23.2**		**52.7**	
				24.1		**53.8**	
4.3		**8.7**		**23.8**		**53.2**	
				22.9		**53.1**	

结论：

依据《矿渣硅酸盐水泥、火山灰硅酸盐水泥及粉煤灰硅酸盐水泥》(GB 1344—1999)标准，符合P·S32.5水泥强度要求，安定性合格，凝结时间合格。

批准	×××	审核	×××	试验	×××
试验单位	**××工程公司试验室**				
报告日期	××年×月×日				

注：本表由检测单位提供，建设单位、施工单位、城建档案馆各保存一份。

3. 砌筑砖(砌块)试验报告

表式 C4-7-3　　**砌筑砖(砌块)试验报告**

编号：×××
试验编号：××－0011
委托编号：××－00736

工程名称	××园林绿化工程墙体砌筑			试样编号	012
委托单位	××园林园艺公司			试验委托人	×××
种类	烧结普通砖			生产厂	××砖厂
强度等级	MU10	密度等级	—	代表数量	16 万
试件处理日期	××年×月×日	来样日期	××年×月×日	试验日期	××年×月×日

试验结果

烧结普通砖

抗压强度平均值 f (MPa)	变导系数 $\delta \leqslant 0.21$	变导系数 $\delta > 0.21$
	强度标准值 f_k(MPa)	单块最小强度值 f_k(MPa)
16	14.8	—

轻骨料混凝土小型空心砌块

砌块抗压强度(MPa)		砌块干燥表观密度(kg/m³)
平均值	最小值	

其他种类

抗压强度(MPa)						抗折强度(MPa)	
平均值	最小值	大面		条面		平均值	最小值
		平均值	最小值	平均值	最小值		

结论：

根据《烧结普通砖》(GB/T 5101—2003)标准，符合 MU10 砖抗压强度要求。

批准	×××	审核	×××	试验	×××
试验单位	××建筑工程公司试验室				
报告日期	××年×月×日				

注：本表由检测单位提供，建设单位、施工单位、城建档案馆各保存一份。

4. 砂试验报告

表式 C4-7-4　　　　**砂试验报告**

编号：×××
试验编号：××—0018
委托编号：××—01480

<table>
<tr><td>工程名称</td><td colspan="4">××园林绿化工程　园桥桥面</td><td>试样编号</td><td>012</td></tr>
<tr><td>委托单位</td><td colspan="4">××园林园艺公司</td><td>试验委托人</td><td>×××</td></tr>
<tr><td>种类</td><td colspan="4">中砂</td><td>产地</td><td>×××</td></tr>
<tr><td>代表数量</td><td colspan="2">600t</td><td>来样日期</td><td>××年×月×日</td><td>试验日期</td><td>××年×月×日</td></tr>
<tr><td rowspan="8">试验结果</td><td rowspan="2">一、筛分析</td><td colspan="2">1. 细度模数(μf)</td><td colspan="3">2.7</td></tr>
<tr><td colspan="2">2. 级配区域</td><td colspan="3">Ⅱ　区</td></tr>
<tr><td>二、含泥量</td><td colspan="5">2.6　%</td></tr>
<tr><td>三、泥块含量</td><td colspan="5">0.5　%</td></tr>
<tr><td>四、表观密度</td><td colspan="5">—　kg/m³</td></tr>
<tr><td>五、堆积密度</td><td colspan="5">1460　kg/m³</td></tr>
<tr><td>六、碱活性指标</td><td colspan="5">—</td></tr>
<tr><td>七、其他</td><td colspan="5">含水率/有机质含量/云母含量/碱活性/孔隙率/坚固性/轻物质含量/氯离子含量/紧密密度</td></tr>
<tr><td colspan="7">结论：
依据《普通混凝土用砂、石质量及检验方法标准》(JGJ 52—2006)标准，含泥量合格，泥块含量合格，属Ⅱ区中砂。</td></tr>
</table>

批准	×××	审核	×××	试验	×××
试验单位	××工程公司试验室				
报告日期	××年×月×日				

注：本表由检测单位提供，建设单位、施工单位、城建档案馆各保存一份。

5. 碎(卵)石试验报告

表式 C4-7-5 **碎(卵)石试验报告**

编号：×××

试验编号：××—0078

委托编号：××—09420

<table>
<tr><td>工程名称</td><td colspan="3">××园林绿化工程</td><td>试样编号</td><td colspan="2">008</td></tr>
<tr><td>委托单位</td><td colspan="3">××园林园艺公司</td><td>试验委托人</td><td colspan="2">×××</td></tr>
<tr><td>种类、产地</td><td colspan="3">卵石 ×××</td><td>公称粒径</td><td colspan="2">5～10mm</td></tr>
<tr><td>代表数量</td><td>600t</td><td>来样日期</td><td colspan="2">××年×月×日</td><td>试验日期</td><td>××年×月×日</td></tr>
<tr><td rowspan="11">试验结果</td><td rowspan="3">一、筛分析</td><td>级配情况</td><td colspan="4">☑ 连续粒级 □单粒级</td></tr>
<tr><td>级配结果</td><td colspan="4">符合 5～10mm 卵石连续级配</td></tr>
<tr><td>最大粒径</td><td colspan="4">10. 0mm</td></tr>
<tr><td>二、含泥量</td><td colspan="4">0. 6</td><td>%</td></tr>
<tr><td>三、泥块含量</td><td colspan="4">0. 2</td><td>%</td></tr>
<tr><td>四、针、片状颗粒含量</td><td colspan="4">0</td><td>%</td></tr>
<tr><td>五、压碎指标值</td><td colspan="4">0</td><td>%</td></tr>
<tr><td>六、表观密度</td><td colspan="4">—</td><td>kg/m³</td></tr>
<tr><td>七、堆积密度</td><td colspan="4">—</td><td>kg/m³</td></tr>
<tr><td>八、碱活性指标</td><td colspan="5">—</td></tr>
<tr><td>九、其他</td><td colspan="5">含水率/氯离子含量/孔隙率/坚固性/有机质含量/
抗压强度试验/轻物质含量</td></tr>
<tr><td colspan="7">结论：

依据《普通混凝土用砂、石质量及检验方法标准》(JGJ 52—2006)标准，含泥量合格，泥块含量合格，针片状含量合格，符合 5～10mm 卵石连续级配，累计筛余 0。</td></tr>
</table>

批准	×××	审核	×××	试验	×××
试验单位	××工程公司试验室				
报告日期	××年×月×日				

注：本表由检测单位提供，建设单位、施工单位、城建档案馆各保存一份。

6. 混凝土外加剂试验报告

表式 C4-7-6　　**混凝土外加剂试验报告**

编号：×××
试验编号：××－0036
委托编号：××－01460

工程名称	××园林绿化工程			试样编号	009
委托单位	××园林园艺公司			试验委托人	×××
产品名称	缓凝减水剂	生产厂	××厂	生产日期	××年×月×日
代表数量	30kg	来样日期	××年×月×日	试验日期	××年×月×日
试验项目	必试项目				

试验结果	试验项目	试验结果
	(1)钢筋锈蚀	无锈蚀作用
	(2)凝结时间差	初凝 165min，终凝 205min
	(3)28d 抗压强度比	116%
	(4)减水率	21.3%

结论：

依据《混凝土外加剂》(GB 8076—2008)标准，所检项目达到合格品指标要求，对钢筋无锈蚀。

批准	×××	审核	×××	试验	×××
试验单位	××工程公司试验室				
报告日期	××年×月×日				

注：本表由检测单位提供，建设单位、施工单位、城建档案馆各保存一份。

7. 混凝土掺合料试验报告

表式 C4-7-7 **混凝土掺合料试验报告**

编号：×××

试验编号：××－0015

委托编号：××－01480

工程名称	××工程			试样编号	002
委托单位	×××			试验委托人	×××
掺合料种类	粉煤灰	等级	Ⅱ级	产地	××一热电厂
代表数量	200t	来样日期	××年×月×日	试验日期	××年×月×日
试验结果	一、细度	(1)0.045mm方孔筛筛余		17.4	%
		(2)80μm方孔筛筛余		—	%
	二、需水量比			99	%
	三、吸铵值			—	%
	四、28d水泥胶砂抗压强度比			128	%
	五、烧失量			7.5	%
	六、其他			—	

结论：

依据《用于水泥和混凝土中的粉煤灰》(GB/T 1596—2005)标准，符合Ⅱ级粉煤灰要求。

批准	×××	审核	×××	试验	×××
试验单位	××工程公司试验室				
报告日期	××年×月×日				

注：本表由检测单位提供，建设单位、施工单位保存一份。

8. 钢材试验报告

表式 C4-7-8 **钢材试验报告**

编号：×××

试验编号：××—0324

委托编号：××—09384

工程名称	××园林绿化工程 园桥			试件编号	010
委托单位	×××			试验委托人	×××
钢材种类	热轧带肋	规格或牌号	HRB335 Φ25	生产厂	××钢铁集团公司
代表数量	20t	来样日期	××年×月×日	试验日期	××年×月×日
公称直径(厚度)	25.00mm			公称面积	490.0mm²

试验结果

力学性能试验结果							弯曲性能
屈服点(MPa)	抗拉强度(MPa)	伸长率(%)	$\sigma_{b实}/\sigma_{s实}$	$\sigma_{s实}/\sigma_{b标}$	弯心直径	角度	结果
385	605	26	1.57	1.15	75	180	合格
385	605	26	1.57	1.15	75	180	合格

化学分析							其他：
分析编号	化学成分(%)						
	C	Si	Mn	P	S	C_{eq}	

结论：

依据《钢筋混凝土用钢 第2部分：热轧带肋钢筋》(GB 1499.2—2007)标准，符合热轧带肋 HRB335 级力学性能。

批准	×××	审核	×××	试验	×××
试验单位	××构件厂(中心试验室)				
报告日期	××年×月×日				

注：本表由检测单位提供，建设单位、施工单位、城建档案馆各保存一份。

9. 锚具检验报告

表式 C4-7-10

锚具检验报告

编号：×××

试验编号：××—0806

委托编号：××—0765

工程名称	××园林绿化工程		
委托单位	××园林园艺公司		
产品规格	B&S ZP15	材　质	
合格证号	×××—75	生产厂家	××配件公司
检验项目	检验内容与质量标准要求		检验结果
夹　片	硬度		合　格
锚　具	硬度		合　格
连接器	硬度		合　格
静载锚固性能试验	效率系数：$\eta \geqslant 0.95$ 实测极限拉力：$\varepsilon > 2.0\%$		合　格

结论：

被检挤压锚具 ZP15 静载锚固性能满足要求。

批准人	审核人	试验人
×××	×××	×××
报告日期	××年×月×日(章)	

本表由检测单位提供，建设单位、施工单位保存。

10. 防水涂料试验报告

表式 C4-7-11　　　　　　　　**防水涂料试验报告**

编号：×××

试验编号：**××—0144**

委托编号：**××—01756**

工程名称及部位	**××园林绿化工程卫生间，地下室积水坑**		试件编号	001	
委托单位	**××园林园艺公司**		试验委托人	×××	
种类、型号	**聚氨酯防水涂料 1∶1.5**		生产厂	**××防水材料厂**	
代表数量	**300kg**	来样日期	××年×月×日	试验日期	××年×月×日
试验结果 一、延伸性	—				mm
试验结果 二、拉伸强度	**3.83**				MPa
试验结果 三、断裂伸长率	**556**				%
试验结果 四、粘结性	**0.7**				MPa
试验结果 五、耐热度	温度(℃)	**110**	评定	**合格**	
试验结果 六、不透水性	**1. 压力 0.3MPa；2. 恒压时间 30min，不透水，合格**				
试验结果 七、柔韧性(低温)	温度(℃)	**−30**	评定	**2h 无裂纹，合格**	
试验结果 八、固体含量	**95.5**				%
试验结果 九、其他	**有见证试验**				
结论： **依据《聚氨酯防水涂料》(GB/T 19250—2003)标准，符合聚氨酯防水涂料合格品要求。**					
批准	×××	审核	×××	试验	×××
试验单位	**××工程公司试验室**				
报告日期	**××年×月×日**				

注：本表由检测单位提供，建设单位、施工单位、城建档案馆各保存一份。

11. 防水卷材试验报告

表式 C4-7-12

防水卷材试验报告

编号：×××
试验编号：××－0096
委托编号：××－10476

<table>
<tr><td colspan="2">工程名称及部位</td><td colspan="4">××工程地下室底板、外墙防水层</td><td colspan="2">试件编号</td><td colspan="2">004</td></tr>
<tr><td colspan="2">委托单位</td><td colspan="4">××工程公司</td><td colspan="2">试验委托人</td><td colspan="2">×××</td></tr>
<tr><td colspan="2">种类、等级、牌号</td><td colspan="4">弹性体沥青防水卷材Ⅰ类复合胎</td><td colspan="2">生产厂</td><td colspan="2">××防水材料有限公司</td></tr>
<tr><td colspan="2">代表数量</td><td>250 卷</td><td>来样日期</td><td colspan="2">××年×月×日</td><td colspan="2">试验日期</td><td colspan="2">××年×月×日</td></tr>
<tr><td rowspan="8">试验结果</td><td rowspan="2">一、拉力试验</td><td colspan="2">1. 拉力</td><td>纵</td><td colspan="2">536.0N</td><td>横</td><td colspan="2">510.0N</td></tr>
<tr><td colspan="2">2. 拉伸强度</td><td>纵</td><td colspan="2">7MPa</td><td>横</td><td colspan="2">7MPa</td></tr>
<tr><td colspan="3">二、断裂伸长率(延伸率)</td><td>纵</td><td colspan="2">9.6%</td><td>横</td><td colspan="2">9.4%</td></tr>
<tr><td>三、耐热度</td><td colspan="2">温度(℃)</td><td></td><td colspan="2">评定</td><td colspan="3"></td></tr>
<tr><td>四、不透水性</td><td colspan="8">1. 压力 0.2MPa;2. 恒压时间 30min;3. 评定:合格</td></tr>
<tr><td>五、柔韧性(低温柔性、低温弯折性)</td><td colspan="2">温度(℃)</td><td>−15</td><td colspan="2">评定</td><td colspan="3">合格</td></tr>
<tr><td>六、其他</td><td colspan="8">有见证试验</td></tr>
</table>

结论：

依据《弹性体改性沥青防水卷材》(GB 18242—2008)标准，符合Ⅰ类复合胎弹性体沥青防水卷材质量标准。

批准	×××	审核	×××	试验	×××
试验单位	××工程公司试验室				
报告日期	××年×月×日				

注：本表由检测单位提供，建设单位、施工单位、城建档案馆各保存一份。

12. 轻骨料试验报告

表式 C4-7-13

轻骨料试验报告

编号：×××
试验编号：××—006
委托编号：××—0135

<table>
<tr><td colspan="2">工程名称</td><td colspan="3">××园林绿化工程墙体砌筑</td><td>试样编号</td><td>002</td></tr>
<tr><td colspan="2">委托单位</td><td colspan="3">××园林园艺公司</td><td>试验委托人</td><td>×××</td></tr>
<tr><td colspan="2">种类</td><td>黏土颗粒</td><td>密度等级</td><td>轻粗骨料 700</td><td>产地</td><td>××</td></tr>
<tr><td colspan="2">代表数量</td><td></td><td>来样日期</td><td>××年×月×日</td><td>试验结果</td><td>××年×月×日</td></tr>
<tr><td rowspan="9">试验结果</td><td rowspan="3">一、筛分析</td><td colspan="2">1. 细度模数(细骨料)</td><td colspan="3">—</td></tr>
<tr><td colspan="2">2. 最大粒径(粗骨料)</td><td colspan="2">20</td><td>mm</td></tr>
<tr><td colspan="2">3. 级配情况</td><td colspan="2">☑ 连续粒级</td><td>☐ 单粒级</td></tr>
<tr><td colspan="3">二、表观密度</td><td colspan="2">1190</td><td>kg/m³</td></tr>
<tr><td colspan="3">三、堆积密度</td><td colspan="2">678</td><td>kg/m³</td></tr>
<tr><td colspan="3">四、筒压强度</td><td colspan="2">5.1</td><td>MPa</td></tr>
<tr><td colspan="3">五、吸水率(1h)</td><td colspan="2">4.2</td><td>%</td></tr>
<tr><td colspan="3">六、粒型系数</td><td colspan="3">—</td></tr>
<tr><td colspan="3">七、其他</td><td colspan="3">含泥量:0.4%　孔隙率 43%</td></tr>
<tr><td colspan="7">结论：
依据《轻集料及其试验方法 第1部分:轻集料》(GB/T 17431.1—2001)、《轻集料及其试验方法 第2部分:轻集料试验方法》(GB/T 17431.2—2010)标准,该黏土颗粒符合要求,颗粒级配10～20mm,密度等级700,含泥量小于1.0%。</td></tr>
</table>

批准	×××	审核	×××	试验	×××
试验单位	××工程公司试验室				
报告日期	××年×月×日				

注:本表由检测单位提供,施工单位、建设单位各保存一份。

七、见证记录文件

1. 有见证取样和送检见证人备案书

表式 C4-7-23　　有见证取样和送检见证人员备案书

编号：×××

<table>
<tr><td colspan="2">质量监督站：×××市政质量监督站</td></tr>
<tr><td colspan="2">试　验　室：×××工程质量检测中心</td></tr>
<tr><td colspan="2">我单位决定，由 ××× 同志担任 ××园林绿化 工程有见证取样和送检见证人。负责对涉及结构安全及主要功能的试件、试样、材料的见证取样和送检。
有关的印章和签字如下，请查收备案。</td></tr>
<tr><td>有见证取样和送检印章</td><td>见证人签字</td></tr>
<tr><td>（盖章）</td><td>×××</td></tr>
<tr><td colspan="2">建设单位名称（盖章）：　　××年×月×日</td></tr>
<tr><td colspan="2">监理单位名称（盖章）：　　××年×月×日</td></tr>
<tr><td colspan="2">施工项目负责人（签字）：×××　　××年×月×日</td></tr>
</table>

本表由建设（监理）单位填写，建设单位、试验单位、见证单位、监督站、施工单位各保存一份。

2. 见证记录

表式 C4-7-24 **见证记录**

编号：×××

工程名称	××园林绿化工程				
施工单位	××园林园艺公司			取样部位	园桥
样品名称	C30 混凝土试块	样品规格(mm)	150×150×150	样品数量	1组
取样地点	园桥混凝土板浇筑处			取样日期	××年×月×日
见证记录： 混凝土试块配比为 1∶0.42∶1.416∶2.124，计量准确。 取样地点、试块制作符合规范要求，真实有效。					
有见证取样和送检印章	(盖章)				
取样人签字	×××				
见证人签字	×××				
送样日期	××年×月×日				

本表由监理(建设)单位填写，建设单位、监理单位、试验单位、施工单位各保存一份。

3. 有见证试验汇总表

表式 C4-7-25

有见证试验汇总表

编号：×××

工程名称	××园林绿化			
施工单位	××园林园艺公司			
建设单位	×××集团开发有限公司			
监理单位	×××监理公司			
见证试验室名称	×××工程质量检测中心		见证人	××× ×××
试验项目	应送试总次数	有见证试验资料	不合格次数	备　注
混凝土试块	65	27	0	
砌筑砂浆试块	20	8	0	
钢筋原材	42	15	0	
直螺纹钢筋接头	20	8	0	
SBS 防水卷材	5	3	0	

负责人	×××	填表人	×××	汇总日期	××年×月×日

本表由施工单位填写，城建档案馆、建设单位、监理单位、施工单位各保存一份。

第五节　园林绿化工程施工记录常用资料表格

一、通用记录

1. 隐蔽工程检查记录

表式 C5-1-1　　**隐蔽工程检查记录**

编号：×××

工程名称	××工程		
隐检项目	钢筋绑扎	隐检日期	××年×月×日
隐检部位	地下二层　①～⑫/Ⓐ～Ⓗ轴线－2.95～0.10 标高		
隐检依据：施工图图号　结施－3，结施－4，结施－11，结施－12　，设计变更/洽商（编号　×××　）及有关国家现行标准等。 主要材料名称及规格/型号：　钢筋，绑扎丝 ϕ12，ϕ14			
隐检内容： （1）墙厚 300mm，钢筋双向双层，水平筋 ϕ12@200，在内侧，竖向筋 ϕ14@150，在外侧。 （2）墙体的钢筋搭接绑扎，搭接长度 $42d$（ϕ12：405mm/ϕ14：588mm）接头纵横错开 50%，接头净距 50mm。 （3）墙体筋定位筋采用 ϕ12 竖向梯子筋，每跨 3 道，上口设水平梯子筋与主筋绑牢。 （4）竖向筋起步距柱 50mm，水平筋起步距梁 50mm，间距排距均匀。 （5）绑扎丝为双铅丝，每个相交点八字扣绑扎，丝头朝向混凝土内部。 （6）墙外侧保护层 35mm，内侧 20mm，采用塑料垫块间距 600mm 梅花型布置。 （7）钢筋均无锈污染已清理干净，如钢筋原材做复试，另附钢筋原材复试报告。试验编号（××）。 隐检内容已做完，请予以检查。 申报人：×××			
检查意见： 经检查： （1）地下二层，①～⑫/Ⓐ～Ⓗ轴墙钢筋品种、级别、规格、配筋数量、位置、间距符合设计要求。 （2）钢筋绑扎安装质量牢固，无漏扣现象，观感符合要求，搭结长度 42d。 （3）墙体定位梯子筋各部位尺寸间距准确与主筋绑扎。 （4）保护层厚度符合要求，采用塑料垫块绑扎牢固，间距 600mm，梅花型布置。 （5）钢筋无锈蚀无污染，近场复试合格，符合《混凝土结构工程施工质量验收规范》（GB 50204—2002）规定。 检查结论：☑同意隐蔽　□不同意，修改后进行复查			
复查结论： 复查人：　　复查日期：			

签字栏	建设（监理）单位	施工单位	××公司	
		专业技术负责人	专业质检员	专业工长
	×××	×××	×××	×××

2. 预检记录

表式 C5-1-2

预检记录

编号：×××

工程名称	××工程	预检项目	模板
预检部位	墙体①～⑩/Ⓐ～Ⓗ轴	检查日期	××年×月×日

依据：施工图纸（施工图纸号 结施一6 ）、
设计变更/洽商（编号 ××× ）和有关规范、规程。
主要材料或设备： 钢模板，木模板，架管等
规格/型号：

预检内容：

(1)模板清理干净，隔离剂涂刷均匀，擦拭光亮。
(2)清扫口留设、模内清理。
(3)模板方案支模，支撑系统的承载能力、刚度和稳定性。
(4)模板几何尺寸、轴线位置、垂直度、平整度、板间接缝。
(5)模板下口海绵条粘贴严密。
(6)模板采用 12 厚覆膜竹胶板，模板支撑木方间距 25mm。水平支撑间距 600mm。
(7)板厚：30mm。
(8)模板标高：−4.15m。
预检内容均已做完，请予检查。

检查意见：

经检查：模板几何尺寸、轴线位置、预埋件、预留洞位置尺寸符合设计要求，标高传递准确，模板清理干净。脱模剂涂刷均匀。无遗漏。模内清理到位。板间接缝采用 1cm 成品海绵条，防止漏浆。按模板方案支撑系统的承载能力，刚度和稳定性。模板的垂直度，平整度均符合《混凝土结构工程施工质量验收规范》(GB 50204—2002)规定，可进行下道工序施工。

复查意见：

复查人： 复查日期：

施工单位	××公司	
专业技术负责人	专业质检员	专业工长
×××	×××	×××

3. 施工检查记录(通用)

表式 C5-1-3　　施工检查记录(通用)

编号：×××

<table>
<tr><td>工程名称</td><td>××工程</td><td>检查项目</td><td>砌筑</td></tr>
<tr><td>检查部位</td><td>①～⑫/Ⓐ～Ⓟ轴墙体</td><td>检查日期</td><td>××年×月×日</td></tr>
<tr><td colspan="4">检查依据：
(1)施工图纸建一1,建一5。
(2)《砌体工程施工质量验收规范》(GB 50203—2002)。</td></tr>
<tr><td colspan="4">检查内容：
(1)瓦工班 15 人砌筑①～⑫/Ⓐ～Ⓟ轴填充墙,并于当日全部完成。
(2)质检员检查时发现一处填充墙砌筑不合格(①/Ⓑ～Ⓒ轴卧室)并责令瓦工班进行返工处理。
(3)试验员制作两组砌筑砂浆试块,强度等级 M7.5。</td></tr>
<tr><td colspan="4">检查结论：
经检查:①/Ⓑ～Ⓒ轴卧室处填充墙返工重新砌筑,检查内容已整改完成,符合设计及《砌体工程施工质量验收规范》(GB 50203—2002)规定。</td></tr>
<tr><td colspan="4">复查意见：

复查人：　　　　　　　　　　　　复查日期：</td></tr>
<tr><td>施工单位</td><td colspan="3">××公司</td></tr>
<tr><td>专业技术负责人</td><td colspan="2">专业质检员</td><td>专业工长</td></tr>
<tr><td>×××</td><td colspan="2">×××</td><td>×××</td></tr>
</table>

4. 交接检查记录

表式 C5-1-4　　　　　　　　　　　**交接检查记录**

编号：×××

<table>
<tr><td>工程名称</td><td colspan="3">××工程</td></tr>
<tr><td>移交单位名称</td><td>××公司</td><td>接收单位名称</td><td>××公司</td></tr>
<tr><td>交接部位</td><td>设备基础</td><td>检查日期</td><td>××年×月×日</td></tr>
<tr><td colspan="4">交接内容：
按《建筑给水排水及采暖工程施工质量验收规范》(GB 50242—2002)第 4.4.1 条、第 13.2.1 条和《通风与空调工程施工质量验收规范》(GB 50243—2002)第 7.1.4 条规定及施工图纸××要求，设备就位前对其基础进行验收。
内容包括：混凝土强度等级(C25)、坐标、标高、几何尺寸及螺栓孔位置等。</td></tr>
<tr><td colspan="4">检查结果：
经检查：设备基础混凝土强度等级达到设计强度等的 132%，坐标、标高、螺栓孔位置准确，几何尺寸偏差最大值一 1mm，符合设计和《建筑给水排水及采暖工程施工质量验收规范》(GB 50242—2002)、《通风与空调工程施工质量验收规范》(GB 50243—2002)要求，验收合格，同意进行设备安装。</td></tr>
<tr><td colspan="4">复查意见：
复查人：　　　　　　　　　　复查日期：</td></tr>
<tr><td colspan="4">见证单位意见：
符合设计及和《建筑给水排水及采暖工程施工质量验收规范》(GB 50242—2002)、《通风与空调工程施工质量验收规范》(GB 50243—2002)要求，同意交接。</td></tr>
<tr><td>见证单位名称</td><td colspan="3">××公司××工程项目质量部</td></tr>
<tr><td rowspan="2">签字栏</td><td>移交单位</td><td>接收单位</td><td>见证单位</td></tr>
<tr><td>×××</td><td>×××</td><td>×××</td></tr>
</table>

二、园林建筑及附属设施

1. 地基验槽检查记录

表式 C5-2-1　　　　地基验槽检查记录

编号：×××

工程名称	××工程	验槽日期	××年×月×日
验槽部位	①～⑩/Ⓐ～Ⓟ轴基槽		

依据：施工图纸（施工图纸号　结－1，结－3　）、设计变更/洽商（编号＿＿＿＿）及有关规范、规程。

验槽内容：

1. 基槽开挖至勘探报告第　×　层，持力层为　×　层。
2. 基底绝对高程和相对标高　××m　－8.70m　。
3. 土质情况　2 类黏土　基底为老土层，均匀密实

（附：☑　钎探记录及钎探点平面布置图）

申报人：×××

检查意见：

槽底土均匀密实，与地质勘探报告（编号××）相符，基槽平面位置、几何尺寸、基槽底标高，定位符合设计要求。

地下水情况：槽底地地下水位上 1.5m，无坑、穴洞。

检查结论：

☑ 无异常，可进行下道工序　　　　☐需要地基处理

签字公章栏	建设单位	监理单位	设计单位	勘察单位	施工单位
	×××	×××	×××	×××	×××

2. 地基处理记录

表式 C5-2-2

地基处理记录

编号：×××

<table>
<tr><td>工程名称</td><td>××工程</td><td>日期</td><td>××年×月×日</td></tr>
<tr><td colspan="4">处理依据及方式：

处理依据：
(1)《建筑地基基础工程施工质量验收规范》(GB 50202—2002)。
(2)《建筑地基处理技术规范》(JGJ 79—2002)。
(3)本工程《地基基础施工方案》。
(4)设计变更/洽商(编号××)及钎探记录。
方式：填级配石厚 200mm。</td></tr>
<tr><td colspan="4">处理部位及深度(或用简图表示)(mm)
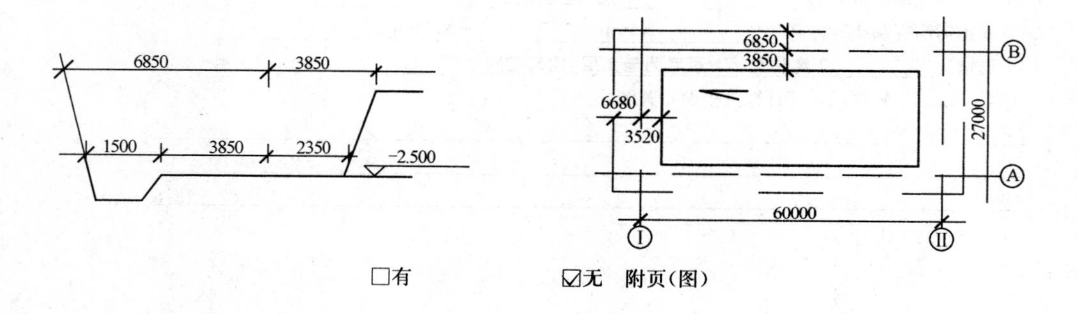

□有　　☑无　附页(图)</td></tr>
<tr><td colspan="4">处理结果：

填级配石厚 200mm
(1)先将基底松土及橡皮土清至老土层。
(2)按设计要求两侧钉好水平桩标高控制在－2.2m 为回填级配石上平。
(3)回填级配石的粒径不大于 10cm，且无草根、垃圾等有机物。
(4)填好基配石后用平板振动器振捣遍数不少于三遍。
(5)排水沟内填卵石，不含有沙子，标高至基底上表面。
(6)级配石的运输方法：用钉好的溜槽投料，严禁将配石由上直接投入槽中。</td></tr>
<tr><td colspan="4">检查意见：

经复验，已按洽商要求施工完毕，符合质量验收规范要求，可以进行下道工序施工。
(由勘察、设计单位签署复查意见)

检查日期：　　××年×月×日</td></tr>
</table>

<table>
<tr><td rowspan="3">签字栏</td><td rowspan="2">监理单位</td><td rowspan="2">设计单位</td><td rowspan="2">勘察单位</td><td>施工单位</td><td colspan="2">××公司</td></tr>
<tr><td>专业技术负责人</td><td>专业质检员</td><td>专业工长</td></tr>
<tr><td>×××</td><td>×××</td><td>×××</td><td>×××</td><td>×××</td><td></td></tr>
</table>

3. 地基钎探记录

表式 C5-2-3　　　　　　　　**地基钎探记录**

编号：×××

工程名称	×××工程			钎探日期		××年×月×日		
套锤重	12kg		自由落距		60cm	钎径	φ35	
顺序号	各步锤击数							
	0～30cm	30～60cm	60～90cm	90～120cm	12～150cm	150～180cm	180～210cm	备注
1	15	39	722	85	25	72	88	
2	14	15	78	57	28	35	43	
3	18	48	89	29	16	18	29	
4	14	40	46	99	35	36	65	
5	18	55	89	40	25	42	34	
6	18	81	143	58	47	39	17	
7	17	69	154	38	34	75	69	
8	15	56	58	32	26	82	68	
9	12	34	56	31	29	57	65	
10	18	65	75	48	18	29	33	
11	24	75	106	88	20	36	18	
12	16	68	115	66	26	44	69	
13	16	67	113	42	41	67	65	
14	21	72	97	30	26	44	42	
15	25	68	68	42	25	31	29	
16	17	61	76	70	19	90	85	
17	15	54	80	63	19	23	27	
18	16	56	108	116	41	111	58	
施工单位	××公司							
专业技术负责人			专业工长			记录人		
×××			×××			×××		

4. 混凝土浇灌申请书

表式 C5-2-4　　混凝土浇灌申请书

编号：×××

工程名称	××工程	申请浇灌日期	××年×月×日×时
申请浇灌部位	①～⑩/Ⓐ～Ⓙ轴柱	申请方量(m^3)	
技术要求	坍落度 170mm,初凝时间 2.3h	强度等级	C35
搅拌方式（搅拌站名称）	××混凝土公司	申请人	×××

依据：施工图纸(施工图纸号 结施－3)、设计变更/洽商(编号 —)和有关规范、规程。

施工准备检查	专业工长（质量员）签字	备注
1. 隐检情况：☑ 已 □未完成隐检。	×××	
2. 预检情况：☑ 已 □未完成预检。	×××	
3. 水电预埋情况：☑ 已 □未完成并未经检查。	×××	
4. 施工组织情况：☑ 已 □未完备。	×××	
5. 机械设备准备情况：☑ 已 □未准备。	×××	
6. 保温及有关准备：☑ 已 □未准备。	×××	

审批意见：

原材料、机械设备及施工人员已就位。
施工方案及技术交底工作已落实。
计量设备已准备完毕。
各种隐预检、水电预埋工作已完成。

审批结论：☑ 同意浇筑　□ 整改后自行浇筑　□不同意，整改后重新申请

审批人：×××　审批日期：××年×月×日

施工单位名称　××工程公司

5．预拌混凝土运输单

表式 C5-2-5　　　　　　　**预拌混凝土运输单(正本)**

编号：×××

合同编号	×××	任务单号	×××				
供应单位	××混凝土公司	生产日期	××年×月×日				
工程名称及施工部位	××工程　⑥～⑫/Ⓑ～Ⓖ轴墙体						
委托单位	×××	混凝土强度等级	C30	抗渗等级	—		
混凝土输送方式	泵送	其他技术要求	—				
本车供应方量(m^3)	30	要求坍落度(mm)	140～160	实测坍落度(mm)	150		
配合比编号	××—0012	配合比比例	C∶W∶S∶G=1.0∶0.49∶2.42∶3.17				
运距(km)	20	车号	×××	车次	16	司机	×××
出站时间	13∶38	到场时间	14∶28	现场出罐温度(℃)	20		
开始浇筑时间	14∶36	完成浇筑时间		现场坍落度(mm)	150		
签字栏	现场验收人	混凝土供应单位质量员	混凝土供应单位签发人				
	×××	×××	×××				

预拌混凝土运输单(副本)

编号：×××

合同编号	×××	任务单号	×××				
供应单位	××混凝土公司	生产日期	××年×月×日				
工程名称及施工部位	××工程　⑥～⑫/Ⓑ～Ⓖ轴墙体						
委托单位	×××	混凝土强度等级	C30	抗渗等级	—		
混凝土输送方式	泵送	其他技术要求	—				
本车供应方量(m^3)	30	要求坍落度(mm)	140～160	实测坍落度(mm)	150		
配合比编号	××—0012	配合比比例	C∶W∶S∶G=1.0∶0.49∶2.42∶3.17				
运距(km)	20	车号	×××	车次	16	司机	×××
出站时间	13∶38	到场时间	14∶28	现场出罐温度(℃)	20		
开始浇筑时间	14∶36	完成浇筑时间		现场坍落度(mm)	150		
签字栏	现场验收人	混凝土供应单位质量员	混凝土供应单位签发人				
	×××	×××	×××				

6. 混凝土开盘鉴定

表式 C5-2-6

混凝土开盘鉴定

编号：×××

<table>
<tr><td>工程名称及部位</td><td colspan="4">××工程①～⑤/Ⓐ～Ⓟ轴框架柱</td><td>鉴定编号</td><td colspan="4">××××</td></tr>
<tr><td>施工单位</td><td colspan="4">××公司</td><td>搅拌方式</td><td colspan="4">强制式搅拌机</td></tr>
<tr><td>强度等级</td><td colspan="4">C35</td><td>要求坍落度</td><td colspan="4">160～180mm</td></tr>
<tr><td>配合比编号</td><td colspan="4">××－0682</td><td>试配单位</td><td colspan="4">××混凝土公司试验室</td></tr>
<tr><td>水灰比</td><td colspan="4">0.46</td><td>砂率(%)</td><td colspan="4">42</td></tr>
<tr><td>材料名称</td><td>水泥</td><td>沙</td><td>石</td><td>水</td><td colspan="2">外加剂</td><td colspan="2">掺合料</td></tr>
<tr><td>每 1m³ 用料(kg)</td><td>323</td><td>773</td><td>1053</td><td>180</td><td>8.7</td><td>91</td><td></td><td></td></tr>
<tr><td rowspan="2">调整后每盘用料(kg)</td><td colspan="4">砂含水率 5.4 %</td><td colspan="4">石含水率 0.2 %</td></tr>
<tr><td>646</td><td>1629</td><td>2110</td><td>272</td><td>17.4</td><td>182</td><td></td><td></td></tr>
</table>

<table>
<tr><td rowspan="4">鉴定结果</td><td rowspan="2">鉴定项目</td><td colspan="3">混凝土拌合物性能</td><td rowspan="2">混凝土试块抗压强度(MPa)</td><td rowspan="2">原材料与申请单是否相符</td></tr>
<tr><td>坍落度</td><td>保水性</td><td>粘聚性</td></tr>
<tr><td>设计</td><td>160～180mm</td><td></td><td></td><td rowspan="2">42.2</td><td rowspan="2">相符</td></tr>
<tr><td>实测</td><td>170mm</td><td>良好</td><td>良好</td></tr>
</table>

鉴定结论：

同意 C35 混凝土开盘鉴定结果，鉴定合格。

建设(监理)单位	混凝土试配单位负责人	施工单位技术负责人	搅拌机组负责人
×××	×××	×××	×××
鉴定日期	××年×月×日		

7. 混凝土浇灌记录

表式 C5-2-7　　　　　　　　**混凝土浇灌记录**

编号：×××

<table>
<tr><td colspan="2">工程名称</td><td colspan="5">×××工程</td></tr>
<tr><td colspan="2">施工单位</td><td colspan="5">×××公司</td></tr>
<tr><td colspan="2">浇筑部位</td><td colspan="3">①～⑧/Ⓑ～Ⓗ轴柱</td><td>设计强度等级</td><td>C25</td></tr>
<tr><td colspan="2">浇筑开始时间</td><td colspan="2">××年×月×日×时</td><td>浇筑完成时间</td><td colspan="2">××年×月×日×时</td></tr>
<tr><td colspan="2">天气情况</td><td>晴</td><td>室外气温</td><td>8℃</td><td>混凝土完成数量</td><td>30m³</td></tr>
<tr><td rowspan="3">混凝土来源</td><td rowspan="2">预拌混凝土</td><td>生产厂家</td><td colspan="2">××混凝土公司</td><td>供料强度等级</td><td>C25</td></tr>
<tr><td>运输单编号</td><td colspan="4">Y2002－150</td></tr>
<tr><td colspan="2">自拌混凝土开盘鉴定编号</td><td colspan="4"></td></tr>
<tr><td colspan="2">实测坍落度</td><td>160mm</td><td>出盘温度</td><td>10℃</td><td>入模温度</td><td>9℃</td></tr>
<tr><td colspan="3">试件留置种类、数量、编号</td><td colspan="4">抗渗试件 1 组 D－6；抗压试件 1 组 D－5</td></tr>
<tr><td colspan="2">混凝土浇筑中出现的问题及处理情况</td><td colspan="5">未发生问题，一切正常。</td></tr>
<tr><td colspan="2">施工负责人</td><td colspan="2">×××</td><td>填表人</td><td colspan="2">×××</td></tr>
</table>

本表由施工单位填写并保存。

8. 混凝土养护测温记录

表式 C5-2-8 **混凝土养护测温记录**

编号：×××

工程名称	××工程		施工单位	××公司	
测温部位	①~⑤/Ⓐ~Ⓙ轴	测温方式	隔离测温	养护方法	浇水覆盖

测温时间			大气温度(℃)	入模温度(℃)	孔号	各测温孔温度(℃)		$t_{中}-t_{上}$(℃)	$t_{中}-t_{下}$(℃)	$t_{气}-t_{上}$(℃)	内外最大温差记录(℃)	裂缝宽度(mm)
月	日	时										
×	×	10	29		1#	上	32.5	6	4	−3.5		
						中						
						下						
×	×	12	30		2#	上		13	9	−2		
						中	45.0					
						下	36.0					
×	×	14	32		3#	上	33.0	12	5	−1		
						中	45.0					
						下	40.0					
×	×	16	30		4#	上	30.0	13	7	0		
						中	43.0					
						下	38.0					
						上						
						中						
						下						
						上						
						中						
						下						
						上						
						中						
						下						
						上						
						中						
						下						

审核意见：

混凝土测温点布置及测温措施控制，各项数据符合设计、规范要求。

施工单位	××公司	
专业技术负责人	专业工长	测温员
×××	×××	×××

9. 预应力筋张拉数据记录

表式 C5-2-9

预应力筋张拉数据记录

编号：×××

工程名称		××工程								施工单位			××公司						
部位	预应力钢筋编号	预应力钢筋种类	规格 直径 (mm)	规格 根数	规格 截面积 (mm^2)	张拉方式	抗拉标准强度 (MPa)	张拉控制应力 (MPa)	超张控制应力 (MPa)	张拉初始应力 (MPa)	控制张拉力 (kN)	超张张拉力 (kN)	张拉初始力 (kN)	孔道累计转角 θ (rad)	孔道长度 X (m)	钢材弹性模量 E	孔道磨擦系数 μ	孔道偏差系数 k	计算伸长值 ΔL (cm)
16m屋架	N_1-1	钢绞线	ϕ_j15.24	3	139	两端	1860	19.08 19.08		2.25 2.12	585.9		117.2	14°	17.069	196×10^3	0.19	0.0015	118
	N_1-2	钢绞线	ϕ_j15.24	3	139	两端	1860	19.08 19.05		2.25 2.12	585.9		117.2	14°	17.069	196×10^3	0.19	0.0015	118
	N_2-1	钢绞线	ϕ_j15.24	3	139	两端	1860	19.08 19.05		2.25 2.12	585.9		117.2	2°	16.96	196×10^3	0.19	0.0015	120
	N_2-2	钢绞线	ϕ_j15.24	3	139	两端	1860	19.08 19.05		2.25 2.12	585.9		117.2	2°	16.96	196×10^3	0.19	0.0015	120

监理（建设）单位	施工单位			张拉日期
	技术负责人	张拉负责人	记录人	
×××	×××	×××	×××	××年×月×日

本表由施工单位填写，城建档案馆、建设单位、施工单位各保存一份。

10. 预应力筋张拉记录(一)

表式 C5-2-10

预应力筋张拉记录(一)

编号：×××

工程名称	××工程	张拉日期	××年×月×日
施工部位	预应力 9# 屋架	预应力筋规格及抗拉强度	ϕ^S 1570N/m³

预应力张拉程序及平面示意图：

□有 ☑无附页

张拉端锚具类型		固定端锚具类型	
设计控制应力	305kN	实际张拉力	308kN
千斤顶编号	1#(表号 498)	压力表编号	20. 1
	2#(表号 457)		20. 3
混凝土设计强度	C50	张拉时混凝土实际强度	75MPa

预应力筋计算伸长值：

$$\Delta L=\frac{E_p \cdot L}{AP \cdot E_s} \qquad \frac{308\times 27400}{15\times 19.63\times 200}=143\text{mm}$$

预应力筋伸长值范围：

136～157mm

施工单位	××公司	
专业技术负责人	专业质检员	记录人
×××	×××	×××

11. 预应力筋张拉记录(二)

表式 C5-2-11　　　　**预应力筋张拉记录(二)**

编号：×××

工程名称		××工程				张拉日期	××年×月×日		
施工部位		7#、8#、9#屋架							
张拉顺序编号	计算值	预应力筋张拉伸长实测值(cm)							备　注
		一端张拉			另一端张拉			总伸长	
		原长 L_1	实长 L_2	伸长 ΔL	原长 L_1'	实长 L_2'	伸长 $\Delta L'$		
7#1孔	14.2	2.3	13.2	10.9	5.1	8.5	3.4	14.3	
7#2孔	14.2	3.0	13.6	10.6	4.9	8.5	3.6	14.2	
7#3孔	14.2	2.6	13.6	11.0	4.8	8.1	3.3	14.3	
7#4孔	14.2	2.8	14.2	11.4	5.2	8.2	3.0	14.4	
8#1孔	14.3	2.9	13.9	11.0	6.0	9.5	3.5	14.5	
8#2孔	14.3	2.5	13.6	11.1	4.0	7.6	3.6	14.7	
8#3孔	14.3	3.3	14.1	10.8	3.9	7.6	3.6	14.4	
8#4孔	14.3	2.9	14.3	11.4	3.8	6.9	3.1	14.5	
9#1孔	14.4	3.2	14.3	11.1	4.0	7.6	3.6	14.7	
9#2孔	14.4	2.7	13.5	10.8	3.0	6.6	3.6	14.4	
☑有　□无见证		见证单位	×××公司				见证人	×××	
施工单位		××公司							
专业技术负责人		专业质检员				记录人			
×××		×××				×××			

12. 预应力张拉孔道灌浆记录

表式 C5-2-12 **预应力张拉孔道灌浆记录**

编号：×××

<table>
<tr><td>工程名称</td><td colspan="5">××工程</td></tr>
<tr><td>施工单位</td><td colspan="3">××公司</td><td>施工日期</td><td>××年×月×日</td></tr>
<tr><td colspan="2">构件部位</td><td colspan="2">预应力桥梁</td><td>构件部位编号</td><td>YL1－2－3</td></tr>
<tr><td colspan="2">水泥品种及强度等级</td><td colspan="2">P·O 42.5</td><td>外加剂</td><td>—</td></tr>
<tr><td colspan="2">水灰比</td><td colspan="2">0.38</td><td>水泥浆稠度</td><td></td></tr>
<tr><td>孔道编号</td><td>起止时间（时/分）</td><td>压力（MPa）</td><td>大气温度（℃）</td><td>净浆温度（℃）</td><td>压浆强度(28d)（MPa）</td></tr>
<tr><td>N_1-1</td><td>9：00/11：30</td><td>0.6</td><td>22</td><td>15°</td><td>35.0</td></tr>
<tr><td>N_1-2</td><td>13：00/14：30</td><td>0.6</td><td>22</td><td>15°</td><td>38.3</td></tr>
<tr><td></td><td></td><td></td><td></td><td></td><td></td></tr>
<tr><td colspan="6">备注：</td></tr>
<tr><td rowspan="2">监理（建设）单位</td><td colspan="5">施工单位</td></tr>
<tr><td colspan="2">技术负责人</td><td colspan="2">施工员</td><td>记录人</td></tr>
<tr><td>×××</td><td colspan="2">×××</td><td colspan="2">×××</td><td>×××</td></tr>
</table>

本表由施工单位填写，城建档案馆、建设单位、施工单位各保存一份。

13. 焊接材料烘焙记录

表式 C5-2-13 **焊接材料烘焙记录**

编号：×××

工程名称	×××工程				
焊材牌号	E 4311	规格(mm)	3.2×350	焊材厂家	×××
钢材材质	热轧带肋	烘焙方法		烘焙日期	××年×月×日

序号	施焊部位	烘焙数量(kg)	烘焙要求					保温要求		备注
			烘干温度(℃)	烘干时间(h)	实际烘焙			降至恒温(℃)	保温时间(h)	
					烘焙日期	从时分	至时分			
1	①～⑥/Ⓐ～Ⓔ轴框架柱	100	280	2	××年×月×日	8∶30	10∶30	30	4	

说明：

(1)焊条、焊剂等在使用前，应按产品说明书及有关工艺文件规定的技术要求进行烘干。

(2)焊接材料烘干后应存放在保温箱内，随用随取，焊条由保温箱(筒)取出到施焊的时间不得超过 2h，酸性焊条不宜超过 4h。烘干温度 250～300℃。

施工单位	×××公司	
专业技术负责人	专业质检员	记录人
×××	×××	×××

14. 构件吊装记录

表式 C5-2-14

构件吊装记录

编号：×××

工程名称	××工程						
使用部位	屋面			吊装日期	××年×月×日		
序号	构件名称及编号	安装位置	安装检查				备注
			搁置与搭接尺寸	接头(点)处理	固定方法	标高检查	
1	预应力屋面板 1#	①~③/Ⓐ~Ⓙ轴	70mm	焊接混凝土灌缝	焊接	22.8	

结论：

预应力屋面板有出厂合格证，外观、型号数量等各项技术指标符合设计要求及规范规定，构件合格。

施工单位	××公司	
专业技术负责人	专业质检员	记录人
×××	×××	×××

15. 防水工程试水检查记录

表式 C5-2-15　　　　**防水工程试水检查记录**

编号：×××

<table>
<tr><td>工程名称</td><td colspan="4">××工程</td></tr>
<tr><td>检查部位</td><td colspan="2">厕浴间</td><td>检查日期</td><td>××年×月×日</td></tr>
<tr><td rowspan="2">检查方式</td><td colspan="2">☑第一次蓄水　□第二次蓄水</td><td>蓄水日期</td><td>从 ××年×月×日 8 时
至 ××年×月×日 8 时</td></tr>
<tr><td colspan="4">□淋水　□雨期观察</td></tr>
<tr><td colspan="5">检查方法及内容：
厕浴间一次蓄水试验，在门口处用水泥砂浆做挡水墙，地漏周围挡高 5cm，用球塞(或棉丝)把地漏堵严且不影响试水，蓄水最浅水位为 20mm，蓄水时间为 24h。</td></tr>
<tr><td colspan="5">检查结果：
经检查，厕浴间一次蓄水试验，蓄水最前水位高出地面最高点 20mm，经 24h 无渗漏现象，检查合格，符合标准。</td></tr>
<tr><td colspan="5">复查意见：

复查人：　　　　　　　　复查日期：</td></tr>
<tr><td rowspan="3">签字栏</td><td rowspan="2">建设(监理)单位</td><td>施工单位</td><td colspan="2">××公司</td></tr>
<tr><td>专业技术负责人</td><td>专业质检员</td><td>专业工长</td></tr>
<tr><td>××监理公司</td><td>×××</td><td>×××</td><td>×××</td></tr>
</table>

三、园林用电工程

1. 电缆敷设检查记录

表式 C5-3-1

电缆敷设检查记录

编号：×××

工程名称	××工程					
部位工程						
施工单位	××电气设备安装公司					
检查日期	××年×月×日		天气情况	晴	气温	20℃
敷设方式	直埋式					
电缆编号	起　点	终　点	规格型号	用　途		
1P2—4	总配电室	污水处理厂总开关柜	IRYJV4×70+1×35	照明供电		

序　号	检查项目及要求	检查结果
1	电缆规格符合设计规定，排列整齐，无机械损伤；标志牌齐全、正确、清晰。	符合要求
2	电缆的固定、弯曲半径、有关距离和单芯电力电缆的相序排列符合要求。	符合要求
3	电缆终端、电缆接头、安装牢固，相色正确。	符合要求
4	电缆金属保护层、铠装、金属屏蔽层接地良好。	符合要求
5	电缆沟内无杂物，盖板齐全，隧道内无杂物，照明、通风排水等符合设计要求。	符合要求
6	直埋电缆路径标志应与实际路径相符，标志应清晰牢固、间距适当。	符合要求
7	电缆桥架接地符合标准要求。	符合要求

监理（建设）单位	施　工　单　位		
	技术负责人	施工员	质检员
×××	×××	×××	×××

本表由施工单位填写，建设单位、施工单位各保存一份。

2. 电气照明装置安装检查记录

表式 C5-3-2　　**电气照明装置安装检查记录**

编号：×××

工程名称	××工程			
部位工程	厂房照明			
施工单位	××市机电设备安装公司		检查日期	××年×月×日
序　号	检查项目及要求			检查结果
1	照明配电箱(盘)安装			符合要求
2	电线、电缆导管和线槽敷设			符合要求
3	电线、电缆导管穿线和线槽敷线			符合要求
4	普通灯具安装			符合要求
5	专用灯具安装			符合要求
6	建筑物景观照明灯，航空障碍标志灯和庭院灯安装			符合要求
7	开关、插座、风扇安装			符合要求
8				
9				
10				
11				
12				
13				
14				
15				
16				

监理(建设)单位	施　工　单　位		
	技术负责人	施工员	质检员
×××	×××	×××	×××

本表由施工单位填写，建设单位、施工单位各保存一份。

3. 电线(缆)钢导管安装检查记录

表式 C5-3-3 **电线(缆)钢导管安装检查记录**

编号：×××

工程名称	××工程							部位工程		
施工单位	××市电力安装工程公司							检查日期	××年×月×日	
序号	起点位置及管口高程	止点位置及管口高程	公称直径(mm)	弯曲半径(mm)	长度(mm)	连接方式	跨接方式	防腐情况	排列情况	两端接地情况
01	−0.8	1.4	100	100	10000	套管焊接		内防锈漆 外防腐沥青	3 排	已接地

监理(建设)单位	施工单位		
	技术负责人	施工员	质检员
×××	×××	×××	×××

本表由施工单位填写，建设单位、施工单位各保存一份。

4. 成套开关柜(盘)安装检查记录

表式 C5-3-4 **成套开关柜(盘)安装检查记录**

编号：×××

<table>
<tr><td>工程名称</td><td colspan="5">××工程</td></tr>
<tr><td>部位工程</td><td colspan="3">配电室开关柜</td><td>检查日期</td><td>××年×月×日</td></tr>
<tr><td>施工单位</td><td colspan="5">××机电设备安装公司</td></tr>
<tr><td>开关柜(盘)名称</td><td>照明开关柜</td><td>型　号</td><td>1ALB1—1</td><td>数　量</td><td>1台</td></tr>
<tr><td>生产厂</td><td colspan="2">××电气成套设备公司</td><td>出厂日期</td><td colspan="2">××年×月×日</td></tr>
</table>

<table>
<tr><td>项目</td><td colspan="3">检　查　项　目</td><td>允许偏差(mm)</td><td>最大偏差(mm)</td></tr>
<tr><td rowspan="8">基础型钢安装</td><td rowspan="3">基础位置</td><td rowspan="2">中心线</td><td>纵</td><td></td><td>2</td></tr>
<tr><td>横</td><td></td><td></td></tr>
<tr><td colspan="4">高　　　程</td></tr>
<tr><td colspan="3">不直度</td><td><1mm/m,且<5</td><td>3</td></tr>
<tr><td colspan="3">水平度</td><td><1mm/m,且<5</td><td>2</td></tr>
<tr><td colspan="3">位置及不平行度</td><td><5</td><td>2</td></tr>
<tr><td colspan="3">型钢外廓尺寸(长×宽)</td><td></td><td></td></tr>
<tr><td colspan="3">接地连接方式</td><td></td><td></td></tr>
<tr><td rowspan="7">开关柜安装</td><td colspan="3">垂直度</td><td><1.5mm/m</td><td>1.0</td></tr>
<tr><td rowspan="2">水平偏差</td><td colspan="2">相邻两柜顶部</td><td><2</td><td>1</td></tr>
<tr><td colspan="2">成列柜顶部</td><td><5</td><td>3</td></tr>
<tr><td rowspan="2">柜面偏差</td><td colspan="2">相邻两柜</td><td><1</td><td>0</td></tr>
<tr><td colspan="2">成列柜面</td><td><5</td><td>3</td></tr>
<tr><td colspan="3">柜间接缝</td><td><2</td><td>1</td></tr>
<tr><td colspan="3">与基础型钢接地连接方式</td><td></td><td></td></tr>
<tr><td colspan="6">检查结果：

合格。</td></tr>
</table>

<table>
<tr><td rowspan="2">监理(建设)单位</td><td colspan="3">施　工　单　位</td></tr>
<tr><td>技术负责人</td><td>施工员</td><td>质检员</td></tr>
<tr><td>×××</td><td>×××</td><td>×××</td><td>×××</td></tr>
</table>

本表由施工单位填写，建设单位和施工单位各保存一份。

5. 盘、柜安装及二次接线检查记录

表式 C5-3-5　　　　盘、柜安装及二次接线检查记录

编号：×××

工程名称	××工程					
部位工程	机房控制柜		安装地点		配电室机房	
施工单位	××机电设备安装公司					
盘、柜名称	动力控制柜	出厂编号	1APF1—K			
序列编号	APF_1—3—1A	额定电压	380V	安装数量	1台	
生产厂	××电气成套设备公司		检查日期		××年×月×日	

序号	检　查　项　目	检查结果
1	盘、柜安装位置正确，符合设计要求，偏差符合国家现行规范要求	符合要求
2	基础型钢安装偏差符合设计及规范要求	符合要求
3	盘、柜的固定及接地应可靠，漆层应完好，清洁整齐	符合要求
4	盘、柜内所装电器元件应符合设计要求，安装位置正确，固定牢固	符合要求
5	二次回路接线应正确，连接可靠，回路编号标志齐全清晰，绝缘符合要求	符合要求
6	手车或抽屉式开关柜在推入或拉出时应灵活，机械闭锁可靠	符合要求
7	柜内一次设备安装质量符合国家现行有关标准规范的规定	符合要求
8	操作及联动试验正确符合设计要求	符合要求
9	按国家现行规范进行的所有电气试验全部合格	符合要求
10		
11		
12		
13		

监理(建设)单位	施　工　单　位		
	技术负责人	施工员	质检员
×××	×××	×××	×××

本表由施工单位填写，建设单位、施工单位各保存一份。

6. 避雷装置安装检查记录

表式 C5-3-6　　　　**避雷装置安装检查记录**

编号：×××

工程名称	××工程					
部位工程				安装地点		
施工单位	××电气安装公司					
施工图号	电施—8A			检查日期	××年×月×日	
1. ☑避雷针　☑避雷网(带)						
序号	材质规格(mm)	长度(m)	结构形式	外观检查	焊接质量	焊接处防腐处理
1	40×4			合格		
2						
3	镀锌元钢	ϕ14	框架剪力墙	合格	合格	已防腐

2. 引下线							
序号	材质规格	条　数	断接点高度	连接方式	防腐	接地极组号	接地电阻
1	ϕ25 柱筋	2	1.2m	焊接	√		0.4Ω
2							
3							
4							
5							
6							
检查结论							

监理(建设)单位	施　工　单　位		
	技术负责人	施工员	质检员
×××	×××	×××	×××

本表由施工单位填写，建设单位、施工单位各保存一份。

7. 电机安装检查记录

表式 C5-3-7

电机安装检查记录

编号：×××

工程名称	××工程		
部位工程		安装地点	配电室
施工单位	××设备安装公司		
设备名称	三相四线电动机	设备位号	
电机型号	10FJ2A	额定数据	380V/25A
生产厂	××电动机厂	产品编号	01312758
检查日期	××年×月×日		

序号	检查项目及规范要求	检查结果
1	安装位置符合设计及规范要求	符合要求
2	电机引出线牢固，绝缘层良好，接线紧密可靠，引出线不受外力	符合要求
3	盘动转子时转动灵活，无卡阻现象，轴承无异响	符合要求
4	轴承上下无框动，前后无窜动	符合要求
5	电刷与换向器或集电环的接触良好	符合要求
6	电机外壳及油漆完整，接地良好	符合要求
7	电机的保护、控制、测量、信号、励磁等回路的调试完毕，运行正常	符合要求
8	测定电机定子绕组、转子绕组及励磁绕组绝缘电阻符合要求	符合要求
9	电气试验按现行国家标准试验合格	符合要求
10		
11		
12		
13		

监理（建设）单位	施　工　单　位		
	技术负责人	施工员	质检员
×××	×××	×××	×××

本表由施工单位填写，建设单位、施工单位各保存一份。

8. 电缆头(中间接头)制作记录

表式 C5-3-8　　　　　　　　**电缆头(中间接头)制作记录**

编号：×××

工程名称				××工程			
部位工程							
施工单位				××市电力设备安装公司			
电缆敷设方式				穿管敷设		记录日期	××年×月×日
序号	电缆编号 / 施工记录			1AP—4			
1	电缆起止点			总配电室—车间动力柜			
2	制作日期			2005. 10. 10			
3	天气情况			晴			
4	电缆型号			YJV22			
5	电缆截面			4×185+1×120			
6	电缆额定电压(V)			1kV/750V			
7	电缆头型号						
8	保护壳型式						
9	接地线规格			25mm^2			
10	绝缘带型号规格						
11	绝缘填料	型号规格					
		绝缘情况	制作前				
			制作后				
12	芯线连接方法			压接			
13	相序校对			正常			
14	工艺标准						
15	备用长度			5m			

监理(建设)单位	施工单位		
	技术负责人	质检员	操作人员
×××	×××	×××	×××

本表由施工单位填写，建设单位、施工单位各保存一份。

9. 供水设备供电系统调试记录

表式 C5-3-9　　　　供水设备供电系统调试记录

编号：×××

工程名称	××工程	施工单位	××设备安装公司	调试日期	××年×月×日

设备名称		规格型号	KFH—1A	安装部位	供水泵站	设备位号	3号	产品编号	01214157

序号	流量(m³/h)	进口压力(MPa)	出口压力(MPa)	转速(r/min)	水泵轴承温度(℃)		POTO阀开度(%)	电动机		轴承温度(℃)		冷却器空气温度(℃)			绕组温度(℃)			运行电压(V)			运行电流(A)			运行时间	
					联轴器端	后端		电流(A)	电压(V)	联轴器	后端	进口	出口1	出口2	L1相	L2相	L3相	A—N(L1—L2)	B—N(L2—L3)	C—N(L3—L1)	L1相	L2相	L3相	起	止
1	20	15	10	3000	10	10		30	385	15	15	15	15	15	8	8	8	385	385	385	28	28	28	8时	10时
2																									
3																									
4																									
5																									
6																									
7																									
8																									
9																									
10																									
11																									
12																									
13																									
14																									
15																									
16																									

综合结论： ☑合　格 ☐不合格	说明：

监理（建设）单位	施工单位		
	技术负责人	施工员	质检员
×××	×××	×××	×××

本表由施工（安装）单位填写，建设单位、施工单位各保存一份。

第六节　园林绿化工程施工试验记录常用表格

一、通用记录

1. 施工试验记录(通用)

表式 C6-1-1　　　　　　　　**施工试验记录(通用)**

编号：×××
试验编号：×××
委托编号：×××

<table>
<tr><td>工程名称及施工部位</td><td colspan="5">×××工程×××部位</td></tr>
<tr><td>试验日期</td><td colspan="3">××年×月×日</td><td>规格、材质</td><td>×××</td></tr>
<tr><td colspan="6">试验项目：
（根据具体施工试验具体填写）</td></tr>
<tr><td colspan="6">试验内容：
（根据具体施工试验具体填写）</td></tr>
<tr><td colspan="6">结论：</td></tr>
<tr><td>批准</td><td>×××</td><td>审核</td><td>×××</td><td>试验</td><td>×××</td></tr>
<tr><td>试验单位</td><td colspan="5">×××试验室</td></tr>
<tr><td>报告日期</td><td colspan="5">××年×月×日</td></tr>
</table>

2. 设备单机试运转记录

表式 C6-1-2

设备单机试运转记录

编号：×××

<table>
<tr><td>工程名称</td><td colspan="2">×××工程</td><td>试运转时间</td><td colspan="2">××年×月×日</td></tr>
<tr><td>设备部位图号</td><td>×××</td><td>设备名称</td><td>消防水泵</td><td>规格型号</td><td>×××</td></tr>
<tr><td>试验单位</td><td>×××公司</td><td>设备所在系统</td><td>消防系统</td><td>额定数据</td><td>N=×××kW
L=×××m³/h
H=×××m</td></tr>
<tr><td>序　号</td><td colspan="2">试验项目</td><td colspan="2">试验记录</td><td>试验结论</td></tr>
<tr><td>1</td><td colspan="2">试运转时间</td><td colspan="2">2h</td><td>正常</td></tr>
<tr><td>2</td><td colspan="2">水泵试运转的轴承温升</td><td colspan="2">符合设备说明书的规定</td><td>正常</td></tr>
<tr><td>3</td><td colspan="2">流量</td><td colspan="2">×××</td><td>正常</td></tr>
<tr><td>4</td><td colspan="2">扬程</td><td colspan="2">×××</td><td>正常</td></tr>
<tr><td>5</td><td colspan="2">功率</td><td colspan="2">×××</td><td>正常</td></tr>
<tr><td>6</td><td colspan="2">叶轮与泵壳不应相碰，进、出口部位的阀门应灵活</td><td colspan="2">符合要求</td><td>正常</td></tr>
<tr><td>7</td><td colspan="2"></td><td colspan="2"></td><td></td></tr>
<tr><td>8</td><td colspan="2"></td><td colspan="2"></td><td></td></tr>
<tr><td>9</td><td colspan="2"></td><td colspan="2"></td><td></td></tr>
<tr><td>10</td><td colspan="2"></td><td colspan="2"></td><td></td></tr>
<tr><td>11</td><td colspan="2"></td><td colspan="2"></td><td></td></tr>
<tr><td>12</td><td colspan="2"></td><td colspan="2"></td><td></td></tr>
<tr><td>13</td><td colspan="2"></td><td colspan="2"></td><td></td></tr>
<tr><td>14</td><td colspan="2"></td><td colspan="2"></td><td></td></tr>
<tr><td colspan="6">试运转结论：

设备运转正常、稳定、无异常现象发生，测试结果符合设计要求及《建筑给水排水及采暖工程施工质量验收规范》(GB 50242—2002)规定，同意进行下道工序。</td></tr>
</table>

<table>
<tr><td rowspan="3">签字栏</td><td rowspan="2">建设(监理)单位</td><td>施工单位</td><td colspan="2">×××公司</td></tr>
<tr><td>专业技术负责人</td><td>专业质检员</td><td>专业工长</td></tr>
<tr><td>×××</td><td>×××</td><td>×××</td><td>×××</td></tr>
</table>

3．系统试运转调试记录

表式 C6-1-3　　　　　　　　　　系统试运转调试记录

编号：×××

工程名称	×××工程	试运转调试时间	××年×月×日
试运转调试项目	采暖系统	试运转调试部位	××××
试运转、调试内容： 采暖系统冲洗完毕充水、加热，进行试运行和调试，通过观察、测量室温满足设计要求。			
试运转、调试结论： 采暖系统系统试运转调试符合设计要求及《建筑给水排水及采暖工程施工质量验收规范》(GB 50242—2002)规定，同意进行下道工序。			

建设单位	监理单位	施工单位
×××	×××	×××

二、园林建筑及附属设备

1. 土工击实试验报告

表式 C6-2-3

土工击实试验报告

编号：×××
试验编号：××－001
委托编号：××－0417

工程名称及部位	××工程	试样编号	1
委托单位	××公司	试验委托人	×××
结构类型	砖混	填土部位	①～⑧/Ⓐ～Ⓕ轴基槽
要求压实系数(λc)	0.95	土样种类	灰土
来样日期	××年×月×日	试验日期	××年×月×日
试验结果	最优含水量(w_{0p})＝20.5%		
	最大干密度(ρ_{dmax})＝1.73g/cm³		
	控制指标(控制干密度) 最大干密度×要求压实系数＝1.7g/cm³		
结论： 依据《土工试验方法标准》(GB/T 50123—1999)标准，最佳含水率为20.6%，最大干密度为1.72g/cm³，现将控制指标最小干密度为1.60g/cm³。			

批准	×××	审核	×××	试验	×××
试验单位	××工程公司试验室				
报告日期	××年×月×日				

注：本表由建设单位、施工单位、城建档案馆各保存一份。

2. 回填土试验报告(应附图)

表式 C6-2-4 　　回填土试验报告(应附图)

编号：×××

试验编号：××—0013

委托编号：××—01736

工程名称及施工部位	××工程基槽东侧									
委托单位	××工程公司				试验委托人		×××			
要求压实系数 λ_c					回填土种类		3∶7灰土			
控制干密度 ρ_d	1.55 g/cm^3				试验日期		××年×月×日			
点号 / 项目 / 步数	1	2								
	实测干密度(g/cm^3)									
	实测压实系数									
1	1.62	1.59								
	0.96	0.97								
2	1.6	1.58								
	0.97	0.98								
3	1.59	1.63								
	0.97	0.95								
4	1.64	1.69								
	0.95	0.92								
5	1.57	1.62								
	0.99	0.96								

取样位置简图(附图) 见附图(略)					
结论： **符合最小干密度及《土工试验方法标准》(GB/T 50123—1999)标准规定。**					
批准	×××	审核	×××	试验	×××
试验单位	××工程公司试验室				
报告日期	××年×月×日				

3. 钢筋连接试验报告

表式 C6-2-7

钢筋连接试验报告

编号：×××

试验编号：**××－0016**

委托编号：**××－01685**

工程名称及部位	**××工程**	试件编号	**007**
委托单位	**××工程公司**	试验委托人	**×××**
接头类型	**滚辗直螺纹连接**	检验形式	**—**
设计要求 接头性能等级	**A 级**	代表数量	**300 个**

连接钢筋种类 及牌号	**HRB335**	公称直径	**20mm**	原材试验编号	**××－006**
操作人	**×××**	来样日期	**××年×月×日**	试验日期	**××年×月×日**

接头试件			母材试件		弯曲试件			备注
公称面积 (mm^2)	抗拉强度 (MPa)	断裂特征 及位置	实测面积 (mm^2)	抗拉强度 (MPa)	弯心直径	角度	结果	
314.2	**595**	**母材拉断**	**314.2**	**600**				
314.2	**600**	**母材拉断**	**314.2**	**595**				
314.2	**605**	**母材拉断**	**—**	**—**				

结论：

根据《钢筋机械连接通用技术规程》(JGJ 107—2003)标准，符合滚辗直螺纹 A 级接头性能。

批准	×××	审核	×××	试验	×××
试验单位	**××工程公司试验室**				
报告日期	**××年×月×日**				

4. 砂浆配合比申请单、通知单

表式 C6-2-8

砂浆配合比申请单

编号：×××

委托编号：××—01370

工程名称	××工程墙体				
委托单位	××工程公司			试验委托人	×××
砂浆种类	混合砂浆			强度等级	M5
水泥品种	P·O　32.5			厂别	×××水泥厂
水泥进场日期	××年×月×日			试验编号	××C—012
砂产地	×××	粗细级别	中砂	试验编号	××S—016
掺合料种类	白灰膏		外加剂种类	—	
申请日期	××年×月×日		要求使用日期	××年×月×日	

表 C6-2-8

砂浆配合比通知单

配合比编号：××—0082

试配编号：×××

强度等级	M5	试验日期		××年×月×日	
配合比					
材料名称	水泥	砂	白灰膏	掺合料	外加剂
每立方米用量（kg/m³）	238	1571	95		
比例	1	6.6	0.4		
注：砂浆稠度为 70～100mm，白灰膏稠度为 120±5mm。					
批准	×××	审核	×××	试验	×××
试验单位	××工程公司试验室				
报告日期	××年×月×日				

注：本表由施工单位保存。

5. 砂浆抗压强度试验报告

表式 C6-2-9

砂浆抗压强度试验报告

编号：×××
试验编号：××—0039
委托编号：××—01375

<table>
<tr><td colspan="2">工程名称及部位</td><td colspan="3">××工程　①～⑧/Ⓐ～Ⓔ轴砌体</td><td colspan="2">试件编号</td><td colspan="2">××—007</td></tr>
<tr><td colspan="2">委托单位</td><td colspan="3">×××</td><td colspan="2">试验委托人</td><td colspan="2">×××</td></tr>
<tr><td colspan="2">砂浆种类</td><td>水泥混合砂浆</td><td>强度等级</td><td>M10</td><td colspan="2">稠度</td><td colspan="2">70mm</td></tr>
<tr><td colspan="2">水泥品种及强度等级</td><td colspan="3">P·O　32.5</td><td colspan="2">试验编号</td><td colspan="2">××—0017</td></tr>
<tr><td colspan="2">矿产地及种类</td><td colspan="3">×××　中砂</td><td colspan="2">试验编号</td><td colspan="2">××—0012</td></tr>
<tr><td colspan="2">掺合料种类</td><td colspan="3">—</td><td colspan="2">外加剂种类</td><td colspan="2">—</td></tr>
<tr><td colspan="2">配合比编号</td><td colspan="7">××—0206</td></tr>
<tr><td colspan="2">试件成型日期</td><td>××年×月×日</td><td>要求龄期</td><td>28d</td><td colspan="2">要求试验日期</td><td colspan="2">××年×月×日</td></tr>
<tr><td colspan="2">养护方法</td><td>标准</td><td>试件收到日期</td><td>××年×月×日</td><td colspan="2">试件制作人</td><td colspan="2">×××</td></tr>
<tr><td rowspan="8">试验结果</td><td rowspan="2">试压日期</td><td rowspan="2">实际龄期（d）</td><td rowspan="2">试件边长（mm）</td><td rowspan="2">受压面积（mm²）</td><td colspan="2">荷载（kN）</td><td rowspan="2">抗压强度（MPa）</td><td rowspan="2">达设计强度等级（%）</td></tr>
<tr><td>单块</td><td>平均</td></tr>
<tr><td rowspan="6">××年×月×日</td><td rowspan="6">28</td><td rowspan="6">70.7</td><td rowspan="6">5000</td><td>54.6</td><td rowspan="6">62.7</td><td rowspan="6">12.5</td><td rowspan="6">125</td></tr>
<tr><td>56.3</td></tr>
<tr><td>69.8</td></tr>
<tr><td>65.5</td></tr>
<tr><td>60.7</td></tr>
<tr><td>69.4</td></tr>
<tr><td colspan="9">结论：
合格</td></tr>
<tr><td colspan="2">批准</td><td>×××</td><td>审核</td><td>×××</td><td colspan="2">试验</td><td colspan="2">×××</td></tr>
<tr><td colspan="2">试验单位</td><td colspan="7">×××试验室</td></tr>
<tr><td colspan="2">报告日期</td><td colspan="7">××年×月×日</td></tr>
</table>

注：本表建设单位、施工单位各保存一份。

6. 砂浆试块强度统计、评定记录

表式 C6-2-10　　　　**砂浆试块强度统计、评定记录**

编号：×××

工程名称	××工程	强度等级	**M7.5**
施工单位	××工程公司	养护方法	**标养**
统计期	××年×月×日至××年×月×日	结构部位	**主体围护墙**

试块组数 (n)	强度标准值 f_2(MPa)	平均值 $f_{2,m}$(MPa)	最小值 $f_{2,min}$(MPa)	$0.75f_2$
8	**7.5**	**11.46**	**9.1**	**5.63**

每组强度值(MPa)										
	12.6	**10.6**	**9.8**	**10.6**	**14.6**	**11**	**9.1**	**13.4**		

判定式	$f_{2,m} \geq f_2$	$f_{2,min} \geq 0.75f_2$
结果	**11.46>7.5**	**9.1>5.63**

结论：

依据《砌体工程施工质量验收规范》(GB 50203—2002)第 4.0.12 条标准评定为合格。

批准	审核	统计
×××	×××	×××
报告日期	××年×月×日	

7. 混凝土配合比申请单、通知单

表式 C6-2-11

混凝土配合比申请单

编号：×××

委托编号：××－01560

工程名称及部位	××工程①～⑤/Ⓐ～Ⓟ轴框架柱				
委托单位	××工程公司	试验委托人	×××		
设计强度等级	C35	要求坍落度、扩展度	160～180mm		
其他技术要求	—				
搅拌方法	机械	浇捣方法	机械	养护方法	标养
水泥品种及强度等级	P·O42.5R	厂别牌号	××× ××	试验编号	××C－043
砂产地及种类	××× 中砂			试验编号	××S－015
石子产地及种类	××× 碎石	最大粒径	25 mm	试验编号	××G－017
外加剂名称	PHF－3 泵送剂			试验编号	××D－024
掺合料名称	Ⅱ级粉煤灰			试验编号	××F－029
申请日期	××年×月×日	使用日期	××年×月×日	联系电话	×××××××××

表式 C6-2-11

混凝土配合比通知单

配合比编号：××－0082

试配编号：×××

强度等级	C35	水胶比	0.43	水灰比	0.46	砂率	42%
材料名称 / 项目	水泥	水	砂	石	外加剂	掺合料	其他
每 $1m^3$ 用量 (kg/m^3)	320	189	773	1053	8.7	91	
每盘用量(kg)	1.00	0.56	2.39	3.26	0.03	0.28	
混凝土碱含量 (kg/m^3)	注：此栏只有在有关规定及要求需要填写时才填写。						
说明：本配合比所使用材料均为干材料，使用单位应根据材料含水情况随时调整。							

批准	审核	试验
×××	×××	×××
报告日期	××年×月×日	

注：本表由施工单位保存。

8. 混凝土抗压强度试验报告

表式 C6-2-12 **混凝土抗压强度试验报告**

编号：×××

试验编号：××—0017

委托编号：××—02450

<table>
<tr><td>工程名称
及部位</td><td colspan="6">××工程①～⑤/Ⓐ～Ⓗ轴柱</td><td colspan="2">试件编号</td><td>××—003</td></tr>
<tr><td>委托单位</td><td colspan="6">××工程公司</td><td colspan="2">试验委托人</td><td>×××</td></tr>
<tr><td>设计强度等级</td><td colspan="6">C30，P8</td><td colspan="2">实测坍落度、
扩展度</td><td>160mm</td></tr>
<tr><td>水泥品种及
强度等级</td><td colspan="6">P·O 42.5</td><td colspan="2">试验编号</td><td>××C—022</td></tr>
<tr><td>砂种类</td><td colspan="6">中砂</td><td colspan="2">试验编号</td><td>××S—011</td></tr>
<tr><td>石种类、
公称直径</td><td colspan="6">碎石 5～10mm</td><td colspan="2">试验编号</td><td>××G—013</td></tr>
<tr><td>外加剂名称</td><td colspan="6">UEA</td><td colspan="2">试验编号</td><td>××D—017</td></tr>
<tr><td>掺合料名称</td><td colspan="6">Ⅱ级粉煤灰</td><td colspan="2">试验编号</td><td>××F—009</td></tr>
<tr><td>配合比编号</td><td colspan="9">××—22</td></tr>
<tr><td>成型日期</td><td>××年
×月×日</td><td colspan="2">要求龄期</td><td colspan="2">26 d</td><td colspan="3">要求试验日期</td><td>××年
×月×日</td></tr>
<tr><td>养护方法</td><td>标养</td><td colspan="2">收到日期</td><td colspan="4">××年×月×日</td><td>试块制作人</td><td>×××</td></tr>
<tr><td rowspan="5">试验结果</td><td rowspan="2">试验日期</td><td rowspan="2">实际龄期(d)</td><td rowspan="2">试件边长(mm)</td><td rowspan="2">受压面积(mm^2)</td><td colspan="2">荷载(kN)</td><td rowspan="2">平均抗压强度(MPa)</td><td rowspan="2">折合 150mm 立方体抗压强度(MPa)</td><td rowspan="2">达到设计强度等级(%)</td></tr>
<tr><td>单块值</td><td>平均值</td></tr>
<tr><td rowspan="3">××年
×月×日</td><td rowspan="3">26</td><td rowspan="3">100</td><td rowspan="3">10000</td><td>460</td><td rowspan="3">463</td><td rowspan="3">46.3</td><td rowspan="3">44</td><td rowspan="3">147</td></tr>
<tr><td>450</td></tr>
<tr><td>480</td></tr>
<tr><td colspan="10">结论：

合格</td></tr>
<tr><td colspan="2">批准</td><td colspan="2">×××</td><td colspan="2">审核</td><td colspan="2">×××</td><td>试验</td><td>×××</td></tr>
<tr><td colspan="2">试验单位</td><td colspan="8">××工程公司试验室</td></tr>
<tr><td colspan="2">报告日期</td><td colspan="8">××年×月×日</td></tr>
</table>

注：本表由建设单位、施工单位各保存一份。

9. 混凝土试块强度统计、评定记录

表式 C6-2-13 **混凝土试块强度统计、评定记录**

编号：×××

工程名称	××工程	强度等级	C30
施工单位	××工程公司	养护方法	标养
统计期	××年×月×日 至 ××年×月×日	结构部位	主体墙柱

试块组数 n	强度标准值 $f_{cu,k}$(MPa)	平均值 $m_{f_{cu}}$ (MPa)	标准值 $S_{f_{cu}}$ (MPa)	最小值 $f_{cu,min}$ (MPa)	合格判定系数	
					λ_1	λ_2
13	**30**	**46.52**	**8.84**	**36.1**	**1.7**	**0.9**

每组强度值(MPa)										
	50.4	**36.1**	**40.8**	**39.4**	**58**	**37.7**	**36.8**	**57.3**	**56.7**	**51.6**
	57.5	**42.5**	**39.9**							

评定界限	☑ 统计方法(二)			□ 非统计方法	
	$0.90f_{cu,k}$	$m_{f_{cu}}-\lambda_1\times S_{f_{cu}}$	$\lambda_2\times f_{cu,k}$	$1.15f_{cu,k}$	$0.95f_{cu,k}$
	27	**31.49**	**27**		

判定式	$m_{f_{cu}}-\lambda_1\times S_{f_{cu}}\geqslant 0.90f_{cu,k}$	$f_{cu,min}\geqslant\lambda_2\times f_{cu,k}$	$m_{f_{cu}}\geqslant 1.15f_{cu,k}$	$f_{cu,min}\geqslant 0.95f_{cu,k}$
结果	**31.49>27**	**36.1>27**		

结论：

该批混凝土符合《混凝土强度检验评定标准》(GB/T 50107—2010)验评标准，评定为合格。

批准	审核	统计
×××	×××	×××
报告日期	××年×月×日	

注：本表建设单位、施工单位、城建档案馆各保存一份。

10. 混凝土抗渗试验报告

表式 C6-2-14 **混凝土抗渗试验报告**

编号：×××
试验编号：××—008
委托编号：××—0245

工程名称及施工部位	××工程基础底板			试件编号	××—003
委托单位	××工程公司			委托试验人	×××
抗渗等级	P8			配合比编号	××—22
强度等级	C30	养护条件	标养	收样日期	××年×月×日
成型日期	××年×月×日	龄期	33d	试验日期	××年×月×日
试验情况： 由 0.1MPa 顺序加压至 0.9MPa，保持 8h，试件表面无渗水，试验结果：＞P8					
结论： 根据《普通混凝土长期性能和耐久性能试验方法》（GB/T 50082—2009）标准，符合 P8 设计要求。					
批准	×××	审核	×××	试验	×××
试验单位	××工程公司试验室				
报告日期	××年×月×日				

11. 饰面砖粘结强度试验报告

表式 C6-2-15　　饰面砖粘结强度试验报告

编号：×××

试验编号：××－0008

委托编号：××－00185

<table>
<tr><td>工程名称</td><td colspan="4">×××工程</td><td>试验编号</td><td colspan="2">××－001</td></tr>
<tr><td>委托单位</td><td colspan="4">×××工程公司</td><td>试验委托人</td><td colspan="2">×××</td></tr>
<tr><td>饰面砖品种及牌号</td><td colspan="4">彩色釉面陶瓷墙砖　××牌</td><td>粘贴层次</td><td colspan="2"></td></tr>
<tr><td>饰面砖生产厂及规格</td><td colspan="4">×××厂　100mm×100mm</td><td>粘贴面积(mm²)</td><td colspan="2">300</td></tr>
<tr><td>基本材料</td><td></td><td>粘结材料</td><td colspan="2">砂浆</td><td>粘结剂</td><td colspan="2">—</td></tr>
<tr><td>抽样部位</td><td>东侧外墙</td><td>龄期(d)</td><td colspan="2">28</td><td>施工日期</td><td colspan="2">××年×月×日</td></tr>
<tr><td>检验类型</td><td></td><td>环境温度(℃)</td><td colspan="2">19</td><td>试验日期</td><td colspan="2">××年×月×日</td></tr>
<tr><td>仪器及编号</td><td colspan="7">×××</td></tr>
<tr><td rowspan="2">序号</td><td colspan="2">试件尺寸(mm)</td><td rowspan="2">受力面积(mm²)</td><td rowspan="2">拉力(kN)</td><td rowspan="2">粘贴强度(MPa)</td><td rowspan="2">破坏状态(序号)</td><td rowspan="2">平均强度(MPa)</td></tr>
<tr><td>长</td><td>宽</td></tr>
<tr><td>1</td><td>100</td><td>100</td><td>1000</td><td>50</td><td>4.9</td><td></td><td rowspan="3">5.10</td></tr>
<tr><td>2</td><td>100</td><td>100</td><td>1000</td><td>50</td><td>5.3</td><td></td></tr>
<tr><td>3</td><td>100</td><td>100</td><td>1000</td><td>50</td><td>5.1</td><td></td></tr>
<tr><td colspan="8">结论：
依据《建筑工程饰面砖粘结强度检验标准》(JGJ 110—2008)标准，符合饰面砖粘贴强度要求。</td></tr>
</table>

批准	×××	审核	×××	试验	×××
试验单位	××工程公司试验室				
报告日期	××年×月×日				

12. 超声波探伤报告

表式 C6-2-17　　　　**超声波探伤报告**

编号：________

试验编号：________

委托编号：________

<table>
<tr><td>工程名称及
施工部位</td><td colspan="5"></td></tr>
<tr><td>委托单位</td><td colspan="2"></td><td colspan="2">试验委托人</td><td></td></tr>
<tr><td>构件名称</td><td colspan="2"></td><td colspan="2">检测部位</td><td></td></tr>
<tr><td>材质</td><td colspan="2"></td><td colspan="2">板厚(mm)</td><td></td></tr>
<tr><td>仪器型号</td><td colspan="2"></td><td colspan="2">试块</td><td></td></tr>
<tr><td>耦合剂</td><td colspan="2"></td><td colspan="2">表面补偿</td><td></td></tr>
<tr><td>表面状况</td><td colspan="2"></td><td colspan="2">执行处理</td><td></td></tr>
<tr><td>探头型号</td><td colspan="2"></td><td colspan="2">探伤日期</td><td></td></tr>
<tr><td colspan="6">探伤结果及说明：</td></tr>
<tr><td>批准</td><td></td><td>审核</td><td></td><td>试验</td><td></td></tr>
<tr><td>试验单位</td><td colspan="5"></td></tr>
<tr><td>报告日期</td><td colspan="5"></td></tr>
</table>

注：本表由建设单位、施工单位、城建档案馆各保存一份。

13. 超声波探伤记录

表式 C6-2-18 **超声波探伤记录**

编号：________

工程名称		报告编号	
施工单位		检测单位	

焊缝编号（两侧）	板厚（mm）	折射角（°）	回波高度	X（mm）	D（mm）	Z（mm）	L（mm）	级别	评定结果	备注

批准	审核	检测	检测单位名称（公章）
报告日期			

注：本表由建设单位、施工单位、城建档案馆各保存一份。

14. 钢构件射线探伤报告

表式 C6-2-19　　　　**钢构件射线探伤报告**

编号：＿＿＿＿＿＿

试验编号：＿＿＿＿＿＿

委托编号：＿＿＿＿＿＿

工程名称					
委托单位			试验委托人		
检测单位			检测部位		
构件名称			构件编号		
材　　质		焊缝形式		板厚(mm)	
仪器型号		增感方式		像质计型号	
胶片型号		像质指数		黑　度	
评定标准		焊缝全长		探伤比例与长度	

探伤结果：

底片编号	黑度	灵能度	主要缺陷	评级	示意图
					备注

批准		审核		试验	
试验单位					
报告日期					

三、园林给排水

1. 灌(满)水试验记录

表式 C6-3-1

灌(满)水试验记录

编号：×××

<table>
<tr><td>工程名称</td><td>×××工程</td><td>试验日期</td><td colspan="2">××年×月×日</td></tr>
<tr><td>试验项目</td><td>排水管道灌水</td><td>试验部位</td><td colspan="2">一层</td></tr>
<tr><td>材　　质</td><td>铸铁管</td><td>规　　格</td><td colspan="2">DN150</td></tr>
<tr><td colspan="5">试验要求：
排水管道在隐蔽前必须做灌水试验，其灌水高度应不低于底层卫生器具的上边缘或底层地面高度。
检验方法：满水 15min 水面下降后，再灌满观察 5min，液面不降，管道及接口无渗漏为合格。</td></tr>
<tr><td colspan="5">试验记录：
对试验管段敞口用盲板封闭，从上层地面地漏处灌水，满水 20min 液面不下降，经检查管道及接口不渗不漏。</td></tr>
<tr><td colspan="5">试验结论：
试验结果符合设计要求及《建筑给水排水及采暖工程施工质量验收规范》(GB 50242—2002)规定，同意进行下道工序。</td></tr>
<tr><td rowspan="3">签字栏</td><td rowspan="2">建设(监理)单位</td><td>施工单位</td><td colspan="2">×××建筑工程公司</td></tr>
<tr><td>专业技术负责人</td><td>专业质检员</td><td>专业工长</td></tr>
<tr><td>×××监理公司</td><td>×××</td><td>×××</td><td>×××</td></tr>
</table>

2. 强度严密性试验记录

表式 C6-3-2　　　　强度严密性试验记录

编号：×××

<table>
<tr><td>工程名称</td><td colspan="2">×××工程</td><td>试验日期</td><td colspan="2">××年×月×日</td></tr>
<tr><td>试验项目</td><td colspan="2">给水系统试压</td><td>试验部位</td><td colspan="2"></td></tr>
<tr><td>材质</td><td colspan="2">镀锌衬塑钢管</td><td>规格</td><td colspan="2">DN70～DN80</td></tr>
<tr><td colspan="6">试验要求：
室内给水管道的水压试验必须符合设计要求。当设计未注明时，各种材质的给水管道系统试验压力均为工作压力的 1.5 倍，但不得小于 0.6MPa。检验方法：金属及复合管给水管道系统在试验压力下观测 10min，压力降不应大于 0.02MPa，然后降到工作压力进行检查，应不渗不漏。</td></tr>
<tr><td colspan="6">试验记录：
给水系统工作压力为 0.8MPa，试验压力为 1.2MPa，在试验压力下观测 10min，压力降至 1.19MPa（压力降 0.01MPa），然后降到工作压力进行检查，管道及接口不渗不漏。</td></tr>
<tr><td colspan="6">试验结论：
试验结果符合设计要求及《建筑给水排水及采暖工程施工质量验收规范》（GB 50242—2002）规定，同意进行下道工序。</td></tr>
<tr><td rowspan="3">签字栏</td><td rowspan="2">建设（监理）单位</td><td>施工单位</td><td colspan="3">×××公司</td></tr>
<tr><td>专业技术负责人</td><td>专业质检员</td><td colspan="2">专业工长</td></tr>
<tr><td>×××监理公司</td><td>×××</td><td>×××</td><td colspan="2">×××</td></tr>
</table>

3. 通水试验记录

表式 C6-3-3　　　　通水试验记录

编号：×××

工程名称	×××工程	试验日期	××年×月×日
试验项目	卫生器具满水、通水试验	试验部位	一层
通水压力(MPa)	0.18	通水流量(m^3/h)	4.6
试验系统简述： 卫生器具交工前应做满水和通水试验。试验项目为一层所有卫生器具。			
试验记录： 供水方式：正式水源 通水情况： 卫生器具逐个做满水试验，充水量超过器具溢水口，溢流畅通，满水后各连接件不渗不漏；通水试验各器具给、排水畅通。			
试验结论： 试验结果符合设计要求及《建筑给水排水及采暖工程施工质量验收规范》(GB 50242—2002)规定，同意进行下道工序。			

签字栏	建设(监理)单位	施工单位	×××公司	
		专业技术负责人	专业质检员	专业工长
	×××监理公司	×××	×××	×××

4. 吹(冲)洗(脱脂)试验记录

表式 C6-3-4　　　　**吹(冲)洗(脱脂)试验记录**

编号：×××

工程名称	×××工程	试验日期	××年×月×日
试验项目	采暖系统冲洗	试验部位	采暖系统
试验介质	水	试验方式	通水冲洗

试验记录：

采暖系统试压合格后，应对系统进行冲洗并清扫过滤器及除污器。从早上9时开始进行冲洗，以供水管口为冲洗起点，压力值为1.0MPa，采暖回水管为泄水点进行冲洗，到下午6时，排出水不含泥沙、铁屑等杂质，且水色不浑浊，停止冲洗，并清扫过滤器及除污器。

试验结论：

试验结果符合设计要求及《建筑给水排水及采暖工程施工质量验收规范》(GB 50242—2002)规定，同意进行下道工序。

签字栏	建设(监理)单位	施工单位	×××公司	
		专业技术负责人	专业质检员	专业工长
	×××监理公司	×××	×××	×××

5. 通球试验记录

表式 C6-3-5

通球试验记录

编号：×××

<table>
<tr><td>工程名称</td><td>×××工程</td><td>试验日期</td><td colspan="2">××年×月×日</td></tr>
<tr><td>试验项目</td><td>排水主立管、水平干管通球试验</td><td>试验部位</td><td colspan="2">主立管及水平干管</td></tr>
<tr><td>管径(mm)</td><td>DN150</td><td>球径(mm)</td><td colspan="2">DN100</td></tr>
<tr><td colspan="5">试验要求：
排水主立管及水平干管管道均应做通球试验，通球球径不小于排水管道管径的 2/3，通球率必须达到 100%。</td></tr>
<tr><td colspan="5">试验记录：
试验采用硬质空心塑料球，试验时分别在地上 18 层(顶层)主立管顶部投球，通水后在地下一层水平干管向室外第一个排水结合井处截取试验球，试验管道通畅无阻。</td></tr>
<tr><td colspan="5">试验结论：
试验结果符合设计要求及《建筑给水排水及采暖工程施工质量验收规范》(GB 50242—2002)规定，同意进行下道工序。</td></tr>
<tr><td rowspan="3">签字栏</td><td rowspan="2">建设(监理)单位</td><td>施工单位</td><td colspan="2">×××公司</td></tr>
<tr><td>专业技术负责人</td><td>专业质检员</td><td>专业工长</td></tr>
<tr><td>×××监理公司</td><td>×××</td><td>×××</td><td>×××</td></tr>
</table>

四、园林用电

1. 电气接地电阻测试记录

表式 C6-4-1　　　　**电气接地电阻测试记录**

编号：×××

<table>
<tr><td colspan="2">工程名称</td><td>××工程</td><td>测试日期</td><td colspan="3">××年×月×日</td></tr>
<tr><td colspan="2">仪表型号</td><td>ZC－8</td><td>天气情况</td><td>晴</td><td>气温(℃)</td><td>32</td></tr>
<tr><td>接地类型</td><td colspan="6">☑ 防雷接地　□ 计算机接地　☑ 工作接地
□保护接地　□防静电接地　□ 逻辑接地
☑ 重复接地　□ 综合接地　□ 医疗设备接地</td></tr>
<tr><td>设计要求</td><td colspan="6">□≤100Ω　☑≤4Ω　□≤1Ω
□≤0.1Ω　□≤　Ω　□</td></tr>
<tr><td colspan="7">测试结论：

季节系数取 1.4，按接地分 2 组进行测试，组别及实测数据分别为：
防雷接地(1)0.27 ×1.4=0.378　　(2)0.27 × 1.4=0.378
重复接地(1)0.27×1.4=0.378　　(2)0.27 × 1.4=0.378
工作接地(1)0.27 ×1.4=0.378　　(2)0.26 × 1.4=0.364
经测试计算，符合设计和《建筑电气工程施工质量验收规范》(GB 50303—2002)规定。</td></tr>
<tr><td rowspan="3">签字栏</td><td rowspan="2">建设(监理)单位</td><td>施工单位</td><td colspan="4">××工程公司</td></tr>
<tr><td>专业技术负责人</td><td colspan="2">专业质检员</td><td colspan="2">专业测试人</td></tr>
<tr><td>×××</td><td>×××</td><td colspan="2">×××</td><td colspan="2">×××</td></tr>
</table>

2. 电气接地装置隐检与平面示意图表

表式 C6-4-2　　　　**电气接地装置隐检与平面示意图表**

编号：×××

工程名称	××工程		图号	×××	
接地类型	防雷、工作、保护	组数	1组	设计要求	≤1Ω
接地装置平面示意图(绘制比例要适当,注明各组别编号及有关尺寸)					

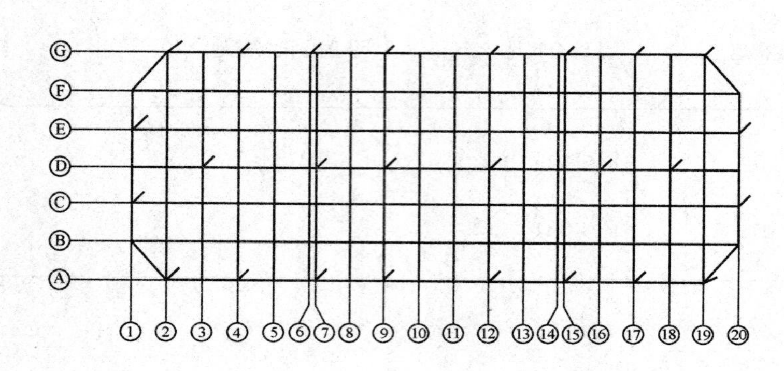

接地装置敷设情况检查表(尺寸单位:mm)			
槽沟尺寸	沿结构外四周,深 0.8m	土质情况	砂质黏土
接地极规格	—	打进深度	—
接地体规格	40×4 镀锌扁钢	焊接情况	符合规范要求
防腐处理	焊接处均涂沥青油	接地电阻	(取最大值)　0.3Ω
检验结论	符合设计、规范要求	检验日期	××年×月×日

签字栏	建设(监理)单位	施工单位	××工程公司	
		专业技术负责人	专业质检员	专业工长
	×××	×××	×××	×××

3. 电气绝缘电阻测试记录

表式 C6-4-3　　　　**电气绝缘电阻测试记录**

编号：×××

工程名称	××工程			测试日期	××年×月×日					
计量单位	MΩ(兆欧)			天气情况	晴					
仪表型号	ZC—7		电压	380V		气温		28℃		

试验内容		相间			相对零			相对地			零对地
		L_1-L_2	L_2-L_3	L_3-L_1	L_1-N	L_2-N	L_3-N	L_1-PE	L_2-PE	L_3-PE	N—PE
层数、路别、名称、编号	ZAL3—1										
	1	400	—	—	500	—	—	400	—	—	500
	2	—	300	—	—	400	—	—	500	—	400
	3	—	—	500	—	—	500	—	—	400	400
	4	500	—	—	400	—	—	400	—	—	300
	5	—	400	—	—	500	—	—	400	—	500
	6	—	—	500	—	—	—	400	—	400	500

测试结论：

经测试：线路绝缘良好，符合设计要求和《建筑电气工程施工质量验收规范》(GB 50303—2002)规定。

签字栏	建设(监理)单位	施工单位	××工程公司	
		技术负责人	质检员	测试人
	×××	×××	×××	×××

4. 电气器具通电安全检查记录

表式 C6-4-4

电气器具通电安全检查记录

编号：×××

工程名称	××工程	检查日期	××年×月×日
楼门单元或区域场所	一段		

层数	开关									灯具									插座								
	1	2	3	4	5	6	7	8	9	1	2	3	4	5	6	7	8	9	1	2	3	4	5	6	7	8	9
×段	✓	✓	✓	✓	✓	✓	✓	✓	✓	✓	×	✓	✓	✓	✓	✓	✓	✓	✓	✓	✓	✓	×	✓	✓	✓	✓
	×	✓	✓	✓	✓	✓	✓	✓	✓	✓	×	✓	✓	✓	✓	✓	✓	✓	✓	✓	✓	✓	✓	✓	×	✓	✓
	✓	✓	✓	✓	✓	×	✓	✓	✓	✓	×	✓	✓	✓	✓	✓	✓	✓	✓	✓	✓	✓	✓	✓	✓	✓	✓
	✓	✓	✓	✓	✓	✓	✓	✓	✓	✓	×	✓	✓	✓	✓	✓	✓	✓	✓	✓	✓	✓	✓	✓	✓	✓	✓
	✓	✓	✓	✓	✓	✓	✓	✓	✓	✓	×	✓	✓	✓	—	—	—	—	✓	✓	✓	✓	✓	✓	✓	✓	✓

检查结论：

经查：开关两个未断线，一个罗灯口中心未接相线，三个插座接线有误，已修复合格。其余符合《建筑电气施工及验收规范》(GB 50303—2002)要求。

签字栏	施工单位	××工程公司	
	专业技术负责人	专业质检员	专业工长
	×××	×××	×××

5. 电气设备空载试运行记录

表式 C6-4-5 **电气设备空载试运行记录**

编号：×××

工程名称	××工程							
试运项目	动力 3# 电动机			填写日期	××年×月×日			
试运时间	由 × 日 12 时 0 分开始，至 × 日 14 时 0 分结束							
运行负荷记录	运行时间	运行电压/V			运行电流(A)			
		L_1—N (L_1—L_2)	L_2—N (L_2—L_3)	L_3—N (L_3—L_1)	L_1 相	L_2 相	L_3 相	温度 (℃)
	13:40	380	382	384	20	21	21.5	78
	13:50	380	381	381	25	24	24.5	76
	14:50	380	381	381	25	24	24.5	76

试运行情况记录：

通过 2 小时电动机空载试运行，开关无拒动和误动，线压接点和线路无过热现象，电机运转正常，符合设计要求及《建筑电气工程施工质量验收规范》(GB 50303—2002)规定。

签字栏	建设(监理)单位	施工单位	××工程公司	
		专业技术负责人	专业质检员	专业工长
	×××	×××	×××	×××

6. 建筑物照明通电试运行记录

表式 C6-4-6　　**建筑物照明通电试运行记录**

编号：×××

工程名称	××工程		公建☑　/住宅□
试运项目	照明系统	填写日期	××年×月×日
试运时间	由 × 日 8 时 0 分开始，至 × 日 16 时 0 分结束		

运行负荷记录	运行时间	运行电压(V)			运行电流(A)			温度(℃)
		L_1-N (L_1-L_2)	L_2-N (L_2-L_3)	L_3-N (L_3-L_1)	L_1 相	L_2 相	L_3 相	
	×日 9：00	225	225	225	79	78	79	28
	×日 11：00	220	220	220	80	79	80	29
	×日 13：00	230	230	230	79	80	79	31
	×日 15：00	225	225	225	77	76	77	28
	×日 17：00	225	220	225	78	77	79	28

试运行情况记录：

照明系统灯具均投入运行，经 8h 通电试验，配电控制正确，空气开关、电度表、线路结点温度及器具运行情况正常，符合设计及规范要求。

签字栏	建设(监理)单位	施工单位	××工程公司	
		专业技术负责人	专业质检员	专业工长
	×××	×××	×××	×××

7. 大型照明灯具承载试验记录

表式 C6-4-7　　　　**大型照明灯具承载试验记录**

编号：×××

工程名称	××工程	试验日期	××年×月×日	
灯具名称	安装部位	数量	灯具自重(kg)	试验载重(kg)
防尘防潮灯	**水泵房**	**9**	**1.5**	**3**
金属卤化物灯	**机房**	**6**	**2.5**	**5**

检查结论：

经做过载试验均大于灯具自重的 2 倍，符合规范《建筑电气工程施工质量验收规范》(GB 50303—2002)规定。

签字栏	建设(监理)单位	施工单位	××工程公司	
		专业技术负责人	专业质检员	专业工长
	×××	×××	×××	×××

8. 漏电开关模拟试验记录

表式 C6-4-8

漏电开关模拟试验记录

编号：×××

工程名称	××工程				
试验器具	漏电开关检测仪(MI2121 型)		试验日期	××年×月×日	
安装部位	型号	设计要求		实际测试	
		动作电流(mA)	动作时间(ms)	动作电流(mA)	动作时间(ms)
××	××	30	0.1	28	50
××	××	30	0.1	27	54
××	××	30	0.1	26	55

测试结论：

漏电开关动作灵活可靠，动作电流、动作时间符合设计要求及《建筑电气工程施工质量验收规范》(GB 50303—2002)规范规定。

签字栏	建设(监理)单位	施工单位	××工程公司	
		专业技术负责人	专业质检员	专业工长
	×××	×××	×××	×××

9. 大容量电气线路结点测温记录

表式 C6-4-9　　　　大容量电气线路结点测温记录

编号：×××

<table>
<tr><td>工程名称</td><td colspan="4">××工程</td></tr>
<tr><td>测试地点</td><td>×××</td><td>测试品种</td><td colspan="2">导线 ☑ /母线 □ /开关 □</td></tr>
<tr><td>测试工具</td><td>指针万用表</td><td>测试日期</td><td colspan="2">××年×月×日</td></tr>
<tr><td>测试回路(部位)</td><td>测试时间</td><td>电流(A)</td><td>设计温度(℃)</td><td>测试温度(℃)</td></tr>
<tr><td>一回路</td><td>11∶30</td><td>24</td><td>29</td><td>27</td></tr>
<tr><td></td><td></td><td></td><td></td><td></td></tr>
<tr><td></td><td></td><td></td><td></td><td></td></tr>
<tr><td></td><td></td><td></td><td></td><td></td></tr>
<tr><td></td><td></td><td></td><td></td><td></td></tr>
<tr><td></td><td></td><td></td><td></td><td></td></tr>
<tr><td></td><td></td><td></td><td></td><td></td></tr>
<tr><td></td><td></td><td></td><td></td><td></td></tr>
<tr><td></td><td></td><td></td><td></td><td></td></tr>
<tr><td></td><td></td><td></td><td></td><td></td></tr>
<tr><td></td><td></td><td></td><td></td><td></td></tr>
<tr><td></td><td></td><td></td><td></td><td></td></tr>
<tr><td></td><td></td><td></td><td></td><td></td></tr>
<tr><td></td><td></td><td></td><td></td><td></td></tr>
<tr><td colspan="5">测试结论：

经测试，温升值稳定且不大于设计值。</td></tr>
</table>

<table>
<tr><td rowspan="3">签字栏</td><td rowspan="2">建设(监理)单位</td><td>施工单位</td><td colspan="2">××工程公司</td></tr>
<tr><td>专业技术负责人</td><td>专业质检员</td><td>专业工长</td></tr>
<tr><td>×××</td><td>×××</td><td>×××</td><td>×××</td></tr>
</table>

10. 避雷带支架拉力测试记录

表式 C6-4-10　　避雷带支架拉力测试记录

编号：×××

工程名称	××工程		
测试部位	屋顶避雷带	测试日期	××年×月×日

序号	拉力(kg)	序号	拉力(kg)	序号	拉力(kg)	序号	拉力(kg)
1	**6**						
2	**7**						
3	**6.5**						
4	**7**						
5	**8**						
6	**6.3**						

检查结论：

经对每个支持件做拉力测试，均大于49N(5kg)的垂直拉力，符合《建筑电气工程施工质量验收规范》(GB 50303—2002)规范规定。

签字栏	建设(监理)单位	施工单位	×××公司	
		专业技术负责人	专业质检员	专业工长
	×××	×××	×××	×××

第七节 园林绿化工程施工验收常用表格

一、园林绿化工程检验批质量验收常用表格

由于园林绿化工程到目前为止还没有像土建工程一样全国统一的质量验收规范，所以目前全国也没有统一的园林绿化工程检验批质量验收表格。编者在了解部分地区的园林绿化标准规范的基础上，结合大型园林绿化工程施工实例，并参照土建工程检验批验收评定表格形式，编制了部分园林绿化工程检验批质量验收方面的表格。

1. 竹结构工程检验批质量验收记录

竹结构工程检验批质量验收记录

编号：×××

<table>
<tr><td colspan="3">工程名称</td><td colspan="5">××园林绿化工程</td></tr>
<tr><td colspan="3">分部工程名称</td><td colspan="2">竹结构工程</td><td>验收部位</td><td colspan="2">×××</td></tr>
<tr><td colspan="3">施工单位</td><td colspan="2">××园林园艺公司</td><td>项目经理</td><td colspan="2">×××</td></tr>
<tr><td colspan="4">施工执行标准名称及编号</td><td colspan="4">《建筑地面工程施工质量验收规范》(GB 50209—2002)</td></tr>
<tr><td colspan="3">分包单位</td><td colspan="2"></td><td>分包项目经理</td><td colspan="2"></td></tr>
<tr><td colspan="4">质量验收规范的规定</td><td colspan="2">施工单位自检记录</td><td colspan="2">监理(建设)单位验收记录</td></tr>
<tr><td rowspan="2">主控项目</td><td>1</td><td colspan="2">制作的竹材必须符合要求</td><td colspan="2">符合</td><td colspan="2">符合</td></tr>
<tr><td>2</td><td colspan="2">连接部位制作应符合要求</td><td colspan="2">符合</td><td colspan="2">符合</td></tr>
<tr><td rowspan="4">一般项目</td><td>1</td><td colspan="2">竹结构制作榫槽符合要求</td><td colspan="2">符合</td><td colspan="2">符合</td></tr>
<tr><td>2</td><td colspan="2">竹材烘烤应符合要求</td><td colspan="2">符合</td><td colspan="2">符合</td></tr>
<tr><td>3</td><td colspan="2">构筑物柱与柱脚应符合要求</td><td colspan="2">符合</td><td colspan="2">符合</td></tr>
<tr><td>4</td><td colspan="2">柱脚混凝土及铁件应符合要求</td><td colspan="2">符合</td><td colspan="2">符合</td></tr>
<tr><td colspan="4" rowspan="2">施工单位检查
评定结果</td><td>专业工长
(施工员)</td><td>×××</td><td>施工班组长</td><td>×××</td></tr>
<tr><td colspan="4">主控项目全部合格，一般项目满足规范规定要求。

项目专业质量检查员：××× ××年×月×日</td></tr>
<tr><td colspan="4">监理(建设)
单位验收结论</td><td colspan="4">同意验收。

专业监理工程师：×××
(建设单位项目专业负责人) ××年×月×日</td></tr>
</table>

2. 中、简瓦屋面工程检验批质量验收记录

中、简瓦屋面工程检验批质量验收记录

编号：×××

工程名称	××园林绿化工程		
分部工程名称	中、简瓦屋面工程	验收部位	×××
施工单位	××园林园艺公司	项目经理	×××
施工执行标准名称及编号	《屋面工程质量验收规范》(GB 50207—2002)		
分包单位		分包项目经理	

质量验收规范的规定						施工单位自检记录										监理(建设)单位验收记录									
主控项目	1	瓦件的品种、规格、质量必须符合设计要求				合格										合格									
主控项目	2	不得使用疤痢、火裂及破碎缺角的瓦件				无										无									
一般项目	1	瓦楞铺设应符合要求				合格										合格									
一般项目	2	屋脊砌筑应符合要求				合格										合格									
一般项目	3	屋面外观应符合要求				合格										合格									
一般项目	4	允许偏差项目(mm)	屋脊	每间平直度	20	15	10	16	14	13	16	17	18			14	13	16	17	18	14	16	13	12	11
			屋脊	裂缝宽度	≤1	0.2	0.5	0.6	0.3	0.2	0.4	0.5	0.7	0.8	1.0	0.6	0.7	0.8	0.6	0.5	0.4	0.6	0.4	0.3	0.2
			屋脊	瓦片进脊	10	8	9	7	6	5	7	4	3	2	6	7	8	9	6	7	6	7	5	6	4
			屋面	瓦头挑出檐口	50	30	35	40	20	30	40	20	30	40		40	45	46	40	42	43	44	43	38	
			屋面	蓑衣盖瓦出椽子、封檐板	≥20	25	30	26	24	23	24	25	26	24	23	25	26	29	26	27	23	22	24	28	
			屋面	底瓦盖透斜沟	50～90	60	65	70	60	64	72	74	65	78		61	63	71	62	73	65	68	72	75	78
			木基层	每平直度	20	17	18	19	16	17	15	14	13	17	19	17	19	19	16	17	18	17	16		
			木基层	椽子间距偏差	15	10	12	13	11	12	10	14	13	12		11	11	12	12	11	12	11	12	14	13
			木基层	封檐板平直度	8	5	6	7	4	6	5	4	3			5	6	6	4	3	5	6			

施工单位检查评定结果	专业工长(施工员)	×××	施工班组长	×××
	主控项目全部合格，一般项目满足规范规定要求。 项目专业质量检查员：×××　　××年×月×日			
监理(建设)单位验收结论	**同意验收。** 专业监理工程师：××× (建设单位项目专业负责人)　　××年×月×日			

3. 嵌草地坪检验批质量验收记录

嵌草地坪检验批质量验收记录

编号：×××

<table>
<tr><td colspan="5">工程名称</td><td colspan="20">××园林绿化工程</td></tr>
<tr><td colspan="5">分部工程名称</td><td colspan="8">嵌草地坪</td><td colspan="3">验收部位</td><td colspan="9">×××</td></tr>
<tr><td colspan="5">施工单位</td><td colspan="8">××园林园艺公司</td><td colspan="3">项目经理</td><td colspan="9">×××</td></tr>
<tr><td colspan="5">施工执行标准名称及编号</td><td colspan="20">《城市绿化工程施工及验收规范》(CJJ/T 82—99)
《城市园林绿化工程施工及验收规范》(DB11/T 212—2003)</td></tr>
<tr><td colspan="5">分包单位</td><td colspan="8"></td><td colspan="5">分包项目经理</td><td colspan="7"></td></tr>
<tr><td colspan="5">质量验收规范的规定</td><td colspan="10">施工单位自检记录</td><td colspan="10">监理（建设）单位验收记录</td></tr>
<tr><td rowspan="2">主控项目</td><td>1</td><td colspan="3">面层所用板块的品种、质量、规格必须符合设计要求</td><td colspan="10">合格</td><td colspan="10">合格</td></tr>
<tr><td>2</td><td colspan="3">面层与基层的结合必须牢固</td><td colspan="10">合格</td><td colspan="10">合格</td></tr>
<tr><td rowspan="5">一般项目</td><td>1</td><td colspan="3">嵌草地坪应符合要求</td><td colspan="10">合格</td><td colspan="10">合格</td></tr>
<tr><td rowspan="4">2</td><td rowspan="4">允许偏差</td><td>表面平整度</td><td>3mm</td><td>2</td><td>1</td><td>2</td><td>1</td><td>1</td><td>0</td><td>1</td><td>2</td><td></td><td></td><td>2</td><td>2</td><td>1</td><td>0</td><td>1</td><td>2</td><td>2</td><td>1</td><td></td><td></td></tr>
<tr><td>缝格平直</td><td>3mm</td><td>2</td><td>2</td><td>1</td><td>1</td><td>2</td><td>2</td><td>1</td><td>2</td><td>0</td><td>1</td><td>2</td><td>0</td><td>0</td><td>1</td><td>1</td><td>2</td><td>2</td><td>0</td><td>1</td><td></td></tr>
<tr><td>接缝高低差</td><td>3mm</td><td>2</td><td>1</td><td>1</td><td>1</td><td>0</td><td>1</td><td>2</td><td>1</td><td>0</td><td></td><td>2</td><td>1</td><td>2</td><td>2</td><td>2</td><td>1</td><td>2</td><td>1</td><td>2</td><td>1</td></tr>
<tr><td>板块间隙</td><td>3mm</td><td>1</td><td>2</td><td>0</td><td>0</td><td>0</td><td>1</td><td>2</td><td>1</td><td></td><td></td><td>1</td><td>2</td><td>2</td><td>2</td><td>0</td><td>1</td><td>2</td><td>0</td><td>2</td><td></td></tr>
<tr><td colspan="5" rowspan="2">施工单位检查
评定结果</td><td colspan="4">专业工长
（施工员）</td><td colspan="7">×××</td><td colspan="4">施工班组长</td><td colspan="5">×××</td></tr>
<tr><td colspan="20">主控项目全部合格，一般项目满足规范规定要求。

项目专业质量检查员：×××　　　　××年×月×日</td></tr>
<tr><td colspan="5">监理（建设）
单位验收结论</td><td colspan="20">同意验收。

专业监理工程师：×××
（建设单位项目专业负责人）　　　　××年×月×日</td></tr>
</table>

4. 碎拼大理石工程检验批质量验收记录

碎拼大理石工程检验批质量验收记录

编号：×××

<table>
<tr><td colspan="4">工程名称</td><td colspan="21">××园林绿化工程</td></tr>
<tr><td colspan="4">分部工程名称</td><td colspan="9">碎拼大理石工程</td><td colspan="4">验收部位</td><td colspan="8">×××</td></tr>
<tr><td colspan="4">施工单位</td><td colspan="9">××园林园艺公司</td><td colspan="4">项目经理</td><td colspan="8">×××</td></tr>
<tr><td colspan="7">施工执行标准名称及编号</td><td colspan="18">《城市绿化工程施工及验收规范》(CJJ/T 82—99)
《城市园林绿化工程施工及验收规范》(DB11/T 212—2003)</td></tr>
<tr><td colspan="4">分包单位</td><td colspan="9"></td><td colspan="4">分包项目经理</td><td colspan="8"></td></tr>
<tr><td colspan="5">质量验收规范的规定</td><td colspan="10">施工单位自检记录</td><td colspan="10">监理(建设)单位验收记录</td></tr>
<tr><td rowspan="3">主控项目</td><td>1</td><td colspan="3">面层所用板块的品种、质量、规格必须符合设计要求</td><td colspan="10">合格</td><td colspan="10">合格</td></tr>
<tr><td>2</td><td colspan="3">面层与基层的结合必须牢固</td><td colspan="10">合格</td><td colspan="10">合格</td></tr>
<tr><td>3</td><td colspan="3"></td><td colspan="10"></td><td colspan="10"></td></tr>
<tr><td rowspan="4">一般项目</td><td>1</td><td colspan="3">碎拼大理石面层应符合要求</td><td colspan="10">合格</td><td colspan="10">合格</td></tr>
<tr><td rowspan="2">2</td><td rowspan="2">允许偏差</td><td>表面平整度</td><td>3mm</td><td>2</td><td>1</td><td>2</td><td>2</td><td>1</td><td>2</td><td>0</td><td>1</td><td>2</td><td>1</td><td>2</td><td>2</td><td>1</td><td>1</td><td>0</td><td>1</td><td>2</td><td>1</td><td>0</td><td></td></tr>
<tr><td>接缝高低差</td><td>1mm</td><td>0.5</td><td>0.6</td><td>0.5</td><td>0.5</td><td>0.7</td><td>0.2</td><td>0.3</td><td>0.2</td><td></td><td></td><td>0.1</td><td>0.3</td><td>0.4</td><td>0.6</td><td>0.7</td><td>0.6</td><td>0.7</td><td>0.8</td><td>0.7</td><td>0.5</td></tr>
<tr><td>3</td><td colspan="3"></td><td></td><td></td><td></td><td></td><td></td><td></td><td></td><td></td><td></td><td></td><td></td><td></td><td></td><td></td><td></td><td></td><td></td><td></td><td></td><td></td></tr>
<tr><td colspan="5" rowspan="2">施工单位检查
评定结果</td><td colspan="4">专业工长
(施工员)</td><td colspan="7">×××</td><td colspan="4">施工班组长</td><td colspan="5">×××</td></tr>
<tr><td colspan="20">主控项目全部合格，一般项目满足规范规定要求。

项目专业质量检查员：×××　　××年×月×日</td></tr>
<tr><td colspan="5">监理(建设)
单位验收结论</td><td colspan="20">同意验收。

专业监理工程师：×××
(建设单位项目专业负责人)　　××年×月×日</td></tr>
</table>

5. 卵石面层检验批质量验收记录

卵石面层检验批质量验收记录

编号：×××

<table>
<tr><td colspan="5">工程名称</td><td colspan="20">××园林绿化工程</td></tr>
<tr><td colspan="5">分部工程名称</td><td colspan="8">卵石面层</td><td colspan="4">验收部位</td><td colspan="8">×××</td></tr>
<tr><td colspan="5">施工单位</td><td colspan="8">××园林园艺公司</td><td colspan="4">项目经理</td><td colspan="8">×××</td></tr>
<tr><td colspan="7">施工执行标准名称及编号</td><td colspan="18">《城市绿化工程施工及验收规范》(CJJ/T 82—99)
《城市园林绿化工程施工及验收规范》(DB11/T 212—2003)</td></tr>
<tr><td colspan="5">分包单位</td><td colspan="8"> </td><td colspan="6">分包项目经理</td><td colspan="6"> </td></tr>
<tr><td colspan="5">质量验收规范的规定</td><td colspan="10">施工单位自检记录</td><td colspan="10">监理(建设)单位验收记录</td></tr>
<tr><td rowspan="3">主控项目</td><td>1</td><td colspan="3">面层所用板块的品种、质量、规格必须符合设计要求</td><td colspan="10">合格</td><td colspan="10">合格</td></tr>
<tr><td>2</td><td colspan="3">面层与基层的结合必须牢固</td><td colspan="10">合格</td><td colspan="10">合格</td></tr>
<tr><td>3</td><td colspan="3"></td><td colspan="10"></td><td colspan="10"></td></tr>
<tr><td rowspan="5">一般项目</td><td>1</td><td colspan="3">卵石面层应符合要求</td><td colspan="10">合格</td><td colspan="10">合格</td></tr>
<tr><td rowspan="3">2</td><td rowspan="3">允许偏差</td><td>表面平整度</td><td>4mm</td><td>3</td><td>2</td><td>1</td><td>2</td><td>1</td><td>0</td><td>2</td><td>2</td><td>1</td><td></td><td>2</td><td>2</td><td>3</td><td>3</td><td>2</td><td>1</td><td>2</td><td>3</td><td>2</td><td></td></tr>
<tr><td>接缝高低差</td><td>4mm</td><td>3</td><td>2</td><td>3</td><td>3</td><td>2</td><td>1</td><td>3</td><td>0</td><td>3</td><td>2</td><td>3</td><td>3</td><td>2</td><td>3</td><td>2</td><td>1</td><td>3</td><td>2</td><td>0</td><td>2</td></tr>
<tr><td>板块间隙</td><td>5mm</td><td>4</td><td>3</td><td>4</td><td>2</td><td>3</td><td>4</td><td>2</td><td>3</td><td></td><td></td><td>4</td><td>2</td><td>3</td><td>4</td><td>3</td><td>3</td><td>2</td><td>3</td><td></td><td></td></tr>
<tr><td>3</td><td colspan="3"></td><td></td><td></td><td></td><td></td><td></td><td></td><td></td><td></td><td></td><td></td><td></td><td></td><td></td><td></td><td></td><td></td><td></td><td></td><td></td><td></td></tr>
<tr><td colspan="5" rowspan="2">施工单位检查
评定结果</td><td colspan="4">专业工长
(施工员)</td><td colspan="7">×××</td><td colspan="4">施工班组长</td><td colspan="5">×××</td></tr>
<tr><td colspan="20">主控项目全部合格，一般项目满足规范规定要求。

项目专业质量检查员：×××　　××年×月×日</td></tr>
<tr><td colspan="5">监理(建设)
单位验收结论</td><td colspan="20">同意验收。

专业监理工程师：×××
(建设单位项目专业负责人)　　××年×月×日</td></tr>
</table>

6. 定形石块面层检验批质量验收记录

定形石块面层检验批质量验收记录

编号：×××

<table>
<tr><td colspan="4">工程名称</td><td colspan="21">××园林绿化工程</td></tr>
<tr><td colspan="4">分部工程名称</td><td colspan="8">定形石块面层</td><td colspan="4">验收部位</td><td colspan="9">×××</td></tr>
<tr><td colspan="4">施工单位</td><td colspan="8">××园林园艺公司</td><td colspan="4">项目经理</td><td colspan="9">×××</td></tr>
<tr><td colspan="6">施工执行标准名称及编号</td><td colspan="19">《城市绿化工程施工及验收规范》(CJJ/T 82—99)
《城市园林绿化工程施工及验收规范》(DB11/T 212—2003)</td></tr>
<tr><td colspan="4">分包单位</td><td colspan="8"></td><td colspan="4">分包项目经理</td><td colspan="9"></td></tr>
<tr><td colspan="5">质量验收规范的规定</td><td colspan="10">施工单位自检记录</td><td colspan="10">监理（建设）单位验收记录</td></tr>
<tr><td rowspan="2">主控项目</td><td>1</td><td colspan="3">面层所用板块的品种、质量、规格必须符合设计要求</td><td colspan="10">合格</td><td colspan="10">合格</td></tr>
<tr><td>2</td><td colspan="3">面层与基层的结合必须牢固</td><td colspan="10">合格</td><td colspan="10">合格</td></tr>
<tr><td rowspan="5">一般项目</td><td>1</td><td colspan="3">块石面层应符合要求</td><td colspan="10">合格</td><td colspan="10">合格</td></tr>
<tr><td rowspan="4">2</td><td rowspan="4">允许偏差</td><td>表面平整度</td><td>3mm</td><td>1</td><td>2</td><td>1</td><td>2</td><td>1</td><td>1</td><td>0</td><td>2</td><td>1</td><td></td><td>2</td><td>1</td><td>2</td><td>1</td><td>2</td><td>1</td><td>2</td><td>3</td><td></td><td></td></tr>
<tr><td>缝格平直</td><td>3mm</td><td>2</td><td>2</td><td>1</td><td>2</td><td>2</td><td>2</td><td>0</td><td>1</td><td>2</td><td>1</td><td>2</td><td>1</td><td>2</td><td>2</td><td>1</td><td>1</td><td>2</td><td>2</td><td>1</td><td>2</td></tr>
<tr><td>接缝高低差</td><td>3mm</td><td>2</td><td>3</td><td>1</td><td>2</td><td>1</td><td>2</td><td>1</td><td>0</td><td>1</td><td>1</td><td>2</td><td>1</td><td>2</td><td>2</td><td>0</td><td>1</td><td>2</td><td>1</td><td>1</td><td></td></tr>
<tr><td>板块间隙</td><td>5mm</td><td>4</td><td>3</td><td>2</td><td>4</td><td>3</td><td>2</td><td>1</td><td>3</td><td>0</td><td></td><td>3</td><td>2</td><td>3</td><td>4</td><td>3</td><td>2</td><td>1</td><td>3</td><td>2</td><td>3</td></tr>
<tr><td colspan="5" rowspan="2">施工单位检查评定结果</td><td colspan="4">专业工长（施工员）</td><td colspan="7">×××</td><td colspan="4">施工班组长</td><td colspan="5">×××</td></tr>
<tr><td colspan="20">主控项目全部合格，一般项目满足规范规定要求。

项目专业质量检查员：×××　　××年×月×日</td></tr>
<tr><td colspan="5">监理（建设）单位验收结论</td><td colspan="20">同意验收。

专业监理工程师：×××
（建设单位项目专业负责人）　　××年×月×日</td></tr>
</table>

7. 定形大理石、广场砖、花岗岩面层检验批质量验收记录

定形大理石、广场砖、花岗岩面层检验批质量验收记录

编号：×××

<table>
<tr><td colspan="5">工程名称</td><td colspan="20">××园林绿化工程</td></tr>
<tr><td colspan="5">分部工程名称</td><td colspan="8">定形大理石、广场石、花岗岩面层</td><td colspan="3">验收部位</td><td colspan="9">×××</td></tr>
<tr><td colspan="5">施工单位</td><td colspan="8">××园林园艺公司</td><td colspan="3">项目经理</td><td colspan="9">×××</td></tr>
<tr><td colspan="7">施工执行标准名称及编号</td><td colspan="18">《城市绿化工程施工及验收规范》(CJJ/T 82—99)
《城市园林绿化工程施工及验收规范》(DB11/T 212—2003)</td></tr>
<tr><td colspan="5">分包单位</td><td colspan="8"> </td><td colspan="5">分包项目经理</td><td colspan="7"> </td></tr>
<tr><td colspan="5">质量验收规范的规定</td><td colspan="10">施工单位自检记录</td><td colspan="10">监理(建设)单位验收记录</td></tr>
<tr><td rowspan="2">主控项目</td><td>1</td><td colspan="3">面层所用板块的品种、质量、规格必须符合设计要求</td><td colspan="10">合格</td><td colspan="10">合格</td></tr>
<tr><td>2</td><td colspan="3">面层与基层的结合必须牢固</td><td colspan="10">合格</td><td colspan="10">合格</td></tr>
<tr><td rowspan="5">一般项目</td><td>1</td><td colspan="3">面层板材应符合要求</td><td colspan="10">合格</td><td colspan="10">合格</td></tr>
<tr><td rowspan="4">2</td><td rowspan="4">允许偏差</td><td>表面平整度</td><td>1mm</td><td>0.5</td><td>0.7</td><td>0.8</td><td>0.6</td><td>0.4</td><td>0.3</td><td>0.2</td><td>0.4</td><td></td><td></td><td>0.6</td><td>0.7</td><td>0.8</td><td>0.5</td><td>0.6</td><td>0.7</td><td>0.4</td><td>0.3</td><td>0.4</td><td></td></tr>
<tr><td>缝格平直</td><td>2mm</td><td>1.5</td><td>1.6</td><td>1.7</td><td>1.4</td><td>0.8</td><td>1.5</td><td>1.6</td><td>1.7</td><td>0.6</td><td>0.8</td><td>1.7</td><td>1.6</td><td>1.8</td><td>1.6</td><td>1.5</td><td>0.8</td><td>1.4</td><td>1.3</td><td>1.2</td><td>1.6</td></tr>
<tr><td>接缝高低差</td><td>0.5mm</td><td>0.1</td><td>0.3</td><td>0.4</td><td>0.2</td><td>0.3</td><td>0.2</td><td>0.1</td><td>0.3</td><td>0.2</td><td></td><td>0.2</td><td>0.3</td><td>0.4</td><td>0.2</td><td>0.2</td><td>0.4</td><td>0.4</td><td>0.3</td><td>0.2</td><td></td></tr>
<tr><td>板块间隙</td><td>1mm</td><td>0.7</td><td>0.8</td><td>0.5</td><td>0.7</td><td>0.8</td><td>0.6</td><td>0.5</td><td>0.4</td><td>0.3</td><td>0.6</td><td>0.1</td><td>0.2</td><td>0.3</td><td>0.8</td><td>0.7</td><td>0.6</td><td>0.4</td><td>0.3</td><td>0.2</td><td>0.6</td></tr>
<tr><td colspan="5" rowspan="2">施工单位检查
评定结果</td><td colspan="4">专业工长
（施工员）</td><td colspan="7">×××</td><td colspan="4">施工班组长</td><td colspan="5">×××</td></tr>
<tr><td colspan="20">主控项目全部合格，一般项目满足规范规定要求。

项目专业质量检查员：×××　　　　　　××年×月×日</td></tr>
<tr><td colspan="5">监理(建设)
单位验收结论</td><td colspan="20">同意验收。

专业监理工程师：×××
（建设单位项目专业负责人）　　　　　　××年×月×日</td></tr>
</table>

8. 水泥花砖面层检验批质量验收记录

水泥花砖面层检验批质量验收记录

编号：×××

<table>
<tr><td colspan="5">工程名称</td><td colspan="20">××园林绿化工程</td></tr>
<tr><td colspan="5">分部工程名称</td><td colspan="8">水泥花砖面层</td><td colspan="4">验收部位</td><td colspan="8">×××</td></tr>
<tr><td colspan="5">施工单位</td><td colspan="8">××园林园艺公司</td><td colspan="4">项目经理</td><td colspan="8">×××</td></tr>
<tr><td colspan="7">施工执行标准名称及编号</td><td colspan="18">《城市绿化工程施工及验收规范》(CJJ/T 82—99)
《城市园林绿化工程施工及验收规范》(DB11/T 212—2003)</td></tr>
<tr><td colspan="5">分包单位</td><td colspan="8"></td><td colspan="6">分包项目经理</td><td colspan="6"></td></tr>
<tr><td colspan="5">质量验收规范的规定</td><td colspan="10">施工单位自检记录</td><td colspan="10">监理(建设)单位验收记录</td></tr>
<tr><td rowspan="2">主控项目</td><td>1</td><td colspan="3">面层所用板块的品种、质量、规格必须符合设计要求</td><td colspan="10">合格</td><td colspan="10">合格</td></tr>
<tr><td>2</td><td colspan="3">面层与基层的结合必须牢固</td><td colspan="10">合格</td><td colspan="10">合格</td></tr>
<tr><td rowspan="5">一般项目</td><td>1</td><td colspan="3">水泥花砖面层应符合要求</td><td colspan="10">合格</td><td colspan="10">合格</td></tr>
<tr><td rowspan="4">2</td><td rowspan="4">允许偏差</td><td>表面平整度</td><td>3mm</td><td>2</td><td>1</td><td>2</td><td>0</td><td>1</td><td>2</td><td>1</td><td>2</td><td>1</td><td></td><td>1</td><td>1</td><td>2</td><td>2</td><td>2</td><td>2</td><td>0</td><td>1</td><td>2</td><td>0</td></tr>
<tr><td>缝格平直</td><td>3mm</td><td>2</td><td>1</td><td>2</td><td>2</td><td>2</td><td>2</td><td>1</td><td>2</td><td></td><td></td><td>2</td><td>1</td><td>2</td><td>2</td><td>2</td><td>0</td><td>1</td><td>1</td><td>1</td><td></td></tr>
<tr><td>接缝高低差</td><td>0.5mm</td><td>0.2</td><td>0.3</td><td>0.1</td><td>0.3</td><td>0.4</td><td>0.2</td><td>0.3</td><td>0.2</td><td>0.4</td><td>0.3</td><td>0.3</td><td>0.2</td><td>0.2</td><td>0.4</td><td>0.3</td><td>0.2</td><td>0.4</td><td>0.3</td><td>0.4</td><td>0.3</td></tr>
<tr><td>板块间隙</td><td>2mm</td><td>1.0</td><td>1.2</td><td>1.5</td><td>1.6</td><td>0.8</td><td>1.7</td><td>0.8</td><td>0.7</td><td>1.3</td><td>1.5</td><td>1.0</td><td>1.1</td><td>1.5</td><td>1.6</td><td>1.7</td><td>1.8</td><td>1.7</td><td>1.5</td><td>1.4</td><td></td></tr>
<tr><td colspan="5" rowspan="2">施工单位检查
评定结果</td><td colspan="4">专业工长
(施工员)</td><td colspan="6">×××</td><td colspan="4">施工班组长</td><td colspan="6">×××</td></tr>
<tr><td colspan="20">主控项目全部合格，一般项目满足规范规定要求。

项目专业质量检查员：××× ××年×月×日</td></tr>
<tr><td colspan="5">监理(建设)
单位验收结论</td><td colspan="20">同意验收。

专业监理工程师：×××
(建设单位项目专业负责人) ××年×月×日</td></tr>
</table>

9. 混凝土板块面层检验批质量验收记录

混凝土板块面层检验批质量验收记录

编号：×××

<table>
<tr><td colspan="5">工程名称</td><td colspan="20">××园林绿化工程</td></tr>
<tr><td colspan="5">分部工程名称</td><td colspan="8">混凝土板块面层</td><td colspan="4">验收部位</td><td colspan="8">×××</td></tr>
<tr><td colspan="5">施工单位</td><td colspan="8">××园林园艺公司</td><td colspan="4">项目经理</td><td colspan="8">×××</td></tr>
<tr><td colspan="5">施工执行标准名称及编号</td><td colspan="20">《城市绿化工程施工及验收规范》(CJJ/T 82—99)
《城市园林绿化工程施工及验收规范》(DB11/T 212—2003)</td></tr>
<tr><td colspan="5">分包单位</td><td colspan="8"></td><td colspan="4">分包项目经理</td><td colspan="8"></td></tr>
<tr><td colspan="5">质量验收规范的规定</td><td colspan="10">施工单位自检记录</td><td colspan="10">监理（建设）单位验收记录</td></tr>
<tr><td rowspan="2">主控项目</td><td>1</td><td colspan="3">面层所用板块的品种、质量、规格必须符合设计要求</td><td colspan="10">合格</td><td colspan="10">合格</td></tr>
<tr><td>2</td><td colspan="3">面层与基层的结合必须牢固</td><td colspan="10">合格</td><td colspan="10">合格</td></tr>
<tr><td rowspan="5">一般项目</td><td>1</td><td colspan="3">混凝土板块应符合要求</td><td colspan="10">合格</td><td colspan="10">合格</td></tr>
<tr><td rowspan="4">2</td><td rowspan="4">允许偏差</td><td>表面平整度</td><td>4mm</td><td>4</td><td>3</td><td>2</td><td>4</td><td>3</td><td>3</td><td>2</td><td>4</td><td>3</td><td></td><td>3</td><td>2</td><td>3</td><td>2</td><td>3</td><td>2</td><td>4</td><td>3</td><td>2</td><td>3</td></tr>
<tr><td>缝格平直</td><td>3mm</td><td>2</td><td>2</td><td>2</td><td>0</td><td>1</td><td>1</td><td>2</td><td>0</td><td>1</td><td>2</td><td>2</td><td>2</td><td>1</td><td>2</td><td>2</td><td>1</td><td>2</td><td>2</td><td>1</td><td></td></tr>
<tr><td>接缝高低差</td><td>1.5mm</td><td>0.8</td><td>1.0</td><td>1.2</td><td>1.3</td><td>1.4</td><td>1.2</td><td>1.2</td><td>1.1</td><td>0.8</td><td></td><td>0.7</td><td>1.1</td><td>1.4</td><td>1.2</td><td>1.3</td><td>1.4</td><td>1.2</td><td>1.0</td><td>0.8</td><td>0.9</td></tr>
<tr><td>板块间隙</td><td>6mm</td><td>4</td><td>5</td><td>4</td><td>3</td><td>4</td><td>3</td><td>4</td><td>4</td><td>2</td><td>3</td><td>4</td><td>3</td><td>2</td><td>4</td><td>3</td><td>3</td><td>2</td><td>5</td><td>4</td><td>4</td></tr>
<tr><td colspan="5" rowspan="2">施工单位检查
评定结果</td><td colspan="4">专业工长
（施工员）</td><td colspan="7">×××</td><td colspan="4">施工班组长</td><td colspan="5">×××</td></tr>
<tr><td colspan="20">主控项目全部合格，一般项目满足规范规定要求。

项目专业质量检查员：××× ××年×月×日</td></tr>
<tr><td colspan="5">监理（建设）
单位验收结论</td><td colspan="20">同意验收。

专业监理工程师：×××
（建设单位项目专业负责人） ××年×月×日</td></tr>
</table>

10. 运动型草坪工程检验批质量验收记录

运动型草坪工程检验批质量验收记录

编号：×××

工程名称	××园林绿化工程		
分部工程名称	运动型草坪工程	验收部位	×××
施工单位	××园林园艺公司	项目经理	×××
施工执行标准名称及编号	《城市绿化工程施工及验收规范》(CJJ/T 82—99) 《城市园林绿化工程施工及验收规范》(DB11/T 212—2003)		
分包单位		分包项目经理	

<table>
<tr><td colspan="6">质量验收规范的规定</td><td colspan="10">施工单位自检记录</td><td colspan="10">监理(建设)单位验收记录</td></tr>
<tr><td rowspan="3">主控项目</td><td>1</td><td colspan="4">草坪地下排水系统必须符合设计要求</td><td colspan="10">合格</td><td colspan="10">合格</td></tr>
<tr><td>2</td><td colspan="4">坪床栽植土层必须符合草坪生长要求</td><td colspan="10">合格</td><td colspan="10">合格</td></tr>
<tr><td>3</td><td colspan="4">草坪必须符合设计要求</td><td colspan="10">合格</td><td colspan="10">合格</td></tr>
<tr><td rowspan="4">一般项目</td><td>1</td><td colspan="4">坪床平整度、软硬度、排水坡度</td><td colspan="10">合格</td><td colspan="10">合格</td></tr>
<tr><td>2</td><td colspan="4">草坪草栽播、生长</td><td colspan="10">合格</td><td colspan="10">合格</td></tr>
<tr><td rowspan="2">3</td><td rowspan="2">允许偏差</td><td>栽植土层(或介质层)深度</td><td>40cm 或按设计要求</td><td>－0cm</td><td>40</td><td>40</td><td>40</td><td>30</td><td>20</td><td>30</td><td>40</td><td>50</td><td>30</td><td>20</td><td>40</td><td>40</td><td>40</td><td>30</td><td>30</td><td>20</td><td>10</td><td>40</td><td>30</td><td></td></tr>
<tr><td>草坪草修剪高度</td><td>4cm</td><td>±1cm</td><td>+0.8</td><td>+0.7</td><td>−0.6</td><td>−0.7</td><td>+0.8</td><td>−0.7</td><td>−0.8</td><td>+0.9</td><td>+0.6</td><td></td><td>+0.8</td><td>−0.6</td><td>−0.7</td><td>+0.8</td><td>+0.6</td><td>+0.7</td><td>+0.6</td><td>+0.7</td><td></td><td></td></tr>
<tr><td colspan="6" rowspan="2">施工单位检查评定结果</td><td colspan="5">专业工长(施工员)</td><td colspan="5">×××</td><td colspan="5">施工班组长</td><td colspan="5">×××</td></tr>
<tr><td colspan="20">主控项目全部合格，一般项目满足规范规定要求。

项目专业质量检查员：×××　　　　××年×月×日</td></tr>
<tr><td colspan="6">监理(建设)单位验收结论</td><td colspan="20">同意验收。

专业监理工程师：×××
(建设单位项目专业负责人)　　　　××年×月×日</td></tr>
</table>

11. 栽植土基层处理检验批质量验收记录

栽植土基层处理检验批质量验收记录

编号：×××

<table>
<tr><td colspan="3">工程名称</td><td colspan="4">××园林绿化工程</td></tr>
<tr><td colspan="3">分部工程名称</td><td>栽植土基层处理</td><td>验收部位</td><td colspan="2">×××</td></tr>
<tr><td colspan="3">施工单位</td><td>××园林园艺公司</td><td>项目经理</td><td colspan="2">×××</td></tr>
<tr><td colspan="3">施工执行标准名称及编号</td><td colspan="4">《城市绿化工程施工及验收规范》(CJJ/T 82—99)
《城市园林绿化工程施工及验收规范》(DB11/T 212—2003)</td></tr>
<tr><td colspan="3">分包单位</td><td></td><td>分包项目经理</td><td colspan="2"></td></tr>
<tr><td colspan="3">质量验收规范的规定</td><td>施工单位自检记录</td><td colspan="3">监理(建设)单位验收记录</td></tr>
<tr><td rowspan="4">主控项目</td><td>1</td><td>栽植土下基层不能有透水层或积水现象</td><td>无</td><td colspan="3">无</td></tr>
<tr><td>2</td><td>地下水位深度符合植物生长要求</td><td>合格</td><td colspan="3">合格</td></tr>
<tr><td>3</td><td>基土理化性质不影响植物生长</td><td>无</td><td colspan="3">无</td></tr>
<tr><td>4</td><td></td><td></td><td colspan="3"></td></tr>
<tr><td rowspan="3">一般项目</td><td>1</td><td>清除建筑垃圾、杂草、树根</td><td>无</td><td colspan="3">无</td></tr>
<tr><td>2</td><td>表面基本平整</td><td>合格</td><td colspan="3">合格</td></tr>
<tr><td>3</td><td>地形标高符合设计要求</td><td>合格</td><td colspan="3">合格</td></tr>
<tr><td colspan="3" rowspan="2">施工单位检查
评定结果</td><td>专业工长
(施工员)</td><td>×××</td><td>施工班组长</td><td>×××</td></tr>
<tr><td colspan="4">主控项目全部合格，一般项目满足规范规定要求。

项目专业质量检查员：××× ××年×月×日</td></tr>
<tr><td colspan="3">监理(建设)
单位验收结论</td><td colspan="4">同意验收。

专业监理工程师：×××
(建设单位项目专业负责人) ××年×月×日</td></tr>
</table>

12. 栽植土进场检验批质量验收记录

栽植土进场检验批质量验收记录

编号：×××

<table>
<tr><td colspan="4">工程名称</td><td colspan="21">××园林绿化工程</td></tr>
<tr><td colspan="4">分部工程名称</td><td colspan="7">栽植土进场</td><td colspan="4">验收部位</td><td colspan="10">×××</td></tr>
<tr><td colspan="4">施工单位</td><td colspan="7">××园林园艺公司</td><td colspan="4">项目经理</td><td colspan="10">×××</td></tr>
<tr><td colspan="5">施工执行标准名称及编号</td><td colspan="20">《城市绿化工程施工及验收规范》(CJJ/T 82—99)
《城市园林绿化工程施工及验收规范》(DB11/T 212—2003)</td></tr>
<tr><td colspan="4">分包单位</td><td colspan="7"></td><td colspan="6">分包项目经理</td><td colspan="8"></td></tr>
<tr><td colspan="5">质量验收规范的规定</td><td colspan="10">施工单位自检记录</td><td colspan="10">监理(建设)单位验收记录</td></tr>
<tr><td rowspan="2">主控项目</td><td>1</td><td colspan="3">栽植土壤主要理化性质(pH值，有机质含量，总孔隙度)符合设计及规定要求</td><td colspan="10">合格</td><td colspan="10">合格</td></tr>
<tr><td>2</td><td colspan="3"></td><td colspan="10"></td><td colspan="10"></td></tr>
<tr><td rowspan="10">一般项目</td><td>1</td><td colspan="2">土壤土色及紧实度</td><td>表面无白色盐霜，土壤疏松平板结</td><td colspan="10">合格</td><td colspan="10">合格</td></tr>
<tr><td rowspan="3">2</td><td rowspan="3">土壤中石砾，瓦砾等杂物含量</td><td>树木栽植土</td><td><10%</td><td>8</td><td>7</td><td>9</td><td>6</td><td>7</td><td>6</td><td>7</td><td>8</td><td>9</td><td></td><td>9</td><td>6</td><td>8</td><td>7</td><td>6</td><td>7</td><td>6</td><td>4</td><td>5</td><td>7</td></tr>
<tr><td>草坪栽植土</td><td><5%</td><td></td><td></td><td></td><td></td><td></td><td></td><td></td><td></td><td></td><td></td><td></td><td></td><td></td><td></td><td></td><td></td><td></td><td></td><td></td><td></td></tr>
<tr><td>花坛栽植土</td><td>基本无杂草</td><td colspan="10">无</td><td colspan="10">无</td></tr>
<tr><td>3</td><td colspan="2">栽植土土壤含石砾、瓦砾等杂物粒径大小</td><td><5cm</td><td>3</td><td>4</td><td>3</td><td>3</td><td>2</td><td>4</td><td>3</td><td>2</td><td>3</td><td></td><td>3</td><td>3</td><td>3</td><td>2</td><td>4</td><td>2</td><td>3</td><td>2</td><td>3</td><td>2</td></tr>
<tr><td rowspan="4">4</td><td rowspan="4">栽植土块径</td><td>大、中乔木</td><td>≤8cm</td><td>5</td><td>7</td><td>7</td><td>6</td><td>7</td><td>6</td><td>5</td><td>6</td><td>4</td><td>3</td><td>5</td><td>6</td><td>7</td><td>6</td><td>4</td><td>5</td><td>4</td><td>3</td><td>2</td><td></td></tr>
<tr><td>小乔木和大中灌木</td><td>≤6cm</td><td>2</td><td>2</td><td>3</td><td>3</td><td>4</td><td>3</td><td>2</td><td>4</td><td>2</td><td></td><td>2</td><td>3</td><td>2</td><td>4</td><td>5</td><td>3</td><td>2</td><td>4</td><td>2</td><td>4</td></tr>
<tr><td>草坪、花坛、地被</td><td>≤4cm</td><td></td><td></td><td></td><td></td><td></td><td></td><td></td><td></td><td></td><td></td><td></td><td></td><td></td><td></td><td></td><td></td><td></td><td></td><td></td><td></td></tr>
<tr><td></td><td></td><td></td><td></td><td></td><td></td><td></td><td></td><td></td><td></td><td></td><td></td><td></td><td></td><td></td><td></td><td></td><td></td><td></td><td></td><td></td><td></td></tr>
<tr><td>5</td><td colspan="3"></td><td colspan="10"></td><td colspan="10"></td></tr>
<tr><td colspan="5" rowspan="2">施工单位检查
评定结果</td><td colspan="4">专业工长
(施工员)</td><td colspan="6">×××</td><td colspan="4">施工班组长</td><td colspan="6">×××</td></tr>
<tr><td colspan="20">主控项目全部合格，一般项目满足规范规定要求。

项目专业质量检查员：×××　　　　××年×月×日</td></tr>
<tr><td colspan="5">监理(建设)
单位验收结论</td><td colspan="20">同意验收。

专业监理工程师：×××
(建设单位项目专业负责人)　　　　××年×月×日</td></tr>
</table>

13. 栽植土地形整理检验批质量验收记录

栽植土地形整理检验批质量验收记录

编号：×××

工程名称	××园林绿化工程		
分部工程名称	**栽植土地整理**	验收部位	×××
施工单位	**××园林园艺公司**	项目经理	×××
施工执行标准名称及编号	**《城市绿化工程施工及验收规范》(CJJ/T 82—99)** **《城市园林绿化工程施工及验收规范》(DB11/T 212—2003)**		
分包单位		分包项目经理	

质量验收规范的规定				施工单位自检记录										监理(建设)单位验收记录									
主控项目	1	栽植土地形的整体造型符合设计要求		**合格**										**合格**									
主控项目	2																						
一般项目	1	地表基本平整、无明显的低洼和积水处		无										无									
一般项目	2	地形排水坡度	≥3‰或设计要求	**4**	**5**	**4**	**3**	**4**	**3**	**5**	**4**	**3**		**4**	**5**	**4**	**3**	**4**	**3**	**4**	**5**	**3**	**3**
一般项目	3	栽植土与道路(挡土墙或挡土侧石)接壤处处理	栽植土应略低3～5cm，与边口线基本平直	**4**	**3**	**4**	**3**	**4**	**3**	**3**	**3**	**4**		**3**	**4**	**3**	**4**	**4**	**3**	**4**	**3**	**4**	
一般项目	4	有效土层厚度 大中乔木 深根性	≥120cm或设计要求	**120**	**125**	**130**	**125**	**125**	**130**	**140**	**130**			**130**	**135**	**130**	**125**	**130**	**135**	**120**	**130**	**125**	**120**
一般项目		有效土层厚度 大中乔木 浅根性	≥90cm或设计要求																				
一般项目		有效土层厚度 小乔木和大中灌木	≥60cm或设计要求																				
一般项目		有效土层厚度 小灌木、宿根花卉	≥40cm或设计要求																				
一般项目		有效土层厚度 地被、草坪及一、二年生草花	≥30cm或设计要求																				
一般项目	5	地形相对标高 全高 ＜100cm	±5cm	**−3**	**+3**	**+4**	**−2**	**+2**	**+4**	**+3**	**−2**	**−3**		**+4**	**+3**	**+4**	**−2**	**+3**	**−2**	**+4**	**−2**	**+3**	
一般项目		地形相对标高 全高 101～200cm	±10cm																				
一般项目		地形相对标高 全高 201～300cm	±20cm																				
一般项目		地形相对标高 全高 301～500cm	±30cm																				

施工单位检查评定结果	专业工长(施工员)	×××	施工班组长	×××
	主控项目全部合格，一般项目满足规范规定要求。 项目专业质量检查员：×××　　　　××年×月×日			
监理(建设)单位验收结论	**同意验收。** 专业监理工程师：××× (建设单位项目专业负责人)　　　　××年×月×日			

14. 植物材料工程检验批质量验收记录

植物材料工程检验批质量验收记录(一)

编号：×××

工程名称	××园林绿化工程		
分部工程名称	植物材料工程	验收部位	×××
施工单位	××园林园艺公司	项目经理	×××
施工执行标准名称及编号	《城市绿化工程施工及验收规范》(CJJ/T 82—99) 《城市园林绿化工程施工及验收规范》(DB11/T 212—2003)		
分包单位		分包项目经理	

质量验收规范的规定			施工单位自检记录	监理(建设)单位验收记录
主控项目	1	栽植材料的种类、规格必须符合设计要求	合格	合格
主控项目	2	严禁带有严重的病、虫、草害	无	无
一般项目	1 树木	姿态各生长势	良好	良好
一般项目	1 树木	病虫害	无	无
一般项目	1 树木	土球和裸树根系	良好	良好

一般项目 2 允许偏差 mm：

项目			允许偏差	自检1	自检2	自检3	自检4	自检5	自检6	自检7	自检8	自检9	自检10	验收1	验收2	验收3	验收4	验收5	验收6	验收7	验收8	验收9	验收10
胸径		<5cm	−0.5																				
胸径		5～10cm	−1																				
胸径		11～15cm	−2																				
胸径		15～20cm(落叶)	−2	−1	−2	−1	−1	−1	0	0	−1	2		−1	0	1	−1	2	−1	0	2	2	
高度	针叶类	<3m	+50 −30																				
高度	针叶类	>3m	−30																				
高度	阔叶类	1.5～2.5m	+50 −30	+40	−20	−10	+30	+20	+40	+30	−20	+40		−20	−20	−10	+40	+30	−20	+10	+40	−20	+40
高度	阔叶类	2.6～4.5m	+50 −40																				
高度	阔叶类	>4.6m	−10%																				
冠幅		<1m	−10																				
冠幅		1.0～2.0m	−20																				
冠幅		2.1～3.0m	−30	−20	−25	−15	−10	0	10	−10	20	−10		0	−10	−20	−15	0	0	+10	−15	−20	
冠幅		>3m	−40																				

施工单位检查评定结果	专业工长(施工员)	×××	施工班组长	×××
	主控项目全部合格，一般项目满足规范规定要求。 项目专业质量检查员：×××　　××年×月×日			
监理(建设)单位验收结论	同意验收。 专业监理工程师：××× (建设单位项目专业负责人)　　××年×月×日			

植物材料工程检验批质量验收记录(二)

编号：×××

工程名称	××园林绿化工程		
分部工程名称	植物材料工程	验收部位	×××
施工单位	××园林园艺公司	项目经理	×××
施工执行标准名称及编号	《城市绿化工程施工及验收规范》(CJJ/T 82—99) 《城市园林绿化工程施工及验收规范》(DB11/T 212—2003)		
分包单位		分包项目经理	

		质量验收规范的规定	施工单位自检记录	监理(建设)单位验收记录
主控项目	1	植物材料的种类、规格必须符合设计要求	**合格**	**合格**
主控项目	2	严禁带有严重的病、虫、草害	**无**	**无**
一般项目	1	草块和草根茎	**良好**	**良好**
一般项目	2	花苗、地被	**良好**	**良好**

一般项目 3 允许偏差 mm：

类别	项目	规格	允许偏差	施工1	施工2	施工3	施工4	施工5	施工6	施工7	施工8	施工9	施工10	监理1	监理2	监理3	监理4	监理5	监理6	监理7	监理8	监理9	监理10
灌木	高度	<100cm	+20 −5																				
灌木	高度	100～150cm	+30 −10	**+20**	**−5**	**+15**	**+10**	**−8**	**+15**	**−9**	**+20**	**−8**		**−8**	**−7**	**−8**	**+10**	**−8**	**+10**	**+15**	**−6**	**−8**	**+10**
灌木	高度	>150cm	+30 −20																				
灌木	冠幅	<100cm	−10																				
灌木	冠幅	100～150cm	−15	**−10**	**0**	**2**	**4**	**10**	**−6**	**15**	**14**	**−2**		**10**	**8**	**6**	**4**	**0**	**−2**	**−3**	**0**	**4**	**10**
灌木	冠幅	>150cm	−20																				
球类	冠幅	<50cm	−10																				
球类	冠幅	50～100cm	−20																				
球类	冠幅	101～200cm	−30																				
球类	冠幅	>200cm	−40																				
球类	高度	<50cm	0																				
球类	高度	50～100cm	−5																				
球类	高度	101～200cm	−15																				
球类	高度	>200cm	−20																				

施工单位检查评定结果	专业工长(施工员)：××× 施工班组长：××× **主控项目全部合格，一般项目满足规范规定要求。** 项目专业质量检查员：××× ××年×月×日
监理(建设)单位验收结论	**同意验收。** 专业监理工程师：××× (建设单位项目专业负责人) ××年×月×日

15. 园林植物运输和假植工程检验批质量验收记录

园林植物运输和假植工程检验批质量验收记录

编号：×××

<table>
<tr><td colspan="3">工程名称</td><td colspan="4">××园林绿化工程</td></tr>
<tr><td colspan="3">分部工程名称</td><td colspan="2">园林植物运输和假植工程</td><td>验收部位</td><td>×××</td></tr>
<tr><td colspan="3">施工单位</td><td colspan="2">××园林园艺公司</td><td>项目经理</td><td>×××</td></tr>
<tr><td colspan="3">施工执行标准名称及编号</td><td colspan="4">《城市绿化工程施工及验收规范》(CJJ/T 82—99)
《城市园林绿化工程施工及验收规范》(DB11/T 212—2003)</td></tr>
<tr><td colspan="3">分包单位</td><td colspan="2"></td><td>分包项目经理</td><td></td></tr>
<tr><td colspan="3">施工质量验收规范的规定</td><td colspan="3">施工单位检查评定记录</td><td>监理(建设)单位验收记录</td></tr>
<tr><td rowspan="3">主控项目</td><td>1</td><td>保护根系和土球</td><td>Ⅰ:CJJ/T 82—99
Ⅱ第8.2～8.5、8.7条</td><td colspan="2">✓</td><td rowspan="3">合格</td></tr>
<tr><td>2</td><td>珍贵树种</td><td>Ⅱ第8.9条</td><td colspan="2">✓</td></tr>
<tr><td></td><td></td><td></td><td colspan="2"></td></tr>
<tr><td rowspan="3">一般项目</td><td>1</td><td>装运</td><td>Ⅰ第8.3、8.5、8.6、8.10条</td><td colspan="2">✓</td><td rowspan="3">合格</td></tr>
<tr><td>2</td><td>假植质量</td><td>Ⅱ第8.6～8.8条</td><td colspan="2">✓</td></tr>
<tr><td></td><td></td><td></td><td colspan="2"></td></tr>
<tr><td colspan="3" rowspan="2">施工单位检查评定结果</td><td>专业工长（施工员）</td><td>×××</td><td>施工班组长</td><td>×××</td></tr>
<tr><td colspan="4">主控项目全部合格，一般项目满足规范规定要求。

项目专业质量检查员：×××　　××年×月×日</td></tr>
<tr><td colspan="3">监理(建设)单位验收结论</td><td colspan="4">同意验收。

专业监理工程师：×××
(建设单位项目专业负责人)　　××年×月×日</td></tr>
</table>

注：本表引自北京市地方标准《园林绿化工程监理规程》(DB11/T 245—2004)。

16. 苗木种植穴、槽检验批质量验收记录

苗木种植穴、槽检验批质量验收记录

编号：×××

<table>
<tr><td colspan="3">工程名称</td><td colspan="4">××园林绿化工程</td></tr>
<tr><td colspan="3">分部工程名称</td><td colspan="2">苗木种植穴、槽工程</td><td>验收部位</td><td>×××</td></tr>
<tr><td colspan="3">施工单位</td><td colspan="2">××园林园艺公司</td><td>项目经理</td><td>×××</td></tr>
<tr><td colspan="4">施工执行标准名称及编号</td><td colspan="3">《城市绿化工程施工及验收规范》(CJJ/T 82—99)
《城市园林绿化工程施工及验收规范》(DB11/T 212—2003)</td></tr>
<tr><td colspan="3">分包单位</td><td colspan="2"></td><td>分包项目经理</td><td></td></tr>
<tr><td colspan="3">施工质量验收规范的规定</td><td colspan="3">施工单位检查评定记录</td><td>监理(建设)单位验收记录</td></tr>
<tr><td rowspan="4">主控项目</td><td>1</td><td>穴、槽的位置</td><td>Ⅱ第7.2.1条</td><td colspan="2">✓</td><td rowspan="4">合格</td></tr>
<tr><td>2</td><td>穴、槽规格</td><td>Ⅱ第7.3条</td><td colspan="2">✓</td></tr>
<tr><td>3</td><td>树坑内客土</td><td>Ⅱ第6.1条</td><td colspan="2">✓</td></tr>
<tr><td></td><td></td><td></td><td colspan="2"></td></tr>
<tr><td rowspan="4">一般项目</td><td>1</td><td>标明树种</td><td>Ⅱ第7.2.3条</td><td colspan="2">✓</td><td rowspan="4">合格</td></tr>
<tr><td>2</td><td>好土、弃土置放分明</td><td>Ⅱ第7.4条</td><td colspan="2">✓</td></tr>
<tr><td>3</td><td></td><td></td><td colspan="2"></td></tr>
<tr><td></td><td></td><td></td><td colspan="2"></td></tr>
<tr><td colspan="3" rowspan="2">施工单位检查评定结果</td><td>专业工长(施工员)</td><td>×××</td><td>施工班组长</td><td>×××</td></tr>
<tr><td colspan="4">主控项目全部合格，一般项目满足规范规定要求。

项目专业质量检查员：××× ××年×月×日</td></tr>
<tr><td colspan="3">监理(建设)单位验收结论</td><td colspan="4">同意验收。

专业监理工程师：×××
(建设单位项目专业负责人) ××年×月×日</td></tr>
</table>

注：本表引自北京市地方标准《园林绿化工程监理规程》(DB11/T 245—2004)。

17. 树木栽植工程检验批质量验收记录

树木栽植工程检验批质量验收记录

编号：×××

<table>
<tr><td colspan="3">工程名称</td><td colspan="20">××园林绿化工程</td></tr>
<tr><td colspan="3">分部工程名称</td><td colspan="7">树木栽植工程</td><td colspan="5">验收部位</td><td colspan="8">×××</td></tr>
<tr><td colspan="3">施工单位</td><td colspan="7">××园林园艺公司</td><td colspan="5">项目经理</td><td colspan="8">×××</td></tr>
<tr><td colspan="5">施工执行标准名称及编号</td><td colspan="18">《城市绿化工程施工及验收规范》(CJJ/T 82—99)
《城市园林绿化工程施工及验收规范》(DB11/T 212—2003)</td></tr>
<tr><td colspan="3">分包单位</td><td colspan="7"></td><td colspan="6">分包项目经理</td><td colspan="7"></td></tr>
<tr><td colspan="3">质量验收规范的规定</td><td colspan="10">施工单位自检记录</td><td colspan="10">监理(建设)单位验收记录</td></tr>
<tr><td rowspan="7">一般项目</td><td>1</td><td>放样定位</td><td>✓</td><td>✓</td><td>○</td><td>✓</td><td>✓</td><td>✓</td><td>✓</td><td>○</td><td>✓</td><td></td><td>✓</td><td>✓</td><td>○</td><td>✓</td><td>✓</td><td>○</td><td>○</td><td>✓</td><td>✓</td><td></td></tr>
<tr><td>2</td><td>树穴</td><td>✓</td><td>✓</td><td>✓</td><td>○</td><td>✓</td><td>✓</td><td>✓</td><td>✓</td><td>○</td><td>✓</td><td>○</td><td>✓</td><td>✓</td><td>○</td><td>✓</td><td>✓</td><td>○</td><td>✓</td><td></td><td></td></tr>
<tr><td>3</td><td>定向及排列</td><td>✓</td><td>✓</td><td>○</td><td>✓</td><td>✓</td><td>✓</td><td>○</td><td>✓</td><td>✓</td><td></td><td>✓</td><td>✓</td><td>○</td><td>✓</td><td>✓</td><td>✓</td><td>✓</td><td>✓</td><td>✓</td><td>○</td></tr>
<tr><td>4</td><td>栽植深度</td><td>✓</td><td>✓</td><td>○</td><td>✓</td><td>✓</td><td>○</td><td>✓</td><td>✓</td><td>✓</td><td></td><td>○</td><td>✓</td><td>✓</td><td>✓</td><td>✓</td><td>○</td><td>✓</td><td>✓</td><td>✓</td><td>○</td></tr>
<tr><td>5</td><td>土球包装物、培土、浇水</td><td>✓</td><td>○</td><td>✓</td><td>✓</td><td>✓</td><td>✓</td><td>○</td><td>✓</td><td>○</td><td>✓</td><td>✓</td><td>○</td><td>✓</td><td>✓</td><td>✓</td><td>✓</td><td>✓</td><td>○</td><td>✓</td><td></td></tr>
<tr><td>6</td><td>垂直度、支撑和卷干</td><td>✓</td><td>✓</td><td>✓</td><td>✓</td><td>○</td><td>✓</td><td>○</td><td>✓</td><td></td><td></td><td>✓</td><td>✓</td><td>✓</td><td>○</td><td>✓</td><td>✓</td><td>○</td><td>○</td><td>✓</td><td>✓</td></tr>
<tr><td>7</td><td>修剪(剥芽)</td><td>✓</td><td>○</td><td>✓</td><td>✓</td><td>✓</td><td>✓</td><td>✓</td><td>✓</td><td>○</td><td>✓</td><td>✓</td><td>✓</td><td>✓</td><td>✓</td><td>○</td><td>○</td><td>✓</td><td></td><td></td><td></td></tr>
<tr><td colspan="3" rowspan="2">施工单位检查
评定结果</td><td colspan="4">专业工长
(施工员)</td><td colspan="7">×××</td><td colspan="4">施工班组长</td><td colspan="5">×××</td></tr>
<tr><td colspan="20">主控项目全部合格，一般项目满足规范规定要求。

项目专业质量检查员：×××　　　　××年×月×日</td></tr>
<tr><td colspan="3">监理(建设)
单位验收结论</td><td colspan="20">同意验收。

专业监理工程师：×××
(建设单位项目专业负责人)　　　　××年×月×日</td></tr>
</table>

18. 草坪、花坛地被栽植工程检验批质量验收记录

草坪、花坛地被栽植工程检验批质量验收记录

编号：×××

<table>
<tr><td colspan="4">工程名称</td><td colspan="20">××园林绿化工程</td></tr>
<tr><td colspan="4">分部工程名称</td><td colspan="8">草坪、花坛地被栽植工程</td><td colspan="4">验收部位</td><td colspan="8">×××</td></tr>
<tr><td colspan="4">施工单位</td><td colspan="8">××园林园艺公司</td><td colspan="4">项目经理</td><td colspan="8">×××</td></tr>
<tr><td colspan="8">施工执行标准名称及编号</td><td colspan="16">《城市绿化工程施工及验收规范》(CJJ/T 82—99)
《城市园林绿化工程施工及验收规范》(DB11/T 212—2003)</td></tr>
<tr><td colspan="4">分包单位</td><td colspan="8"></td><td colspan="4">分包项目经理</td><td colspan="8"></td></tr>
<tr><td colspan="4">质量验收规范的规定</td><td colspan="10">施工单位自检记录</td><td colspan="10">监理(建设)单位验收记录</td></tr>
<tr><td rowspan="6">一般项目</td><td>1</td><td colspan="2">栽植放样</td><td>✓</td><td>✓</td><td>✓</td><td>✓</td><td>○</td><td>✓</td><td>✓</td><td>○</td><td>✓</td><td></td><td>○</td><td>✓</td><td>✓</td><td>✓</td><td>✓</td><td>○</td><td>✓</td><td>✓</td><td>○</td><td></td></tr>
<tr><td rowspan="3">2</td><td rowspan="3">草坪</td><td>籽播或植生带</td><td>✓</td><td>✓</td><td>✓</td><td>✓</td><td>○</td><td>✓</td><td>✓</td><td>✓</td><td>○</td><td>○</td><td>✓</td><td>✓</td><td>○</td><td>✓</td><td>✓</td><td>✓</td><td>○</td><td>✓</td><td>✓</td><td>✓</td></tr>
<tr><td>草块移植</td><td>✓</td><td>✓</td><td>✓</td><td>○</td><td>✓</td><td>○</td><td>○</td><td>✓</td><td>✓</td><td>✓</td><td>✓</td><td>✓</td><td>✓</td><td>✓</td><td>○</td><td>✓</td><td>✓</td><td>○</td><td>✓</td><td></td></tr>
<tr><td>散铺</td><td>✓</td><td>✓</td><td>○</td><td>✓</td><td>✓</td><td>○</td><td>✓</td><td>✓</td><td>○</td><td></td><td>✓</td><td>○</td><td>✓</td><td>✓</td><td>✓</td><td>○</td><td>✓</td><td>✓</td><td>○</td><td>✓</td></tr>
<tr><td>3</td><td colspan="2">切草边</td><td>✓</td><td>○</td><td>✓</td><td>✓</td><td>✓</td><td>○</td><td>✓</td><td>○</td><td>✓</td><td></td><td>○</td><td>✓</td><td>✓</td><td>✓</td><td>✓</td><td>○</td><td>○</td><td>✓</td><td>✓</td><td></td></tr>
<tr><td>4</td><td colspan="2">花坛地被</td><td>○</td><td>✓</td><td>✓</td><td>✓</td><td>✓</td><td>✓</td><td>○</td><td>✓</td><td>○</td><td>✓</td><td>○</td><td>✓</td><td>✓</td><td>○</td><td>✓</td><td>✓</td><td>✓</td><td>○</td><td>✓</td><td>✓</td></tr>
<tr><td colspan="4" rowspan="2">施工单位检查
评定结果</td><td colspan="4">专业工长
(施工员)</td><td colspan="7">×××</td><td colspan="4">施工班组长</td><td colspan="5">×××</td></tr>
<tr><td colspan="20">主控项目全部合格，一般项目满足规范规定要求。

项目专业质量检查员：×××　　　　××年×月×日</td></tr>
<tr><td colspan="4">监理(建设)
单位验收结论</td><td colspan="20">同意验收。

专业监理工程师：×××
(建设单位项目专业负责人)　　　　××年×月×日</td></tr>
</table>

19. 花卉种植检验批质量验收记录

花卉种植检验批质量验收记录

编号：×××

<table>
<tr><td colspan="3">工程名称</td><td colspan="4">××园林绿化工程</td></tr>
<tr><td colspan="3">分部工程名称</td><td>花卉种植工程</td><td>验收部位</td><td colspan="2">×××</td></tr>
<tr><td colspan="3">施工单位</td><td>××园林园艺公司</td><td>项目经理</td><td colspan="2">×××</td></tr>
<tr><td colspan="3">施工执行标准名称及编号</td><td colspan="4">《城市绿化工程施工及验收规范》(CJJ/T 82—99)
《城市园林绿化工程施工及验收规范》(DB11/T 212—2003)</td></tr>
<tr><td colspan="3">分包单位</td><td></td><td>分包项目经理</td><td colspan="2"></td></tr>
<tr><td colspan="3">施工质量验收规范的规定</td><td colspan="2">施工单位检查评定记录</td><td colspan="2">监理(建设)单位验收记录</td></tr>
<tr><td rowspan="4">主控项目</td><td>1</td><td>种植</td><td>Ⅱ第13.2.1～13.2.4条</td><td>✓</td><td rowspan="4" colspan="2">合格</td></tr>
<tr><td>2</td><td>种植深度</td><td>Ⅱ第13.2.5条</td><td>✓</td></tr>
<tr><td>3</td><td>水生花卉种植深度</td><td>Ⅱ第13.2.6条</td><td>✓</td></tr>
<tr><td></td><td></td><td></td><td></td></tr>
<tr><td rowspan="3">一般项目</td><td>1</td><td>种植顺序</td><td>Ⅱ第13.3条</td><td>✓</td><td rowspan="3" colspan="2">合格</td></tr>
<tr><td>2</td><td>养护</td><td>Ⅱ第13.2.8条</td><td>✓</td></tr>
<tr><td>3</td><td></td><td></td><td></td></tr>
<tr><td colspan="3" rowspan="2">施工单位检查评定结果</td><td>专业工长
(施工员)　×××</td><td>施工班组长</td><td colspan="2">×××</td></tr>
<tr><td colspan="4">主控项目全部合格，一般项目满足规范规定要求。

项目专业质量检查员：×××　　××年×月×日</td></tr>
<tr><td colspan="3">监理(建设)单位验收结论</td><td colspan="4">同意验收。

专业监理工程师：×××
(建设单位项目专业负责人)　　××年×月×日</td></tr>
</table>

注：本表引自北京市地方标准《园林绿化工程监理规程》(DB11/T 245—2004)。

20. 大树移植工程检验批质量验收记录

大树移植工程检验批质量验收记录

编号：×××

<table>
<tr><td colspan="3">工程名称</td><td colspan="20">××园林绿化工程</td></tr>
<tr><td colspan="3">分部工程名称</td><td colspan="8">大树移植工程</td><td colspan="4">验收部位</td><td colspan="8">×××</td></tr>
<tr><td colspan="3">施工单位</td><td colspan="8">××园林园艺公司</td><td colspan="4">项目经理</td><td colspan="8">×××</td></tr>
<tr><td colspan="3">施工执行标准名称及编号</td><td colspan="20">《城市绿化工程施工及验收规范》(CJJ/T 82—99)
《城市园林绿化工程施工及验收规范》(DB11/T 212—2003)</td></tr>
<tr><td colspan="3">分包单位</td><td colspan="8"></td><td colspan="4">分包项目经理</td><td colspan="8"></td></tr>
<tr><td colspan="3">质量验收规范的规定</td><td colspan="10">施工单位自检记录</td><td colspan="10">监理(建设)单位验收记录</td></tr>
<tr><td rowspan="4">主控项目</td><td>1</td><td>移植前，应按规定进行截根或移植处理</td><td colspan="10">合格</td><td colspan="10">合格</td></tr>
<tr><td>2</td><td>树穴必须符合要求</td><td colspan="10">合格</td><td colspan="10">合格</td></tr>
<tr><td>3</td><td>树穴栽植土必须符合要求</td><td colspan="10">合格</td><td colspan="10">合格</td></tr>
<tr><td>4</td><td>大树的树种必须符合设计要求，严禁带有严重的病、虫、草害</td><td colspan="10">无</td><td colspan="10">无</td></tr>
<tr><td rowspan="8">一般项目</td><td>1</td><td>栽植土</td><td>✓</td><td>✓</td><td>✓</td><td>○</td><td>✓</td><td>✓</td><td>✓</td><td>○</td><td>✓</td><td>✓</td><td>✓</td><td>✓</td><td>○</td><td>✓</td><td>✓</td><td>○</td><td>✓</td><td>✓</td><td>○</td><td>✓</td></tr>
<tr><td>2</td><td>姿态和生长势</td><td>✓</td><td>✓</td><td>○</td><td>✓</td><td>✓</td><td>○</td><td>✓</td><td>✓</td><td>○</td><td>○</td><td>○</td><td>✓</td><td>✓</td><td>✓</td><td>✓</td><td>○</td><td>○</td><td>○</td><td>✓</td><td>✓</td></tr>
<tr><td>3</td><td>土球和裸根树根系</td><td>✓</td><td>✓</td><td>✓</td><td>○</td><td>✓</td><td>✓</td><td>✓</td><td>○</td><td>✓</td><td>✓</td><td>○</td><td>✓</td><td>✓</td><td>✓</td><td>✓</td><td>✓</td><td>✓</td><td>✓</td><td>○</td><td>✓</td></tr>
<tr><td>4</td><td>病虫害</td><td>✓</td><td>✓</td><td>✓</td><td>✓</td><td>○</td><td>○</td><td>✓</td><td>✓</td><td>○</td><td></td><td>✓</td><td>✓</td><td>○</td><td>✓</td><td>✓</td><td>○</td><td>✓</td><td>✓</td><td>○</td><td>✓</td></tr>
<tr><td>5</td><td>放样定位、定向及排列</td><td>✓</td><td>✓</td><td>✓</td><td>✓</td><td>○</td><td>✓</td><td>✓</td><td>○</td><td>✓</td><td></td><td>✓</td><td>✓</td><td>✓</td><td>○</td><td>✓</td><td>✓</td><td>○</td><td>✓</td><td>○</td><td>✓</td></tr>
<tr><td>6</td><td>栽植树深度、土球包装物、培土、浇水</td><td>✓</td><td>✓</td><td>✓</td><td>✓</td><td>✓</td><td>○</td><td>✓</td><td>○</td><td>○</td><td>✓</td><td>✓</td><td>✓</td><td>✓</td><td>○</td><td>✓</td><td>○</td><td>✓</td><td>✓</td><td>✓</td><td>✓</td></tr>
<tr><td>7</td><td>垂直度、支撑和裹杆</td><td>✓</td><td>✓</td><td>○</td><td>✓</td><td>✓</td><td>✓</td><td>✓</td><td>✓</td><td>○</td><td></td><td>✓</td><td>✓</td><td>✓</td><td>✓</td><td>○</td><td>✓</td><td>✓</td><td>✓</td><td>✓</td><td>✓</td></tr>
<tr><td>8</td><td>修剪(剥芽)</td><td>✓</td><td>✓</td><td>✓</td><td>○</td><td>✓</td><td>○</td><td>✓</td><td>✓</td><td>✓</td><td>✓</td><td>✓</td><td>✓</td><td>✓</td><td>✓</td><td>✓</td><td>○</td><td>✓</td><td>○</td><td>✓</td><td>✓</td></tr>
<tr><td colspan="3" rowspan="2">施工单位检查
评定结果</td><td colspan="4">专业工长
(施工员)</td><td colspan="7">×××</td><td colspan="4">施工班组长</td><td colspan="5">×××</td></tr>
<tr><td colspan="20">主控项目全部合格，一般项目满足规范规定要求。
项目专业质量检查员：×××　　××年×月×日</td></tr>
<tr><td colspan="3">监理(建设)
单位验收结论</td><td colspan="20">同意验收。
专业监理工程师：×××
(建设单位项目专业负责人)　　××年×月×日</td></tr>
</table>

21. 移植苗木修剪工程检验批质量验收记录

移植苗木修剪工程检验批质量验收记录

编号：×××

<table>
<tr><td colspan="3">工程名称</td><td colspan="5">××园林绿化工程</td></tr>
<tr><td colspan="3">分部工程名称</td><td colspan="2">移植苗木修剪工程</td><td colspan="2">验收部位</td><td>×××</td></tr>
<tr><td colspan="3">施工单位</td><td colspan="2">××园林园艺公司</td><td colspan="2">项目经理</td><td>×××</td></tr>
<tr><td colspan="3">施工执行标准名称及编号</td><td colspan="5">《城市绿化工程施工及验收规范》(CJJ/T 82—99)
《城市园林绿化养护管理标准》(DB11/T 213—2003)</td></tr>
<tr><td colspan="3">分包单位</td><td colspan="2"></td><td colspan="2">分包项目经理</td><td></td></tr>
<tr><td colspan="3">施工质量验收规范的规定</td><td colspan="4">施工单位检查评定记录</td><td>监理(建设)单位验收记录</td></tr>
<tr><td rowspan="4">主控项目</td><td>1</td><td>乔木修剪</td><td colspan="2">Ⅱ第9.2.1～9.2.3条</td><td colspan="2">✓</td><td rowspan="4">合格</td></tr>
<tr><td>2</td><td>灌木修剪</td><td colspan="2">Ⅱ第9.3.1～9.3.4条</td><td colspan="2">✓</td></tr>
<tr><td>3</td><td>移植修剪</td><td colspan="2">Ⅱ第9.5条</td><td colspan="2">✓</td></tr>
<tr><td></td><td></td><td colspan="2"></td><td colspan="2"></td></tr>
<tr><td rowspan="2">一般项目</td><td>1</td><td>修剪质量</td><td colspan="2">Ⅱ第9.4.1～9.4.3条</td><td colspan="2">✓</td><td rowspan="2">合格</td></tr>
<tr><td>2</td><td>修剪量</td><td colspan="2">Ⅱ第9.2.1～9.3.2条</td><td colspan="2">✓</td></tr>
<tr><td colspan="3" rowspan="2">施工单位检查评定结果</td><td>专业工长
(施工员)</td><td colspan="2">×××</td><td>施工班组长</td><td>×××</td></tr>
<tr><td colspan="5">主控项目全部合格，一般项目满足规范规定要求。

项目专业质量检查员：×××　　　　××年×月×日</td></tr>
<tr><td colspan="3">监理(建设)单位验收结论</td><td colspan="5">同意验收。

专业监理工程师：×××
(建设单位项目专业负责人)　　　　××年×月×日</td></tr>
</table>

注：本表引自北京市地方标准《园林绿化工程监理规程》(DB11/T 245—2004)。

22. 苗木养护工程检验批质量验收记录

苗木养护工程检验批质量验收记录

编号：×××

<table>
<tr><td colspan="3">工程名称</td><td colspan="4">××园林绿化工程</td></tr>
<tr><td colspan="3">分部工程名称</td><td colspan="2">苗木养护工程</td><td>验收部位</td><td>×××</td></tr>
<tr><td colspan="3">施工单位</td><td colspan="2">××园林园艺公司</td><td>项目经理</td><td>×××</td></tr>
<tr><td colspan="3">施工执行标准名称及编号</td><td colspan="4">《城市绿化工程施工及验收规范》(CJJ/T 82—99)
《城市园林绿化养护管理标准》(DB11/T 213—2003)</td></tr>
<tr><td colspan="3">分包单位</td><td colspan="2"></td><td>分包项目经理</td><td></td></tr>
<tr><td colspan="3">施工质量验收规范的规定</td><td colspan="3">施工单位检查评定记录</td><td>监理(建设)单位验收记录</td></tr>
<tr><td rowspan="4">主控项目</td><td>1</td><td>苗木状况</td><td>Ⅱ第4.1.2.1～4.1.2.6条</td><td colspan="2">✓</td><td rowspan="4">合格</td></tr>
<tr><td>2</td><td>浇水</td><td>Ⅱ第4.4条特级</td><td colspan="2">✓</td></tr>
<tr><td>3</td><td>防病虫</td><td>Ⅱ第4.4条特级</td><td colspan="2">✓</td></tr>
<tr><td>4</td><td>防寒</td><td>Ⅱ第5.1.7条</td><td colspan="2">✓</td></tr>
<tr><td rowspan="3">一般项目</td><td>1</td><td>除杂草</td><td>Ⅱ第4.4条特级</td><td colspan="2">✓</td><td rowspan="3">合格</td></tr>
<tr><td>2</td><td>修剪</td><td>Ⅱ第4.4条特级</td><td colspan="2">✓</td></tr>
<tr><td></td><td></td><td></td><td colspan="2"></td></tr>
<tr><td colspan="2" rowspan="2">施工单位检查评定结果</td><td>专业工长
(施工员)</td><td>×××</td><td>施工班组长</td><td colspan="2">×××</td></tr>
<tr><td colspan="5">主控项目全部合格，一般项目满足规范规定要求。

项目专业质量检查员：×××　　××年×月×日</td></tr>
<tr><td colspan="2">监理(建设)单位验收结论</td><td colspan="5">同意验收。

专业监理工程师：×××
(建设单位项目专业负责人)　　××年×月×日</td></tr>
</table>

注：本表引自北京市地方标准《园林绿化工程监理规程》(DB11/T 245—2004)。

23. 草坪养护工程检验批质量验收记录

草坪养护工程检验批质量验收记录

编号：×××

<table>
<tr><td colspan="3">工程名称</td><td colspan="4">××园林绿化工程</td></tr>
<tr><td colspan="3">分部工程名称</td><td colspan="2">草坪养护工程</td><td>验收部位</td><td>×××</td></tr>
<tr><td colspan="3">施工单位</td><td colspan="2">××园林园艺公司</td><td>项目经理</td><td>×××</td></tr>
<tr><td colspan="3">施工执行标准名称及编号</td><td colspan="4">《城市绿化工程施工及验收规范》(CJJ/T 82—99)
《城市园林绿化工程施工及验收规范》(DB11/T 212—2003)</td></tr>
<tr><td colspan="3">分包单位</td><td colspan="2"></td><td>分包项目经理</td><td></td></tr>
<tr><td colspan="3">施工质量验收规范的规定</td><td colspan="3">施工单位检查评定记录</td><td>监理(建设)单位验收记录</td></tr>
<tr><td rowspan="4">主控项目</td><td>1</td><td>修剪</td><td>Ⅱ第5.3.2.1～5.3.2.3条</td><td colspan="2">√</td><td rowspan="4">合格</td></tr>
<tr><td>2</td><td>浇水</td><td>Ⅱ第5.3.3.1～5.3.3.3条</td><td colspan="2">√</td></tr>
<tr><td>3</td><td>病虫防治</td><td>Ⅱ第5.3.6.1～5.3.6.4条</td><td colspan="2">√</td></tr>
<tr><td></td><td></td><td></td><td colspan="2"></td></tr>
<tr><td rowspan="4">一般项目</td><td>1</td><td>施肥</td><td>Ⅱ第5.3.4.1～5.3.4.3条</td><td colspan="2">√</td><td rowspan="4">合格</td></tr>
<tr><td>2</td><td>除杂草、补植</td><td>Ⅱ第5.3.5.1～5.3.5.5条</td><td colspan="2">√</td></tr>
<tr><td>3</td><td>更新</td><td>符合规定</td><td colspan="2">√</td></tr>
<tr><td></td><td></td><td></td><td colspan="2"></td></tr>
<tr><td colspan="2" rowspan="2">施工单位检查评定结果</td><td>专业工长
(施工员)</td><td>×××</td><td colspan="2">施工班组长</td><td>×××</td></tr>
<tr><td colspan="5">主控项目全部合格，一般项目满足规范规定要求。

项目专业质量检查员：×××　　××年×月×日</td></tr>
<tr><td colspan="2">监理(建设)单位验收结论</td><td colspan="5">同意验收。

专业监理工程师：×××
(建设单位项目专业负责人)　　××年×月×日</td></tr>
</table>

注：本表引自北京市地方标准《园林绿化工程监理规程》(DB11/T 245—2004)。

24. 斜面护坡绿化工程检验批质量验收记录

斜面护坡绿化工程检验批质量验收记录

编号：×××

<table>
<tr><td colspan="3">工程名称</td><td colspan="4">××园林绿化工程</td></tr>
<tr><td colspan="3">分部工程名称</td><td colspan="2">斜面护坡绿化工程</td><td>验收部位</td><td>×××</td></tr>
<tr><td colspan="3">施工单位</td><td colspan="2">××园林园艺公司</td><td>项目经理</td><td>×××</td></tr>
<tr><td colspan="3">施工执行标准名称及编号</td><td colspan="4">《城市绿化工程施工及验收规范》(CJJ/T 82—99)
《城市园林绿化工程施工及验收规范》(DB11/T 212—2003)</td></tr>
<tr><td colspan="3">分包单位</td><td colspan="2"></td><td>分包项目经理</td><td></td></tr>
<tr><td colspan="3">施工质量验收规范的规定</td><td colspan="3">施工单位检查评定记录</td><td>监理(建设)单位验收记录</td></tr>
<tr><td rowspan="3">主控项目</td><td>1</td><td>护坡绿化土地整理</td><td>Ⅱ第17.2条</td><td colspan="2">✓</td><td rowspan="3">合格</td></tr>
<tr><td>2</td><td>护坡植物种植</td><td>Ⅱ第17.4条</td><td colspan="2">✓</td></tr>
<tr><td>3</td><td>护坡绿化灌水、排水</td><td>Ⅱ第17.1条</td><td colspan="2">✓</td></tr>
<tr><td rowspan="3">一般项目</td><td>1</td><td>护坡绿化养管</td><td>Ⅱ第17.3条</td><td colspan="2">✓</td><td rowspan="3">合格</td></tr>
<tr><td>2</td><td></td><td></td><td colspan="2"></td></tr>
<tr><td>3</td><td></td><td></td><td colspan="2"></td></tr>
<tr><td colspan="3" rowspan="2">施工单位检查评定结果</td><td>专业工长(施工员)</td><td>×××</td><td>施工班组长</td><td>×××</td></tr>
<tr><td colspan="4">主控项目全部合格，一般项目满足规范规定要求。

项目专业质量检查员：×××　　××年×月×日</td></tr>
<tr><td colspan="3">监理(建设)单位验收结论</td><td colspan="4">同意验收。

专业监理工程师：×××
(建设单位项目专业负责人)　　××年×月×日</td></tr>
</table>

注：本表引自北京市地方标准《园林绿化工程监理规程》(DB11/T 245—2004)。

25. 屋顶绿化(包括地下设施覆土绿化)工程检验批质量验收记录

屋顶绿化(包括地下设施覆土绿化)工程检验批质量验收记录

编号：×××

<table>
<tr><td colspan="3">工程名称</td><td colspan="4">××园林绿化工程</td></tr>
<tr><td colspan="3">分部工程名称</td><td colspan="2">屋顶绿化工程</td><td>验收部位</td><td>×××</td></tr>
<tr><td colspan="3">施工单位</td><td colspan="2">××园林园艺公司</td><td>项目经理</td><td>×××</td></tr>
<tr><td colspan="3">施工执行标准名称及编号</td><td colspan="4">《城市绿化工程施工及验收规范》(CJJ/T 82—99)
《城市园林绿化工程施工及验收规范》(DB11/T 212—2003)</td></tr>
<tr><td colspan="3">分包单位</td><td colspan="2"></td><td>分包项目经理</td><td></td></tr>
<tr><td colspan="3">施工质量验收规范的规定</td><td colspan="3">施工单位检查评定记录</td><td>监理(建设)单位验收记录</td></tr>
<tr><td rowspan="4">主控项目</td><td>1</td><td>屋顶结构荷载</td><td>Ⅰ第14.1条</td><td colspan="2">✓</td><td rowspan="4">合格</td></tr>
<tr><td>2</td><td>确保有良好防水、排灌系统</td><td>Ⅱ第14.2条</td><td colspan="2">✓</td></tr>
<tr><td>3</td><td>栽培基质</td><td>Ⅱ第14.3条</td><td colspan="2">✓</td></tr>
<tr><td>4</td><td>符合设计图纸</td><td>Ⅱ第14.4条</td><td colspan="2">✓</td></tr>
<tr><td rowspan="2">一般项目</td><td>1</td><td>植物固定</td><td>Ⅱ第14.5条</td><td colspan="2">✓</td><td rowspan="2">合格</td></tr>
<tr><td>2</td><td>植物养管</td><td>符合规定</td><td colspan="2">✓</td></tr>
<tr><td colspan="3" rowspan="2">施工单位检查评定结果</td><td>专业工长(施工员)</td><td>×××</td><td>施工班组长</td><td>×××</td></tr>
<tr><td colspan="4">主控项目全部合格,一般项目满足规范规定要求。

项目专业质量检查员：××× ××年×月×日</td></tr>
<tr><td colspan="3">监理(建设)单位验收结论</td><td colspan="4">同意验收。

专业监理工程师：×××
(建设单位项目专业负责人) ××年×月×日</td></tr>
</table>

注：本表引自北京市地方标准《园林绿化工程监理规程》(DB11/T 245—2004)。

26. 假山、叠石检验批质量验收记录

假山、叠石检验批质量验收记录

编号：×××

<table>
<tr><td colspan="3">工程名称</td><td colspan="4">××园林绿化工程</td></tr>
<tr><td colspan="3">分部工程名称</td><td colspan="2">假山、叠石工程</td><td>验收部位</td><td>×××</td></tr>
<tr><td colspan="3">施工单位</td><td colspan="2">××园林园艺公司</td><td>项目经理</td><td>×××</td></tr>
<tr><td colspan="4">施工执行标准名称及编号</td><td colspan="3">《城市绿化工程施工及验收规范》(CJJ/T 82—99)
《城市园林绿化工程施工及验收规范》(DB11/T 212—2003)</td></tr>
<tr><td colspan="3">分包单位</td><td colspan="2"></td><td>分包项目经理</td><td></td></tr>
<tr><td colspan="3">质量验收规范的规定</td><td colspan="2">施工单位自检记录</td><td colspan="2">监理(建设)单位验收记录</td></tr>
<tr><td rowspan="4">主控项目</td><td>1</td><td>假山、叠石的整体造型符合设计要求</td><td colspan="2">合格</td><td colspan="2">合格</td></tr>
<tr><td>2</td><td>临路侧的岩面应圆润</td><td colspan="2">合格</td><td colspan="2">合格</td></tr>
<tr><td>3</td><td>结构和使用安全必须符合要求</td><td colspan="2">合格</td><td colspan="2">合格</td></tr>
<tr><td>4</td><td></td><td colspan="2"></td><td colspan="2"></td></tr>
<tr><td rowspan="5">一般项目</td><td>1</td><td>山势和造型应符合要求</td><td colspan="2">合格</td><td colspan="2">合格</td></tr>
<tr><td>2</td><td>石块缝隙施工应符合要求</td><td colspan="2">合格</td><td colspan="2">合格</td></tr>
<tr><td>3</td><td>块面重量的比例应符合要求</td><td colspan="2">合格</td><td colspan="2">合格</td></tr>
<tr><td>4</td><td>叠石堆置走向及嵌缝应符合要求</td><td colspan="2">合格</td><td colspan="2">合格</td></tr>
<tr><td>5</td><td></td><td colspan="2"></td><td colspan="2"></td></tr>
<tr><td colspan="3" rowspan="2">施工单位检查
评定结果</td><td>专业工长
(施工员)</td><td>×××</td><td>施工班组长</td><td>×××</td></tr>
<tr><td colspan="4">主控项目全部合格，一般项目满足规范规定要求。

项目专业质量检查员：×××　　××年×月×日</td></tr>
<tr><td colspan="3">监理(建设)
单位验收结论</td><td colspan="4">同意验收。

专业监理工程师：×××
(建设单位项目专业负责人)　　××年×月×日</td></tr>
</table>

二、园林绿化工程分项工程质量验收表格

1. 绿化种植分项工程质量验收记录

绿化种植 分项工程质量验收记录

<table>
<tr><td colspan="2">单位工程名称</td><td>××园林绿化工程</td><td>结构类型</td><td></td></tr>
<tr><td colspan="2">分部(分项)工程名称</td><td>绿化种植工程</td><td>检验批数</td><td></td></tr>
<tr><td>施工单位</td><td colspan="2">××园林园艺公司</td><td>项目经理</td><td>×××</td></tr>
<tr><td>分包单位</td><td colspan="2"></td><td>分包项目经理</td><td></td></tr>
<tr><td>序号</td><td>检验批名称及部位、区段</td><td>施工单位
自查评定结果</td><td colspan="2">监理(建设)单位
验收结论</td></tr>
<tr><td>1</td><td>栽植土基层处理</td><td>√</td><td colspan="2" rowspan="14">同意验收</td></tr>
<tr><td>2</td><td>栽植土进场</td><td>√</td></tr>
<tr><td>3</td><td>栽植土地整理</td><td>√</td></tr>
<tr><td>4</td><td>植物材料工程</td><td>√</td></tr>
<tr><td>5</td><td>园林植物运输和假植工程</td><td>√</td></tr>
<tr><td>6</td><td>苗木种植穴、槽</td><td>√</td></tr>
<tr><td>7</td><td>树木栽植工程</td><td>√</td></tr>
<tr><td>8</td><td>草坪、花坛地被栽植工程</td><td>√</td></tr>
<tr><td>9</td><td>花卉种植工程</td><td>√</td></tr>
<tr><td>10</td><td>大树移植工程</td><td>√</td></tr>
<tr><td>11</td><td>移植苗木修剪工程</td><td>√</td></tr>
<tr><td>12</td><td>苗木养护工程</td><td>√</td></tr>
<tr><td>13</td><td>草坪养护工程</td><td>√</td></tr>
<tr><td>14</td><td>假山、叠石工程</td><td>√</td></tr>
<tr><td colspan="5">说明：</td></tr>
<tr><td>检查
结果</td><td>项目专业技术负责人：×××
合格
××年×月×日</td><td>验收
结论</td><td colspan="2">监理工程师：×××
（建设单位项目专业技术负责人）：×××
同意验收。
××年×月×日</td></tr>
</table>

注：1. 地基基础、主体结构工程的分项质量验收不填写“分包单位”和分包项目经理。

2. 当同一分项两栏存在多项检验批时，应填写检验批名称。

2. 防水混凝土分项工程质量验收记录

防水混凝土 分项工程质量验收记录

<table>
<tr><td colspan="2">单位工程名称</td><td>××园林绿化工程</td><td>结构类型</td><td></td></tr>
<tr><td colspan="2">分部(分项)工程名称</td><td>地下防水</td><td>检验批数</td><td>2</td></tr>
<tr><td>施工单位</td><td colspan="2">××园林园艺公司</td><td>项目经理</td><td>×××</td></tr>
<tr><td>分包单位</td><td colspan="2">—</td><td>分包项目经理</td><td>—</td></tr>
<tr><td>序号</td><td>检验批名称及部位、区段</td><td>施工单位
自查评定结果</td><td colspan="2">监理(建设)单位
验收结论</td></tr>
<tr><td>1</td><td>基础底板①～②/Ⓑ～Ⓕ轴</td><td>√</td><td colspan="2" rowspan="10">各分项工程检验批验收合格</td></tr>
<tr><td>2</td><td>基础底板⑫～㉔/Ⓑ～Ⓕ轴</td><td>√</td></tr>
<tr><td></td><td></td><td></td></tr>
<tr><td></td><td></td><td></td></tr>
<tr><td></td><td></td><td></td></tr>
<tr><td></td><td></td><td></td></tr>
<tr><td></td><td></td><td></td></tr>
<tr><td></td><td></td><td></td></tr>
<tr><td></td><td></td><td></td></tr>
<tr><td></td><td></td><td></td></tr>
<tr><td colspan="5">说明：</td></tr>
<tr><td>检查
结果</td><td>基础底板①～㉔/Ⓑ～Ⓕ轴防水混凝土原材料、配合比设计及混凝土施工质量符合《地下防水工程质量验收规范》(GB 50208—2002)的要求，防水混凝土分项工程合格

项目专业技术负责人：×××

××年×月×日</td><td>验收
结论</td><td colspan="2">同意施工单位检查结论，验收合格

监理工程师：×××
(建设单位项目专业技术负责人)：×××

××年×月×日</td></tr>
</table>

注：地基基础、主体结构工程的分项工程质量验收不填写“分包单位”、“分包项目经理”。

3. 模板分项工程质量验收记录

模　板分项工程质量验收记录

<table>
<tr><td colspan="2">单位工程名称</td><td>××园林绿化工程</td><td>结构类型</td><td></td></tr>
<tr><td colspan="2">分部(分项)工程名称</td><td>混凝土结构</td><td>检验批数</td><td>6</td></tr>
<tr><td>施工单位</td><td colspan="2">××园林园艺公司</td><td>项目经理</td><td>×××</td></tr>
<tr><td>分包单位</td><td colspan="2">—</td><td>分包项目经理</td><td>—</td></tr>
<tr><td>序号</td><td>检验批名称及部位、区段</td><td>施工单位
自查评定结果</td><td colspan="2">监理(建设)单位
验收结论</td></tr>
<tr><td>1</td><td>地上一层框架柱①～⑨/Ⓒ～Ⓕ轴</td><td>✓</td><td colspan="2" rowspan="10">各分项工程检验批验收合格</td></tr>
<tr><td>2</td><td>地上二层框架柱①～⑨/Ⓒ～Ⓕ轴</td><td>✓</td></tr>
<tr><td>3</td><td>地上三层框架柱①～⑨/Ⓒ～Ⓕ轴</td><td>✓</td></tr>
<tr><td>4</td><td>地上四层框架柱①～⑨/Ⓒ～Ⓕ轴</td><td>✓</td></tr>
<tr><td>5</td><td>地上五层框架柱①～⑨/Ⓒ～Ⓕ轴</td><td>✓</td></tr>
<tr><td>6</td><td>地上六层框架柱①～⑨/Ⓒ～Ⓕ轴</td><td>✓</td></tr>
<tr><td></td><td></td><td></td></tr>
<tr><td></td><td></td><td></td></tr>
<tr><td></td><td></td><td></td></tr>
<tr><td></td><td></td><td></td></tr>
<tr><td colspan="5">说明：</td></tr>
<tr><td>检查
结果</td><td>地上一至六层①～⑨/Ⓒ～Ⓕ轴框架柱模板安装及拆除工程施工质量符合《混凝土结构工程施工质量验收规范》(GB 50204—2002)的要求，模板分项工程合格

项目专业技术负责人：×××

××年×月×日</td><td>验收
结论</td><td colspan="2">同意施工单位检查结论，验收合格

监理工程师：×××
(建设单位项目专业技术负责人)：×××

××年×月×日</td></tr>
</table>

注：地基基础、主体结构工程的分项工程质量验收不填写“分包单位”、“分包项目经理”。

4. 钢筋分项工程质量验收记录

钢　　筋 分项工程质量验收记录

<table>
<tr><td colspan="2">单位工程名称</td><td>××园林绿化工程</td><td>结构类型</td><td></td></tr>
<tr><td colspan="2">分部(分项)工程名称</td><td>混凝土结构</td><td>检验批数</td><td>6</td></tr>
<tr><td>施工单位</td><td colspan="2">××园林园艺公司</td><td>项目经理</td><td>×××</td></tr>
<tr><td>分包单位</td><td colspan="2">—</td><td>分包项目经理</td><td>—</td></tr>
<tr><td>序号</td><td>检验批名称及部位、区段</td><td>施工单位
自查评定结果</td><td colspan="2">监理(建设)单位
验收结论</td></tr>
<tr><td>1</td><td>地上一层框架柱①～⑦/Ⓑ～Ⓗ轴</td><td>√</td><td colspan="2" rowspan="10">各分项工程检验批验收合格</td></tr>
<tr><td>2</td><td>地上二层框架柱①～⑦/Ⓑ～Ⓗ轴</td><td>√</td></tr>
<tr><td>3</td><td>地上三层框架柱①～⑦/Ⓑ～Ⓗ轴</td><td>√</td></tr>
<tr><td>4</td><td>地上四层框架柱①～⑦/Ⓑ～Ⓗ轴</td><td>√</td></tr>
<tr><td>5</td><td>地上五层框架柱①～⑦/Ⓑ～Ⓗ轴</td><td>√</td></tr>
<tr><td>6</td><td>地上六层框架柱①～⑦/Ⓑ～Ⓗ轴</td><td>√</td></tr>
<tr><td></td><td></td><td></td></tr>
<tr><td></td><td></td><td></td></tr>
<tr><td></td><td></td><td></td></tr>
<tr><td></td><td></td><td></td></tr>
<tr><td colspan="5">说明：</td></tr>
<tr><td>检查
结果</td><td>地上一至六层①～⑦/Ⓑ～Ⓗ轴框架柱钢筋加工及安装施工质量符合《混凝土结构工程施工质量验收规范》(GB 50204—2002)的要求，钢筋分项工程合格

项目专业技术负责人：×××

××年×月×日</td><td>验收
结论</td><td colspan="2">同意施工单位检查结论，验收合格

监理工程师：×××
(建设单位项目专业技术负责人)：×××

××年×月×日</td></tr>
</table>

注：地基基础、主体结构工程的分项工程质量验收不填写“分包单位”、“分包项目经理”。

5. 混凝土分项工程质量验收记录

混凝土 分项工程质量验收记录

<table>
<tr><td colspan="2">单位工程名称</td><td>××园林绿化工程</td><td>结构类型</td><td></td></tr>
<tr><td colspan="2">分部(分项)工程名称</td><td>混凝土结构</td><td>检验批数</td><td>5</td></tr>
<tr><td colspan="2">施工单位</td><td>××园林园艺公司</td><td>项目经理</td><td>×××</td></tr>
<tr><td colspan="2">分包单位</td><td>—</td><td>分包项目经理</td><td>—</td></tr>
<tr><td>序号</td><td>检验批名称及部位、区段</td><td colspan="2">施工单位
自查评定结果</td><td>监理(建设)单位
验收结论</td></tr>
<tr><td>1</td><td>一层①～⑧/Ⓐ～Ⓖ轴框架柱</td><td colspan="2">✓</td><td rowspan="10">各分项工程检验批验收合格</td></tr>
<tr><td>2</td><td>二层①～⑧/Ⓐ～Ⓖ轴框架柱</td><td colspan="2">✓</td></tr>
<tr><td>3</td><td>三层①～⑧/Ⓐ～Ⓖ轴框架柱</td><td colspan="2">✓</td></tr>
<tr><td></td><td></td><td colspan="2"></td></tr>
<tr><td></td><td></td><td colspan="2"></td></tr>
<tr><td></td><td></td><td colspan="2"></td></tr>
<tr><td></td><td></td><td colspan="2"></td></tr>
<tr><td></td><td></td><td colspan="2"></td></tr>
<tr><td></td><td></td><td colspan="2"></td></tr>
<tr><td></td><td></td><td colspan="2"></td></tr>
<tr><td colspan="5">说明:</td></tr>
<tr><td>检查
结果</td><td>一至五层①～⑧/Ⓐ～Ⓖ轴框架柱混凝土原材料、配合比设计及混凝土施工质量符合《混凝土结构工程施工质量验收规范》(GB 50204—2002)的要求,混凝土分项工程合格

项目专业技术负责人:×××

××年×月×日</td><td>验收
结论</td><td colspan="2">同意施工单位检查结论,验收合格

监理工程师:×××
(建设单位项目专业技术负责人):×××

××年×月×日</td></tr>
</table>

注:地基基础、主体结构工程的分项工程质量验收不填写“分包单位”、“分包项目经理”。

三、园林绿化工程分部(子分部)工程质量验收记录表

绿化种植　分部(子分部)工程质量验收记录

<table>
<tr><td colspan="2">单位工程名称</td><td colspan="2">××园林绿化工程</td><td>工程类型</td><td colspan="2"></td></tr>
<tr><td colspan="2">施工单位</td><td></td><td>技术部门负责人</td><td>××</td><td>质量部门负责人</td><td>××</td></tr>
<tr><td colspan="2">分包单位</td><td></td><td>分包单位负责人</td><td></td><td>分包技术负责人</td><td></td></tr>
<tr><td colspan="2">序号</td><td colspan="2">分项工程名称</td><td>分项工程(检验批)数</td><td>施工单位检查评定</td><td>验收意见</td></tr>
<tr><td rowspan="8">1</td><td>1</td><td colspan="2">栽植土工程</td><td>3</td><td>✓</td><td rowspan="8">同意验收</td></tr>
<tr><td>2</td><td colspan="2">植物材料工程</td><td>2</td><td>✓</td></tr>
<tr><td>3</td><td colspan="2">植物种植工程</td><td>5</td><td>✓</td></tr>
<tr><td>4</td><td colspan="2">园林植物运输和假植工程</td><td>1</td><td>✓</td></tr>
<tr><td>5</td><td colspan="2">植物养护工程</td><td>4</td><td>✓</td></tr>
<tr><td></td><td colspan="2"></td><td></td><td></td></tr>
<tr><td></td><td colspan="2"></td><td></td><td></td></tr>
<tr><td></td><td colspan="2"></td><td></td><td></td></tr>
<tr><td>2</td><td colspan="3">质量控制资料</td><td colspan="2">✓</td><td>合格</td></tr>
<tr><td>3</td><td colspan="3">安全和功能检验(检测)报告</td><td colspan="2">✓</td><td>合格</td></tr>
<tr><td>4</td><td colspan="3">观感质量验收</td><td colspan="2">好</td><td>合格</td></tr>
<tr><td rowspan="5">验收单位</td><td colspan="2">分包单位</td><td colspan="4">项目经理
×××　　××年×月×日</td></tr>
<tr><td colspan="2">施工单位</td><td colspan="4">项目经理
×××　　××年×月×日</td></tr>
<tr><td colspan="2">勘察单位</td><td colspan="4">项目负责人
×××　　××年×月×日</td></tr>
<tr><td colspan="2">设计单位</td><td colspan="4">项目负责人
×××　　××年×月×日</td></tr>
<tr><td colspan="2">监理(建设)单位</td><td colspan="4">总监理工程师
(建设单位项目专业负责人)×××　　××年×月×日</td></tr>
</table>

地基基础、主体结构分部工程质量验收不填写“分包单位”、“分包单位负责人”和“分包技术负责人”。地基基础、主体结构分部工程验收勘察单位应签认,其他分部工程验收勘察单位可不签认。

单位(子单位)工程质量竣工验收记录

<table>
<tr><td>工程名称</td><td>××园林绿化工程</td><td>建设面积</td><td>××m^2</td><td>绿化面积</td><td>××m^2</td></tr>
<tr><td>施工单位</td><td>××园林园艺公司</td><td>技术负责人</td><td>××</td><td>开工日期</td><td>××年×月×日</td></tr>
<tr><td>项目经理</td><td>×××</td><td>项目技术负责人</td><td>××</td><td>竣工日期</td><td>××年×月×日</td></tr>
</table>

<table>
<tr><td>序号</td><td>项　目</td><td>验收记录
(施工单位填写)</td><td>验收结论
(监理或建设单位填写)</td></tr>
<tr><td>1</td><td>分部工程</td><td>共3分部,经查3分部,符合标准及设计要求3分部。</td><td>同意验收</td></tr>
<tr><td>2</td><td>质量控制资料核查</td><td>共11项,经审查符合要求11项。</td><td>同意验收</td></tr>
<tr><td>3</td><td>主要功能和安全项目抽查</td><td>共抽查5项,符合要求4项,其中经处理后符合要求1项。</td><td>同意验收</td></tr>
<tr><td>4</td><td>观感质量验收
附属设施评定意见</td><td>共抽查10项,符合要求8项,不符合要求2项。</td><td>同意验收</td></tr>
<tr><td>5</td><td>综合验收结论
(建设单位填写)</td><td>合格</td><td>同意验收</td></tr>
</table>

<table>
<tr><td rowspan="2">参加验收单位</td><td>建设单位</td><td>勘察单位</td><td>设计单位</td><td>施工单位</td><td>监理单位</td></tr>
<tr><td>(公章)
单位(项目)
负责人:×××
××年×月×日</td><td>(公章)
单位(项目)
负责人:×××
××年×月×日</td><td>(公章)
单位(项目)
负责人:×××
××年×月×日</td><td>(公章)
单位负责人:×××
××年×月×日</td><td>(公章)
总监理
工程师:×××
××年×月×日</td></tr>
</table>

单位(子单位)工程质量控制资料核查记录

工程名称		××园林绿化工程	施工单位	××园林园艺公司	
序号	项目	资料名称	份数	核查意见	核查人
1	绿化种植	图纸会审、设计变更、洽商记录	4	洽商记录齐全	×××
2		工程定位测量、放线记录	4.1	测量准确	
3		栽植土检测报告	3	检测报告齐全	
4		肥料合格证	2	合格证齐全	
5		苗木出圃单、植物检疫证	4	检疫证齐全	
6		检验批、分项、设计变更、洽商记录	14	洽商记录齐全	
1	园林建筑及附属设施	图纸会审、设计变更、洽商记录	4	洽商记录齐全	×××
2		工程定位测量、放线记录	12	测量准确	
3		原材料出厂合格证及进场检验报告	20	合格证齐全	
4		施工试验报告及见证检验报告	18	检验报告齐全	
5		石料产地证明(包括假山叠石)	5	证明手续齐全	
6		施工记录、隐藏工程验收记录	20	验收记录齐全	
7		预制构件、预拌合格证	9	合格证齐全	
8		地基基础、主体结构检验及抽检资料	5	检验资料齐全	
9		检验批、分项、分部工程质量验收记录	20	验收资料齐全	
1	园林给排水	材料、构配件出厂合格证及进场试验报告	10	试验报告齐全	×××
2		盛水、泼水、通水、通球试验记录	9	试验记录齐全	
3		管道设备强度试验、严密性试验	4	试验记录齐全	
4		隐蔽工程验收记录	10	验收记录齐全	
5		施工记录	20	施工记录齐全	
6		检验批、分项、分部工程质量验收记录	20	验收记录合格	
1	园林用电	材料、设备出厂合格证及进场检验报告	10	检验报告齐全	×××
2		接地、绝缘电阻测试记录	15	测试记录齐全	
3		隐蔽工程验收记录，施工记录，检验批、分项、分部工程质量验收记录	20	验收记录齐全	
结论： 通过工程质量控制资料核查、工程资料资料齐全、有效、同意验收。 施工单位：××× 项目经理：×××　　××年×月×日			总　监：××× (建设单位项目负责人) ××年×月×日		

单位(子单位)工程安全和功能检验资料核查及主要功能抽查记录

工程名称		××园林绿化工程	施工单位		××园林园艺公司	
序号	项目	安全和功能检查项目	份数	核查意见	抽查结果	核查（抽查人）
1	园林建筑及附属设施	假山叠石搭接情况记录	3	记录齐全	合格	×××
2		屋面淋水试验记录	3	试验记录齐全	合格	
3		地下室防水效果检查记录	6	记录齐全	合格	
4		有防水要求的地面蓄水试验记录	19	防水记录齐全	合格	
5		建筑物垂直度、标高、全高测量记录	4	符合测量规定要求	合格	
6		建筑物沉降观测测量记录	1	符合规范要求	合格	
7						
1	园林给排水	给水管道通水试验记录	20	记录齐全	合格	×××
2		卫生器具满试验记录	27	记录齐全	合格	
3		排水管道通球试验记录	19	记录齐全	合格	
4						
1	园林用电	照明全负荷试验记录	5	符合要求	合格	×××
2		大型灯具牢固性试验记录	10	符合要求	合格	
3		避雷接地电阻测试记录	3	符合要求	合格	
4		线路、插座、开关、接地检验记录	30	符合要求	合格	
5						

结论：

对工程安全、功能资料进行核查，基本符合要求，对单位工程的主要功能进行抽样检查、基本合格、同意竣工验收。

施工单位项目经理：××× ××年×月×日

总监工程师：×××
（建设单位项目负责人） ××年×月×日

注：抽查项目由验收组协商确定。

绿化种植工程观感质量评定表

工程名称	××园林绿化工程	施工单位	××园林园艺公司

序号	项目		抽查质量状况										质量评价		
													好	一般	差
1	栽植土	外观(土色及紧实度)	✓	✓	✓	✓	✓	○	✓	✓	✓	✓	✓		
2		地形(平整度、造型和排水坡度)	✓	✓	○	✓	✓	✓	✓	✓	✓	✓	✓		
3		杂物	✓	○	✓	✓	○	✓	○	✓	✓	○		✓	
4		边口线(与道路、挡土侧石)	✓	✓	✓	✓	✓	✓	✓	✓	✓	○	✓		
5	树木	姿态和生长势	✓	○	✓	✓	○	✓	✓	○	✓	○		✓	
6		病虫害	○	✓	✓	✓	✓	✓	✓	✓	✓	✓	✓		
7		放样定位、定向及排列	✓	✓	✓	✓	○	✓	✓	✓	✓	✓	✓		
8		栽植深度	✓	✓	✓	✓	✓	✓	○	✓	✓	✓	✓		
9		土球包装物、培土	✓	✓	✓	✓	○	✓	✓	✓	✓	✓	✓		
10		垂直度支撑和裹杆	✓	✓	✓	✓	✓	✓	✓	○	✓	✓	✓		
11		修剪(剥芽)	✓	✓	○	✓	✓	✓	✓	✓	✓	✓	✓		
12	草坪	生长势	✓	○	✓	✓	✓	✓	✓	✓	✓	✓	✓		
13		切草边	✓	✓	✓	✓	✓	✓	✓	○	✓	✓	✓		
14	花坛		✓	○	✓	○	✓	✓	✓	○	○	✓		✓	
15	地被		✓	✓	✓	✓	✓	✓	✓	✓	✓	○	✓		
观感质量综合评价(各方商定)			好												

检查结论 (由监理或建设单位填写)	**工程观感质量综合评价为好、验收合格。** 施工单位技术负责人:×××　　总监工程师:××× 施工单位项目经理:×××　××年×月×日　(建设单位项目负责人)　××年×月×日
参加检查人员签　字	××× ××年×月×日

园林建筑及附属设施工程观感质量评定表

工程名称	××园林绿化工程	施工单位	××园林园艺公司

序号	项目	抽查质量状况										质量评价		
												好	一般	差
1	室外墙面	✓	✓	○	✓	✓	✓	✓	✓	✓	✓	✓		
2	外墙面横竖线角	✓	✓	✓	✓	✓	○	✓	✓	✓	✓	✓		
3	散水、台阶、明沟	○	✓	✓	✓	✓	✓	✓	✓	✓	✓	✓		
4	滴水槽(线)	✓	○	○	✓	✓	○	✓	✓	○	✓		✓	
5	变形缝、水落管	✓	✓	✓	○	✓	✓	✓	✓	✓	✓	✓		
6	屋面坡向	✓	✓	○	✓	✓	✓	✓	✓	✓	✓	✓		
7	屋面细部	✓	✓	✓	✓	✓	✓	✓	✓	○	✓	✓		
8	屋面防水层	✓	✓	✓	✓	✓	○	✓	✓	✓	✓	✓		
9	瓦屋面铺设	✓	✓	✓	○	✓	✓	✓	✓	✓	✓	✓		
10	室内顶棚	○	✓	✓	○	✓	✓	✓	○	✓	○		✓	
11	室内墙面	○	✓	○	✓	✓	✓	○	✓	○	✓		✓	
12	地面楼面	✓	✓	✓	✓	✓	✓	✓	✓	○	✓	✓		
13	楼梯、踏步	✓	✓	✓	✓	✓	✓	○	✓	✓	✓	✓		
14	厕浴、阳光、泛水	○	✓	✓	✓	✓	✓	✓	✓	✓	✓	✓		
15	钢铝结构	✓	✓	✓	✓	✓	✓	✓	✓	✓	○	✓		
16	花架结点	✓	✓	✓	○	✓	✓	○	✓	○	○		✓	
17	室外梁、柱	✓	✓	✓	✓	✓	✓	✓	✓	○	✓	✓		
观感质量综合评价(各方商定)		好												

检查结论 (由监理或建设单位填写)	**工程观感质量综合评价为好、验收合格。** 施工单位技术负责人:××× 总监工程师:××× 施工单位项目经理:××× ××年×月×日 (建设单位项目负责人) ××年×月×日
参加检查人员签　字	××× ××年×月×日

假山叠石单位工程观感质量评定表

工程名称	××园林绿化工程	施工单位	××园林园艺公司

序号	项　　目	抽查质量状况										质量评价		
												好	一般	差
一	假山叠石													
1	石料搭配比例	√	○	√	√	√	√	√	√	√	√	√		
2	冲洗清洁	√	√	√	√	√	○	√	√	√	√	√		
3	嵌缝	√	√	√	○	√	√	√	√	√	√	√		
4	预埋设施	○	√	√	○	√	√	○	√	√	○	√		
5	瀑布	√	√	√	√	√	√	√	○	√	√	√		
6	汀步	√	√	√	√	√	√	√	○	√	√	√		
7	石笋孤赏石	○	√	√	√	√	√	√	√	√	√	√		
二	艺术造型	√	√	√	√	√	○	√	√	√	√	√		
三	安全(质量)													
1	搭接牢度	√	√	√	√	√	√	√	√	√	√	√		
2	稳固	√	√	√	√	○	√	√	√	√	√	√		
3	使用安全	√	√	√	√	√	√	√	√	○	√	√		
四	水电	√	√	√	√	√	√	√	√	○	√	√		
观感质量综合评价(各方商定)		好												

检查结论 (由监理或建设单位写)	**工程观感质量综合评价为好、验收合格。** 施工单位技术负责人:×××　　　　总监工程师:××× 施工单位项目经理:×××　××年×月×日　(建设单位项目负责人)　　××年×月×日
参加检查人员签　字	××× ××年×月×日

大树移植工程观感质量评定表

工程名称	××园林绿化工程	施工单位	××园林园艺公司

序号	项目		抽查质量状况										质量评价		
													好	一般	差
1	栽植土	外观(土色及紧实度)	✓	✓	✓	○	✓	✓	✓	✓	✓	✓	✓		
		地形(平整度、排水坡度)	○	✓	✓	✓	○	✓	✓	○	○	✓		✓	
		杂物	✓	✓	✓	✓	○	✓	✓	✓	✓	✓	✓		
2	姿态和生长势		✓	✓	✓	✓	✓	✓	○	✓	✓	✓	✓		
3	病虫害		✓	✓	✓	✓	○	✓	✓	✓	✓	✓	○		
4	放样定位、定向及排列		✓	✓	✓	✓	✓	○	✓	✓	✓	✓	✓		
5	栽植深度、土球包装物、培土		✓	○	✓	✓	✓	✓	✓	✓	✓	✓	✓		
6	垂直度支撑和裹杆		✓	○	○	✓	✓	✓	✓	✓	✓	✓	✓		
7	修剪(剥芽)		✓	✓	✓	✓	✓	✓	○	✓	✓	✓	✓		

观感质量综合评价(各方商定)	好
检查结论 (由监理或建设单位填写)	工程观感质量综合评价为好、验收合格。 施工单位技术负责人:××× 总监工程师:××× 施工单位项目经理:××× ××年×月×日 (建设单位项目负责人) ××年×月×日
参加检查人员 签　字	××× ××年×月×日

第八节　园林古建筑修建工程质量验收常用表格

一、石基部分验收常用表格

1. 石桩分项工程质量验收表

石桩分项工程质量验收表

编号：×××

<table>
<tr><td colspan="4">工程名称</td><td colspan="11">××园林绿化工程</td></tr>
<tr><td colspan="4">分项工程名称</td><td colspan="3">石桩工程</td><td colspan="4">验收部位</td><td colspan="4">×××</td></tr>
<tr><td colspan="4">施工单位</td><td colspan="3">××园林园艺公司</td><td colspan="4">项目经理</td><td colspan="4">×××</td></tr>
<tr><td colspan="4">施工执行标准名称及编号</td><td colspan="11">《古建筑修建工程质量检验评定标准》(CJJ 39—91)</td></tr>
<tr><td colspan="4">分包单位</td><td colspan="3"></td><td colspan="4">分包项目经理</td><td colspan="4"></td></tr>
<tr><td colspan="11">质量验收规范规定</td><td colspan="4">验收质量情况</td></tr>
<tr><td rowspan="2">主控项目</td><td>1</td><td colspan="9">石桩(石丁)及嵌桩石的材质、规格必须符合设计要求</td><td colspan="4">合格</td></tr>
<tr><td>2</td><td colspan="9">打桩的标高或贯入度应符合设计要求或当地传统做法</td><td colspan="4">合格</td></tr>
<tr><td rowspan="14">一般项目</td><td colspan="4">项　目</td><td>1</td><td>2</td><td>3</td><td>4</td><td>5</td><td>6</td><td>7</td><td>8</td><td>9</td><td>10</td></tr>
<tr><td>1</td><td rowspan="3">石桩</td><td colspan="2">位置正确</td><td>√</td><td>√</td><td>√</td><td>√</td><td>√</td><td>√</td><td>√</td><td>○</td><td>√</td><td></td></tr>
<tr><td>2</td><td colspan="2">标高一致</td><td>√</td><td>√</td><td>○</td><td>√</td><td>√</td><td>√</td><td>√</td><td>√</td><td></td><td></td></tr>
<tr><td>3</td><td colspan="2">竖向垂直</td><td>√</td><td>○</td><td>√</td><td>√</td><td>√</td><td>√</td><td>○</td><td>√</td><td>√</td><td>√</td></tr>
<tr><td>4</td><td rowspan="3">嵌桩石</td><td colspan="2">摆放均匀</td><td>√</td><td>√</td><td>√</td><td>√</td><td>○</td><td>√</td><td>√</td><td>√</td><td>√</td><td></td></tr>
<tr><td>5</td><td colspan="2">嵌固密实</td><td>√</td><td>√</td><td>√</td><td>○</td><td>√</td><td>√</td><td>√</td><td>√</td><td>√</td><td>√</td></tr>
<tr><td>6</td><td colspan="2">夯泥除清</td><td>○</td><td>√</td><td>√</td><td>○</td><td>√</td><td>√</td><td>√</td><td>○</td><td>√</td><td></td></tr>
<tr><td colspan="3" rowspan="2">允许偏差项目</td><td rowspan="2">允许偏差(mm)</td><td colspan="10">实测值(mm)</td></tr>
<tr><td>1</td><td>2</td><td>3</td><td>4</td><td>5</td><td>6</td><td>7</td><td>8</td><td>9</td><td>10</td></tr>
<tr><td rowspan="2">1</td><td rowspan="2">中心位置偏移</td><td>边缘桩</td><td>$d/3$</td><td>30</td><td>40</td><td>30</td><td>60</td><td>40</td><td>50</td><td>30</td><td>60</td><td>70</td><td>40</td></tr>
<tr><td>中间桩</td><td>$d/2$</td><td>80</td><td>60</td><td>70</td><td>50</td><td>60</td><td>50</td><td>80</td><td>70</td><td>60</td><td></td></tr>
<tr><td rowspan="2">2</td><td rowspan="2">标高</td><td>桩顶面标高</td><td>30</td><td>20</td><td>25</td><td>20</td><td>20</td><td>15</td><td>10</td><td>20</td><td>25</td><td>20</td><td></td></tr>
<tr><td>嵌桩石顶面标高</td><td>30</td><td>25</td><td>20</td><td>15</td><td>20</td><td>20</td><td>24</td><td>15</td><td>20</td><td>25</td><td>20</td></tr>
<tr><td>3</td><td colspan="2">桩的垂直度</td><td>$3H\%$</td><td></td><td></td><td></td><td></td><td></td><td></td><td></td><td></td><td></td><td></td></tr>
<tr><td colspan="5" rowspan="2">施工单位检查
评定结果</td><td colspan="2">专业工长
(施工员)</td><td colspan="4">×××</td><td colspan="2">施工班组长</td><td colspan="2">×××</td></tr>
<tr><td colspan="10">主控项目全部合格，一般项目满足规范规定要求。
项目专业质量检查员：×××　　　　××年×月×日</td></tr>
<tr><td colspan="5">监理(建设)
单位验收结论</td><td colspan="10">同意验收。
专业监理工程师：×××
(建设单位项目专业负责人)　　　　××年×月×日</td></tr>
</table>

注：a 为石桩的边长，H 为桩长。

检查数量：按桩数 10%，且不得少于 3 根。

2. 木桩分项工程质量检查验收表

木桩分项工程质量检查验收表

编号：×××

<table>
<tr><td colspan="4">工程名称</td><td colspan="11">××园林绿化工程</td></tr>
<tr><td colspan="4">分项工程名称</td><td colspan="3">木桩工程</td><td colspan="4">验收部位</td><td colspan="4">×××</td></tr>
<tr><td colspan="4">施工单位</td><td colspan="3">××园林园艺公司</td><td colspan="4">项目经理</td><td colspan="4">×××</td></tr>
<tr><td colspan="4">施工执行标准名称及编号</td><td colspan="11">《古建筑修建工程质量检验评定标准》(CJJ 39—91)</td></tr>
<tr><td colspan="4">分包单位</td><td colspan="3"></td><td colspan="4">分包项目经理</td><td colspan="4"></td></tr>
<tr><td colspan="11">质量验收规范规定</td><td colspan="4">验收质量情况</td></tr>
<tr><td rowspan="3">主控项目</td><td>1</td><td colspan="9">木桩的材质、规格、树种应符合设计要求。嵌桩石的材质、规格应符合设计要求</td><td colspan="4">合格</td></tr>
<tr><td>2</td><td colspan="9">木桩的防腐处理应符合设计要求</td><td colspan="4">合格</td></tr>
<tr><td>3</td><td colspan="9">桩的标高或贯入度及接头应符合设计要求</td><td colspan="4">合格</td></tr>
<tr><td rowspan="14">一般项目</td><td colspan="4">项　目</td><td>1</td><td>2</td><td>3</td><td>4</td><td>5</td><td>6</td><td>7</td><td>8</td><td>9</td><td>10</td></tr>
<tr><td>1</td><td rowspan="3">木桩</td><td colspan="2">位置正确</td><td>√</td><td>√</td><td>√</td><td>○</td><td>√</td><td>√</td><td>√</td><td>√</td><td></td><td></td></tr>
<tr><td>2</td><td colspan="2">标高一致</td><td>√</td><td>√</td><td>○</td><td>√</td><td>√</td><td>○</td><td>√</td><td>√</td><td>√</td><td>√</td></tr>
<tr><td>3</td><td colspan="2">竖向垂直</td><td>√</td><td>√</td><td>○</td><td>√</td><td>√</td><td>○</td><td>√</td><td>√</td><td>○</td><td>√</td></tr>
<tr><td>4</td><td rowspan="3">嵌桩石</td><td colspan="2">摆放均匀</td><td>√</td><td>√</td><td>√</td><td>√</td><td>○</td><td>√</td><td>√</td><td>√</td><td>√</td><td></td></tr>
<tr><td>5</td><td colspan="2">嵌固密实</td><td>√</td><td>√</td><td>√</td><td>○</td><td>√</td><td>√</td><td>√</td><td>√</td><td>√</td><td>√</td></tr>
<tr><td>6</td><td colspan="2">夯泥除清</td><td>√</td><td>√</td><td>√</td><td>√</td><td>√</td><td>√</td><td>√</td><td>○</td><td>√</td><td></td></tr>
<tr><td colspan="3" rowspan="2">允许偏差项目</td><td rowspan="2">允许偏差(mm)</td><td colspan="10">实测值(mm)</td></tr>
<tr><td>1</td><td>2</td><td>3</td><td>4</td><td>5</td><td>6</td><td>7</td><td>8</td><td>9</td><td>10</td></tr>
<tr><td rowspan="2">1</td><td rowspan="2">中心位置偏移</td><td>边缘桩</td><td>$d/3$</td><td>40</td><td>50</td><td>30</td><td>40</td><td>20</td><td>40</td><td>30</td><td>50</td><td></td><td></td></tr>
<tr><td>中间桩</td><td>$d/2$</td><td>60</td><td>40</td><td>20</td><td>30</td><td>40</td><td>50</td><td>30</td><td>40</td><td>50</td><td>60</td></tr>
<tr><td rowspan="2">2</td><td rowspan="2">标高</td><td>桩顶面标高</td><td>30</td><td>10</td><td>20</td><td>15</td><td>25</td><td>10</td><td>15</td><td>18</td><td>10</td><td>15</td><td></td></tr>
<tr><td>嵌桩石顶面标高</td><td>30</td><td>20</td><td>25</td><td>20</td><td>15</td><td>18</td><td>14</td><td>10</td><td>5</td><td>20</td><td></td></tr>
<tr><td>3</td><td colspan="2">桩的垂直度</td><td>$3H\%$</td><td></td><td></td><td></td><td></td><td></td><td></td><td></td><td></td><td></td><td></td></tr>
<tr><td colspan="4" rowspan="2">施工单位检查评定结果</td><td colspan="2">专业工长(施工员)</td><td colspan="4">×××</td><td colspan="3">施工班组长</td><td colspan="2">×××</td></tr>
<tr><td colspan="11">主控项目全部合格，一般项目满足规范规定要求。

项目专业质量检查员：×××　　　　××年×月×日</td></tr>
<tr><td colspan="4">监理(建设)单位验收结论</td><td colspan="11">同意验收。

专业监理工程师：×××
(建设单位项目专业负责人)　　　　××年×月×日</td></tr>
</table>

注：d 为木桩的边长，H 为桩长。

3. 台基、露台分项工程质量验收表

台基、露台分项工程质量验收表

（适用于礤石、阶沿石、侧塘石、石级和台基、露台（含填土）工程）

编号：×××

工程名称	××园林绿化工程		
分项工程名称	**台基、露台工程**	验收部位	×××
施工单位	**××园林园艺公司**	项目经理	×××
施工执行标准名称及编号	**《古建筑修建工程质量检验评定标准》(CJJ 39—91)**		
分包单位		分包项目经理	

		质量验收规范规定	验收质量情况
主控项目	1	材料的品种、规格、质量应符合设计要求	**合格**
	2	砂浆品种、质量必须符合设计要求。石材的砌筑质量符合现行国家标准的规定	**合格**
	3	台基内回填土的土质、含水量、夯实后的干土密度应符合设计要求和现行国家标准的规定	**合格**

一般项目		项　目		1	2	3	4	5	6	7	8	9	10
	1	侧塘石、阶沿石组砌形式	内外搭砌	√	○	√	√	√	○	√	√		
	2		上下错缝	√	√	√	√	√	○	√	√	√	√
	3		拉结石和侧塘石交错设置	√	○	√	√	√	√	√	○	√	√
	4	台基的灰缝	勾缝密实	√	√	○	√	√	√	○	√	√	
	5		粘结牢固	√	○	√	√	√	○	√	√	√	√
	6		厚度均匀一致	√	○	√	√	√	√	√	√		
	7		墙面洁净	√	√	○	√	√	√	√	√	√	√
	8	阶沿石	宽厚一致	√	√	√	√	○	√	√	√		
	9		表面平整	√	√	○	√	√	√	√	√	√	√
	10		棱角平直	√	√	√	√	√	√	○	√	√	

一般项目		允许偏差项目		允许偏差(mm)		实测值(mm)									
				半细料石	细料石	1	2	3	4	5	6	7	8	9	10
	11	阶沿石	平整度	7	5	**1**	**3**	**2**	**3**	**2**	**3**	**1**	**2**		
			宽度	±3	±2	**2**	**3**	**4**	**3**	**2**	**1**	**2**	**3**	**1**	**2**
			厚度	±3	±2	**4**	**1**	**2**	**3**	**2**	**1**	**3**	**4**	**1**	
			标高	±3	±3	**5**	**7**	**6**	**5**	**8**	**6**	**7**	**5**	**4**	
	12	侧塘石	垂直度	3	2	**2**	**1**	**3**	**2**	**1**	**1**	**2**	**1**	**1**	**2**
			平整度	7	5	**6**	**7**	**4**	**6**	**5**	**7**	**4**	**5**		
	13	礤石	标高	+3	+3	**4**	**7**	**6**	**5**	**4**	**5**	**4**	**4**	**5**	**6**
			中心线位移	±3	±3	**4**	**3**	**2**	**1**	**2**	**2**	**3**			
			平面尺寸	±3	±3	**4**	**4**	**3**	**2**	**1**	**1**	**2**	**3**	**4**	
			平整度	±3	±3	**2**	**1**	**1**	**2**	**2**	**1**	**1**	**1**	**1**	**1**
	14	石级	平整度	7	5	**5**	**6**	**7**	**7**	**6**	**5**	**5**	**4**		
			标高	±3	±3	**3**	**4**	**3**	**3**	**3**	**4**	**3**	**3**	**3**	**3**
			宽度	±3	±2	**2**	**1**	**2**	**3**	**2**	**1**	**1**	**2**	**2**	
			级高	±3	±2	**2**	**3**	**2**	**1**	**2**	**2**	**2**	**1**	**3**	**2**
			级宽	±3	±2	**3**	**2**	**1**	**2**	**3**	**3**	**2**	**1**		

施工单位检查评定结果	专业工长（施工员）	×××	施工班组长	×××
	主控项目全部合格，一般项目满足规范规定要求。 项目专业质量检查员：×××　　××年×月×日			
监理（建设）单位验收结论	**同意验收。** 专业监理工程师：××× （建设单位项目专业负责人）　　××年×月×日			

4. 基础修缮分项工程质量检查验收表

基础修缮分项工程质量检查验收表

编号：×××

工程名称	××园林绿化工程		
分项工程名称	基础修缮工程	验收部位	×××
施工单位	××园林园艺公司	项目经理	×××
施工执行标准名称及编号	《古建筑修建工程质量检验评定标准》(CJJ 39—91)		
分包单位		分包项目经理	

		质量验收规范规定	验收质量情况
主控项目	1	基础修缮应有修缮设计和施工技术方案	方案完善
	2	基础修缮必须分段、间隔掏修，每段长度不得超过1.0m或基础底面积的20%。并应有施工安全措施。基础的损坏部分应清除干净	合格
	3	修缮基础的材料品种、质量、规格应符合设计要求，其露明部分应与原基础相一致	合格
	4	基础修缮的砌筑质量应符合现行国家标准的规定	合格

		项目			1	2	3	4	5	6	7	8	9	10
一般项目	1	新旧基础接槎平顺			✓	✓	○	✓	✓	✓	✓	✓	✓	
	2	密实牢固			✓	○	✓	✓	✓	✓	✓	✓	✓	✓
	3	露明部分色泽一致			✓	○	✓	✓	○	✓	✓	✓		
		允许偏差项目	允许偏差(mm)		实测值(mm)									
			毛石	砖	1	2	3	4	5	6	7	8	9	10
	1	平面平整度	20	10	9	8	7	7	7	8	7	6	5	
	2	新旧接槎高低差	±15	±5	10	9	8	9	9	8	9	9	10	9
	3	轴线位移	±20	±10	10	15	10	10	13	14	15	10	12	

施工单位检查评定结果	专业工长(施工员)	×××	施工班组长	×××
	主控项目全部合格，一般项目满足规范规定要求。 项目专业质量检查员：××× ××年×月×日			
监理(建设)单位验收结论	同意验收。 专业监理工程师：××× (建设单位项目专业负责人) ××年×月×日			

5. 石驳岸(档墙)石料加工分项工程质量验收表

石驳岸(档墙)石料加工分项工程质量验收表

编号：×××

工程名称	××园林绿化工程		
分项工程名称	石驳岸石料加工工程	验收部位	×××
施工单位	××园林园艺公司	项目经理	×××
施工执行标准名称及编号	《古建筑修建工程质量检验评定标准》(CJJ 39—91)		
分包单位		分包项目经理	

质量验收规范规定			验收质量情况
主控项目	1	石料的品种、材质、规格及加工程度，应符合设计要求和传统作法	合格
主控项目	2	石料的纹理应符合受力要求	合格

一般项目	项目			1	2	3	4	5	6	7	8	9	10
	1	表面	整洁	√	√	√	√	√	√	√	√		
	2	表面	平直	√	○	√	√	√	√	√	√	√	√
	3	表面	无缺棱掉角	√	√	√	○	√	√	√	√	√	
	4	表面斧印	顺直均匀	√	√	√	√	√	○	√	√	√	
	5	表面斧印	深浅一致	√	√	√	√	√	○	√	√	√	√
	6	表面斧印	刮边宽度一致	√	√	○	√	√	√	√	√		
	7	色泽外观	无明显缺陷	√	○	√	√	○	√	√	√	√	
	8	色泽外观	色泽均匀一致	○	√	√	√	√	√	√	√		

一般项目	允许偏差项目		允许偏差(mm)		实测值(mm)									
			宽度厚度	长度	1	2	3	4	5	6	7	8	9	10
	1	细料石、半细料石	±3	±5	3	2	1	2	3	2	1	2		
	2	粗料石	±5	±7	5	6	3	4	5	5	6	7	7	6
	3	毛料石	±10	±15	10	11	11	11	12	10	11	10	11	

施工单位检查评定结果	专业工长(施工员)	×××	施工班组长	×××
	主控项目全部合格，一般项目满足规范规定要求。 项目专业质量检查员：×××　　××年×月×日			
监理(建设)单位验收结论	同意验收。 专业监理工程师：××× (建设单位项目专业负责人)　　××年×月×日			

6. 料石驳岸(挡墙)砌筑分项工程质量验收表

料石驳岸(挡墙)砌筑分项工程质量验收表

编号：×××

工程名称	××园林绿化工程		
分项工程名称	料石驳岸砌箱工程	验收部位	×××
施工单位	××园林园艺公司	项目经理	×××
施工执行标准名称及编号	《古建筑修建工程质量检验评定标准》(CJJ 39—91)		
分包单位		分包项目经理	

		质量验收规范规定	验收质量情况
主控项目	1	石驳岸的盖桩石、锁口石、挑筋石、镂孔石的安放位置，组砌方法、收势应符合设计要求	符合
	2	连接铁件的品种、型号、规格、质量和安放位置应符合设计要求	符合
	3	砂浆的品种、强度应符合设计要求和现行国家标准的规定	符合
	4	驳岸出水口的设置应符合设计要求和传统做法	符合
	5	驳岸(挡土墙)的填土应符合设计要求和现行国家标准的规定	符合

		项目		1	2	3	4	5	6	7	8	9	10
一般项目	1	料石驳岸灰缝	灰缝顺直	✓	✓	✓	○	✓	✓	✓	✓	✓	
	2		厚度均匀	✓	✓	○	✓	✓	✓	✓	✓	✓	✓
	3		勾缝整齐密实牢固	✓	○	✓	✓	✓	✓	✓	✓	✓	
	4		墙面洁净	○	✓	✓	✓	✓	✓	✓	✓	✓	✓
	5		锁口面平整	✓	✓	✓	✓	✓	○	✓	✓		
	6		排水流畅	✓	✓	✓	✓	○	✓	✓	✓	✓	✓
	7	料石表面	石料完整	✓	✓	✓	✓	✓	✓	○	✓	✓	
	8		无缺棱掉角	✓	✓	✓	✓	✓	✓	✓	○	✓	✓
	9		无炸纹裂缝	✓	○	✓	✓	✓	✓	✓	✓		
	10		表面平整洁净	○	○	✓	✓	✓	✓	✓	✓	○	✓

	允许偏差项目		允许偏差(mm) 料石驳岸			实测值(mm)									
			毛料石	粗料石	细料石	1	2	3	4	5	6	7	8	9	10
1	轴线位置偏移		15	10	10	**2**	**3**	**2**	**1**	**2**	**3**	**3**	**2**	**2**	
2	驳岸厚度		+20、−10	+10、−5	+10、−5	**6**	**7**	**7**	**6**	**5**	**6**	**7**	**5**		
3	垂直度	H在5m以内	20	15	15	**15**	**14**	**13**	**13**	**12**	**12**	**11**	**11**	**10**	
		H在5m以上	30	20	20	**15**	**15**	**16**	**17**	**18**	**15**	**16**	**17**	**17**	**18**
4	表面平整度		20	10	7	**4**	**5**	**5**	**5**	**5**	**5**	**5**	**6**		
5	水平灰缝平直度		—	10	7	**7**	**6**	**5**	**5**	**6**	**6**	**6**	**7**	**5**	
6	锁口石顶面标高		±15	±15	±10	**10**	**9**	**8**	**8**	**7**	**9**	**8**	**8**	**10**	**9**

施工单位检查评定结果	专业工长(施工员)	×××	施工班组长	×××
	主控项目全部合格，一般项目满足规范规定要求。 项目专业质量检查员：×××　　××年×月×日			
监理(建设)单位验收结论	**同意验收。** 专业监理工程师：××× (建设单位项目专业负责人)　　××年×月×日			

7. 毛石驳岸(挡墙)砌筑分项工程质量验收表

毛石驳岸(挡墙)砌筑分项工程质量验收表

编号：×××

工程名称	××园林绿化工程		
分项工程名称	毛石驳岸砌筑工程	验收部位	×××
施工单位	××园林园艺公司	项目经理	×××
施工执行标准名称及编号	《古建筑修建工程质量检验评定标准》(CJJ 39—91)		
分包单位		分包项目经理	

		质量验收规范规定	验收质量情况
主控项目	1	石驳岸的盖桩石、锁口石、挑筋石、镂孔石的安放位置、组砌方法，收势应符合设计要求	符合
	2	连接铁件的品种、型号、规格、质量和安放位置应符合设计要求	符合
	3	砂浆的品种、强度应符合设计要求和现行国家标准的规定	符合
	4	毛石驳岸所用的仓石(衬石)应填实、稳固，强度不得低于毛石	符合
	5	驳岸出水口的设置应符合设计要求和传统做法	符合
	6	驳岸(挡土墙)的填土，应符合设计要求和现行国家标准的规定	符合

		项目		1	2	3	4	5	6	7	8	9	10
一般项目	1	毛石驳岸灰缝	灰浆饱满	✓	✓	○	✓	✓	✓	✓	✓	✓	
	2		勾缝密实牢固	✓	○	✓	✓	✓	✓	✓	✓	✓	✓
	3		厚度均匀	○	✓	✓	✓	✓	✓	✓	✓		
	4		凹凸一致	✓	✓	✓	○	✓	✓	✓	✓	✓	✓
	5		墙面洁净美观	✓	✓	✓	✓	✓	✓	✓	✓	✓	✓
	6	毛石表面	毛石无风化	✓	✓	○	✓	✓	✓	✓	✓	✓	
	7		无炸纹裂缝	✓	✓	✓	○	✓	✓	✓	✓	✓	✓
	8		块石摆砌均匀	✓	✓	✓	○	✓	✓	✓	✓	✓	
			表面整齐洁净	✓	○	✓	✓	✓	✓	✓	✓		
	允许偏差项目		允许偏差(mm)	实测值(mm)									
			毛石驳岸	1	2	3	4	5	6	7	8	9	10
	1	轴线位置偏移	15	10	9	9	6	9	10	9	8	2	
	2	驳岸厚度	+20、−10	+5	+5	−6	−5	+5	+7	−7	+5	+5	−6
	3	垂直度 *H* 在 5m 以内	20	10	11	12	11	11	10	11	8		
		垂直度 *H* 在 5m 以上	30										
	4	表面平整度	20	15	11	10	10	11	10	11	15	10	
	5	水平灰缝平直度	—	—	—	—	—	—	—	—	—	—	—
	6	锁口石顶面标高	±15	9	8	9	9	10	9	10	9	9	

施工单位检查评定结果	专业工长(施工员)	×××	施工班组长	×××
	主控项目全部合格，一般项目满足规范规定要求。 项目专业质量检查员：×××　　　　××年×月×日			
监理(建设)单位验收结论	**同意验收。** 专业监理工程师：××× (建设单位项目专业负责人)　　　　××年×月×日			

8. 石驳岸修缮分项工程质量验收表

石驳岸修缮分项工程质量验收表

编号：×××

工程名称	××园林绿化工程		
分项工程名称	石驳岸修缮工程	验收部位	×××
施工单位	××园林园艺公司	项目经理	×××
施工执行标准名称及编号	《古建筑修建工程质量检验评定标准》(CJJ 39—91)		
分包单位		分包项目经理	

		质量验收规范规定	验收质量情况
主控项目	1	石驳岸修缮必须按修缮设计或修缮方案要求工序进行施工	
	2	石驳岸的盖桩石、锁口石、挑筋石、镂孔石的安放位置、组砌方法，收势应符合设计要求	符合
	3	连接铁件的品种、型号、规格、质量和安放位置应符合设计要求	符合
	4	砂浆的品种、强度应符合设计要求和现行国家标准的规定	符合
	5	毛石驳岸所用仓石(衬石)应填实、稳固，强度不得低于毛石	符合
	6	驳岸出水口的设置应符合设计要求和传统做法	符合
	7	驳岸(挡土墙)的填土应符合设计要求和现行国家标准的规定	符合

		项目		1	2	3	4	5	6	7	8	9	10
一般项目	1	驳岸修缮	损坏部分清除干净彻底	✓	✓	○	✓	✓	✓	✓	✓		
			新旧石料接槎嵌紧	✓	○	✓	✓	✓	✓	✓	✓	✓	✓
			平顺牢固	○	✓	✓	✓	✓	✓	✓	✓	✓	
			砂浆饱满	✓	✓	○	✓	✓	✓	✓	✓	✓	✓
	2	驳岸修缮灰缝	新旧接槎处灰缝平顺	✓	✓	✓	✓	○	✓	✓	✓	✓	
			厚度均匀	✓	✓	✓	○	✓	✓	✓	✓	✓	✓
			凹凸一致	✓	○	✓	✓	✓	✓	✓	✓	✓	
	3	驳岸修缮表面	色泽一致	✓	✓	✓	✓	✓	✓	✓	✓	✓	✓
			表面平整洁净	○	✓	✓	✓	✓	✓	✓	✓	✓	✓
			新旧接槎和顺、严实	✓	✓	✓	○	✓	○	✓	✓		

允许偏差项目	允许偏差(mm)				实测值(mm)									
	毛石驳岸	料石驳岸			1	2	3	4	5	6	7	8	9	10
		毛料石	粗料石	细料石										
新旧接槎处高低差	15	15	20	5	**2**	**3**	**2**	**1**	**2**	**3**	**3**	**2**	**2**	**1**

施工单位检查评定结果	专业工长(施工员)	×××	施工班组长	×××
	主控项目全部合格，一般项目满足规范规定要求。 项目专业质量检查员：×××　　××年×月×日			
监理(建设)单位验收结论	**同意验收。** 专业监理工程师：××× (建设单位项目专业负责人)　　××年×月×日			

二、大木作部分常用表格

1. 抬梁式柱类构件制作分项工程质量验收表

抬梁式柱类构件制作分项工程质量验收表

（适用于抬梁式（帖式）柱类构件（廊柱、步柱、金柱、脊柱、童柱的制作工程））

编号：×××

工程名称	××园林绿化工程		
分项工程名称	抬梁式柱类构件制作	验收部位	×××
施工单位	××园林园艺公司	项目经理	×××
施工执行标准名称及编号	《古建筑修建工程质量检验评定标准》(CJJ 39—91)		
分包单位		分包项目经理	
质量验收规范规定			验收质量情况
主控项目 1	内柱的收势，廊(檐)柱的侧脚，升起应符合设计要求或传统做法		符合
主控项目 2	柱类构件榫卯节点应符合设计要求。当设计无明确规定时，应符合下列规定： (1)柱子下端做管脚榫者，圆柱榫长不应小于该柱端直径的1/4，并不应大于该柱端直径的1/3，榫宽应与榫长相同；方柱榫长不应小于该柱截面宽的1/4，并不应大于该柱截面宽的3/10，榫宽应与榫长相同。 (2)廊(檐)柱上端应与座斗相接，其上端应做馒头肩榫卯接。圆柱榫长不应小于该柱端直径的1/4，并不应大于该柱端直径的1/3，榫宽应与榫长相同；方柱榫长不应小于该柱截面宽的1/4，并不应大于该柱截面宽的3/10，榫宽应与榫长相同。 (3)脊柱、脊童柱应与桁相接，其上端应做顶拱榫卯接。圆柱榫长不应小于该柱直径的1/4，并不应大于该柱直径的1/3；方柱榫长不应小于该柱截面的1/4，并不应大于该柱截面宽的3/10。单榫宽均应为该柱直径的1/10，榫深不应小于桁直径的1/4，并不应大于该桁直径的1/3。 (4)各式廊、步、金柱应与梁、川(穿)相交，其上端应做榫(箍头榫)卯接。圆柱榫宽不应小于该柱端直径的1/4，并不应大于该柱端直径的1/3；方柱榫宽不应小于该柱截面宽的1/4，并不应大于该柱截面宽的3/10。 (5)柱子中部需要做透榫者，均应采用大进小出做法，半榫与透榫的高度比宜为4:6；圆柱透榫的宽度不应小于该柱直径的1/4，并不应大于该柱直径的1/3；方柱透榫的宽度不应小于该柱截面的1/4，并不应大于该柱截面宽的3/10。 (6)圆柱半榫深度不应小于该柱端直径的1/6，不应大于该柱端直径的1/3；方柱半榫深度不应小于该柱截面宽的1/6，不应大于该柱截面宽的3/10。 (7)各式童柱与梁架相接，其下端应做半榫(柱脚半榫)卯接，半榫长度做法应第3项的规定执行。半榫深度不应小于该梁直径(截面宽)的1/4，不应大于该梁直径(截面宽)的1/3		符合

续表

		项 目			1	2	3	4	5	6	7	8	9	10
一般项目	1	抬梁式柱子制作表面	表面平整光滑		✓	✓	✓	✓	✓	✓	✓	✓		
	2		方圆适度、起线顺直		✓	✓	○	✓	✓	✓	✓	✓	✓	✓
	3		无刨、锤印、无疵病		✓	✓	○	✓	✓	✓	✓	✓	✓	
	允许偏差项目			允许偏差(mm)	实测值(mm)									
					1	2	3	4	5	6	7	8	9	10
	1	柱长(柱高)		±3	1	1	2	1	1	1	1	2	2	
	2	柱直径截面尺寸		−3	1	2	1	1	1	1	1	2	2	1
	3	柱弯曲		5	2	3	2	2	3	2	3	4	3	3
	4	柱圆度		4	2	1	1	2	3	2	3	3		
	5	榫卯平整度	柱径小于300mm	±1										
	6		柱径300～500mm	±2	0	+1	+1	0	−1	0	−1	0	0	−1
	7		柱径500mm以上	±3										

施工单位检查评定结果	专业工长(施工员)	×××	施工班组长	×××
	主控项目全部合格，一般项目满足规范规定要求。 项目专业质量检查员：××× ××年×月×日			
监理(建设)单位验收结论	**同意验收。** 专业监理工程师：××× (建设单位项目专业负责人) ××年×月×日			

2. 抬梁式梁类构件分项工程质量验收表

抬梁式梁类构件分项工程质量验收表

编号：×××

工程名称	**××园林绿化工程**		
分项工程名称	**抬梁式梁类构件**	验收部位	×××
施工单位	**××园林园艺公司**	项目经理	×××
施工执行标准名称及编号	**《古建筑修建工程质量检验评定标准》(CJJ 39—91)**		
分包单位		分包项目经理	

		质量验收规范规定	验收质量情况
主控项目	1	采用铁件的材质、型号、规格和连接方法应符合设计要求	**符合**
	2	梁类构件制作时，应弹出机面线，作为高度的水平线	**符合**
	3	梁类构件榫卯节点应符合设计要求	**符合**

		项　目			1	2	3	4	5	6	7	8	9	10
一般项目	1	表面平整光滑			✓	✓	○	✓	✓	✓	✓	✓	✓	✓
	2	方圆适度			✓	○	✓	✓	✓	✓	✓	✓		
	3	起线顺直			✓	✓	✓	✓	✓	○	✓	✓	✓	✓
	4	无刨、锤印			✓	○	✓	✓	✓	✓	✓	✓	✓	
	5	无疵病			✓	✓	✓	✓	✓	○	✓	✓		
	允许偏差项目			允许偏差(mm)	实测值(mm)									
					1	2	3	4	5	6	7	8	9	10
	1	梁长度	长度小于、等于10m	±5										
			长度大于10m	±10	**+8**	**+9**	**+9**	**+8**	**−5**	**−3**	**−8**	**+5**	**−7**	**+6**
	2	梁端直径(截面尺寸)		−3	**−2**	**−1**	**−1**	**−2**	**−1**	**−2**	**−2**	**0**	**2**	
	3	大梁起拱(跨度的1/200)		+4、−2	**+2**	**+1**	**−1**	**+2**	**−1**	**−2**	**+1**	**+1**		
	4	圆度		4	**1**	**2**	**2**	**1**	**1**	**2**	**1**	**1**	**2**	**1**

施工单位检查评定结果	专业工长(施工员)	×××	施工班组长	×××
	主控项目全部合格，一般项目满足规范规定要求。 项目专业质量检查员：×××　　××年×月×日			
监理(建设)单位验收结论	**同意验收。** 专业监理工程师：××× (建设单位项目专业负责人)　　××年×月×日			

3. 抬梁式枋类构件分项工程质量验收表

抬梁式枋类构件分项工程质量验收表

编号：×××

<table>
<tr><td>工程名称</td><td colspan="3">××园林绿化工程</td></tr>
<tr><td>分项工程名称</td><td>抬梁式枋类构件</td><td>验收部位</td><td>×××</td></tr>
<tr><td>施工单位</td><td>××园林园艺公司</td><td>项目经理</td><td>×××</td></tr>
<tr><td>施工执行标准名称及编号</td><td colspan="3">《古建筑修建工程质量检验评定标准》(CJJ 39—91)</td></tr>
<tr><td>分包单位</td><td></td><td>分包项目经理</td><td></td></tr>
</table>

<table>
<tr><td colspan="15">质量验收规范规定</td><td>验收质量情况</td></tr>
<tr><td rowspan="2">主控项目</td><td>1</td><td colspan="13">采用铁件的材质、型号、规格和连接方法应符合设计要求</td><td>符合</td></tr>
<tr><td>2</td><td colspan="13">枋类构件榫卯节点应符合设计要求。如设计无明确规定时，必须符合下列规定：
(1)各檐(额)枋、步枋、脊枋与柱相交，透榫、半榫做法应榫与卯一致。当同一水平高度两根枋相交于柱者，榫样应采用聚鱼合榫；当单根枋与柱相交者，应采用透榫。
(2)廊轩(卷棚)或内轩、其用枋子承 椽者，应凿回椽眼，其深度不小于椽断面长边的1/2。
(3)拍口枋与楼承重梁相交者，应做榫(拍口榫)卯接。
(4)建筑物外围檐(额)枋在角柱处相交时，应做敲交(刻半)榫，其榫宽不应小于柱直径的1/4，不大于柱端直径的3/10。
(5)圆形、扇形建筑的檐枋、廊枋等弧形构件，其弧度应做样板，样板应符合设计要求</td><td>符合</td></tr>
<tr><td rowspan="11">一般项目</td><td colspan="4">项　目</td><td>1</td><td>2</td><td>3</td><td>4</td><td>5</td><td>6</td><td>7</td><td>8</td><td>9</td><td colspan="2">10</td></tr>
<tr><td>1</td><td colspan="3">中心线正确</td><td>✓</td><td>✓</td><td>○</td><td>✓</td><td>✓</td><td>✓</td><td>✓</td><td>✓</td><td>✓</td><td colspan="2"></td></tr>
<tr><td>2</td><td colspan="3">表面平整</td><td>✓</td><td>○</td><td>✓</td><td>✓</td><td>✓</td><td>✓</td><td>✓</td><td>✓</td><td>✓</td><td colspan="2">✓</td></tr>
<tr><td>3</td><td colspan="3">无刨、锤印</td><td>○</td><td>✓</td><td>✓</td><td>✓</td><td>✓</td><td>✓</td><td>✓</td><td>✓</td><td>✓</td><td colspan="2">✓</td></tr>
<tr><td>4</td><td colspan="3">无疵病</td><td>✓</td><td>✓</td><td>✓</td><td>○</td><td>✓</td><td>✓</td><td>✓</td><td>✓</td><td>✓</td><td colspan="2">✓</td></tr>
<tr><td colspan="3" rowspan="2">允许偏差项目</td><td rowspan="2">允许偏差
(mm)</td><td colspan="11">实测值(mm)</td></tr>
<tr><td>1</td><td>2</td><td>3</td><td>4</td><td>5</td><td>6</td><td>7</td><td>8</td><td>9</td><td colspan="2">10</td></tr>
<tr><td rowspan="2">1</td><td rowspan="2">构件截面尺寸</td><td>高度</td><td>±3</td><td>+1</td><td>−2</td><td>−1</td><td>+1</td><td>−2</td><td>+1</td><td>−1</td><td>+2</td><td>+1</td><td colspan="2">−2</td></tr>
<tr><td>宽度</td><td>±2</td><td>+1</td><td>−1</td><td>−1</td><td>+1</td><td>+2</td><td>0</td><td>+1</td><td>−2</td><td>−1</td><td colspan="2">+1</td></tr>
<tr><td>2</td><td colspan="2">侧向弯度</td><td>1/500 枋长</td><td></td><td></td><td></td><td></td><td></td><td></td><td></td><td></td><td></td><td colspan="2"></td></tr>
</table>

<table>
<tr><td rowspan="2">施工单位检查
评定结果</td><td>专业工长
(施工员)</td><td>×××</td><td>施工班组长</td><td>×××</td></tr>
<tr><td colspan="4">主控项目全部合格，一般项目满足规范规定要求。

项目专业质量检查员：×××　　　　××年×月×日</td></tr>
<tr><td>监理(建设)
单位验收结论</td><td colspan="4">同意验收。

专业监理工程师：×××
(建设单位项目专业负责人)　　　　××年×月×日</td></tr>
</table>

4. 穿斗式柱类构件分项工程质量验收表

穿斗式柱类构件分项工程质量验收表

编号：×××

工程名称	××园林绿化工程		
分项工程名称	**穿斗式柱类构件**	验收部位	×××
施工单位	**××园林园艺公司**	项目经理	×××
施工执行标准名称及编号	**《古建筑修建工程质量检验评定标准》(CJJ 39—91)**		
分包单位		分包项目经理	

		质量验收规范规定	验收质量情况
主控项目	1	内柱的收势(分)，檐柱的侧脚、升起应符合设计要求	**符合**
主控项目	2	柱类构件榫卯节点应符合设计要求，当设计无明确规定时，应符合下列规定： (1)柱子下端做管脚榫(地脚榫)者，圆柱榫长不应小于该柱端直径的1/4，不应大于该柱端直径的1/3；榫宽与长度相同；方柱榫长不应小于该柱截面宽的1/4，不应大于该柱截面宽的3/10，榫宽与长相同。 (2)柱子上端与桁相接，其上端做桁碗卯接。圆柱榫长不应小于该柱直径的1/4，不应大于该柱直径的1/3；方柱榫长不应小于该柱截面的1/4，不应大于该柱截面宽的3/10。单榫宽均为该柱直径的1/10，榫深不应小于桁直径的1/4，不应大于该桁直径的1/3。 (3)柱子中部需做透榫者，均应采用大进小出做法，半榫与透榫的高度比宜为4:6。圆柱透榫的宽度不应小于该柱直径的1/4，不应大于该柱端直径的1/3；方柱透榫的宽度不应小于该柱截面的1/4，不应大于该柱截面宽的3/10。 (4)圆柱半榫深度不应小于该柱端直径的1/6，不应大于该柱端直径的1/3；方柱半榫深度不应小于该柱截面的1/6，不应大于该柱截面宽的3/10。 (5)各式瓜柱与梁架相接，其下端应做叉榫卯接，叉榫宽度不应大于柱直径的1/3	**符合**

一般项目		项　目	1	2	3	4	5	6	7	8	9	10
	1	表面平整	✓	✓	○	✓	✓	✓	✓	✓	✓	✓
	2	方圆适度	✓	○	✓	✓	✓	✓	✓	✓	✓	✓
	3	起线顺直	✓	✓	✓	○	✓	✓	✓	✓		
	4	无刨、锤印	✓	✓	✓	✓	○	✓	✓	✓	✓	✓
	5	无疵病	○	✓	✓	✓	✓	✓	✓	✓		

一般项目	允许偏差项目			允许偏差(mm)	实测值(mm) 1	2	3	4	5	6	7	8	9	10
	1	柱长(柱高)		±3	**+1**	**−2**	**+1**	**−2**	**−1**	**+1**	**−1**	**−1**	**+2**	
	2	柱直径截面尺寸		−3	**−1**	**−2**	**−1**	**−1**	**−1**	**−1**	**0**	**1**	**1**	**1**
	3	柱弯曲		5	**4**	**3**	**2**	**1**	**3**	**2**	**2**	**3**		
	4	柱圆度		4	**3**	**2**	**1**	**2**	**2**	**1**	**1**	**2**	**2**	**1**
	5	榫卯平整度	柱径300mm以内	±1										
	5	榫卯平整度	柱径300～500mm	±2	**+1**	**−1**	**+2**	**0**	**+1**	**−1**	**−1**	**+2**	**+1**	
	5	榫卯平整度	柱径500mm以上	±3										

施工单位检查评定结果	专业工长(施工员)	×××	施工班组长	×××
	主控项目全部合格，一般项目满足规范规定要求。 项目专业质量检查员：×××　　××年×月×日			
监理(建设)单位验收结论	**同意验收。** 专业监理工程师：××× (建设单位项目专业负责人)　　××年×月×日			

5. 穿斗式梁类构件分项工程质量验收表

穿斗式梁类构件分项工程质量验收表

（适用于穿斗(逗)式中梁川(穿)构件）

编号：×××

<table>
<tr><td colspan="4">工程名称</td><td colspan="11">××园林绿化工程</td></tr>
<tr><td colspan="4">分项工程名称</td><td colspan="3">穿斗式梁类构件工程</td><td colspan="4">验收部位</td><td colspan="4">×××</td></tr>
<tr><td colspan="4">施工单位</td><td colspan="3">××园林园艺公司</td><td colspan="4">项目经理</td><td colspan="4">×××</td></tr>
<tr><td colspan="4">施工执行标准名称及编号</td><td colspan="11">《古建筑修建工程质量检验评定标准》(CJJ 39—91)</td></tr>
<tr><td colspan="4">分包单位</td><td colspan="3"></td><td colspan="4">分包项目经理</td><td colspan="4"></td></tr>
<tr><td colspan="11">质量验收规范规定</td><td colspan="4">验收质量情况</td></tr>
<tr><td rowspan="3">主控项目</td><td>1</td><td colspan="9">采用铁件的材质、型号、规格和连接方法应符合设计要求</td><td colspan="4">符合</td></tr>
<tr><td>2</td><td colspan="9">梁类构件制作时，应弹出机面线，作为高度的水平线</td><td colspan="4">符合</td></tr>
<tr><td>3</td><td colspan="9">穿斗(逗)式梁类构件榫卯节点应符合设计要求。当设计无明确规定时，应符合下列规定：
(1)梁头两侧机口深度不大于机的宽度。夹樘板(垫板)槽深不应大于板自身厚度，不应少于10mm；
(2)梁、川与柱相交，采用透榫、半榫做法应榫卯对应一致，当同一水平高度两根构件对接相交于柱者，应做鱼尾榫；当单根构件与柱相交者，应采用透榫；
(3)搭角梁、角梁(老戗、大刀木)、草架梁与桁(檩)扣搭，应符合梁式构件的标准；
(4)短搭角梁扣搭长搭角梁，其扣搭长度不应小于1/2长搭角梁直径(截面宽)，榫卯咬合部分的面积不应大于长搭角梁截面积的1/5</td><td colspan="4">符合</td></tr>
<tr><td rowspan="12">一般项目</td><td></td><td colspan="3">项　目</td><td>1</td><td>2</td><td>3</td><td>4</td><td>5</td><td>6</td><td>7</td><td>8</td><td>9</td><td>10</td></tr>
<tr><td>1</td><td colspan="3">表面平整光滑</td><td>√</td><td>√</td><td>√</td><td>○</td><td>√</td><td>√</td><td>√</td><td>√</td><td>√</td><td></td></tr>
<tr><td>2</td><td colspan="3">方圆适度</td><td>√</td><td>√</td><td>√</td><td>√</td><td>√</td><td>○</td><td>√</td><td>√</td><td></td><td></td></tr>
<tr><td>3</td><td colspan="3">起线顺直</td><td>√</td><td>○</td><td>√</td><td>√</td><td>√</td><td>√</td><td>√</td><td>√</td><td>√</td><td>√</td></tr>
<tr><td>4</td><td colspan="3">无刨、锤印</td><td>√</td><td>√</td><td>○</td><td>√</td><td>√</td><td>√</td><td>√</td><td>√</td><td></td><td></td></tr>
<tr><td>5</td><td colspan="3">无疵病</td><td>√</td><td>√</td><td>√</td><td>√</td><td>√</td><td>√</td><td>√</td><td>√</td><td>√</td><td></td></tr>
<tr><td colspan="3" rowspan="2">允许偏差项目</td><td rowspan="2">允许偏差
(mm)</td><td colspan="10">实测值(mm)</td></tr>
<tr><td>1</td><td>2</td><td>3</td><td>4</td><td>5</td><td>6</td><td>7</td><td>8</td><td>9</td><td>10</td></tr>
<tr><td rowspan="2">1</td><td rowspan="2">梁长度</td><td>长度小于、等于10m</td><td>±5</td><td></td><td></td><td></td><td></td><td></td><td></td><td></td><td></td><td></td><td></td></tr>
<tr><td>长度大于10m</td><td>±10</td><td>+8</td><td>+6</td><td>−5</td><td>+4</td><td>−5</td><td>−6</td><td>+7</td><td>+6</td><td>−5</td><td></td></tr>
<tr><td>2</td><td colspan="2">梁端直径(截面尺寸)</td><td>−3</td><td>−1</td><td>−2</td><td>−1</td><td>−1</td><td>−2</td><td>−1</td><td>−1</td><td>0</td><td>−1</td><td>−1</td></tr>
<tr><td>3</td><td colspan="2">大梁起拱(跨度的1/200)</td><td>+4、−2</td><td>−1</td><td>+1</td><td>+2</td><td>+3</td><td>+2</td><td>+1</td><td>+1</td><td>+1</td><td>+3</td><td></td></tr>
<tr><td colspan="2" rowspan="2">施工单位检查
评定结果</td><td>4</td><td>圆度</td><td>4</td><td>3</td><td>2</td><td>1</td><td>2</td><td>3</td><td>1</td><td>3</td><td>2</td><td></td><td></td></tr>
</table>

<table>
<tr><td rowspan="2">施工单位检查
评定结果</td><td>专业工长
(施工员)</td><td>×××</td><td>施工班组长</td><td>×××</td></tr>
<tr><td colspan="4">主控项目全部合格，一般项目满足规范规定要求。

项目专业质量检查员：×××　　　　××年×月×日</td></tr>
<tr><td>监理(建设)
单位验收结论</td><td colspan="4">同意验收。

专业监理工程师：×××
(建设单位项目专业负责人)　　　　××年×月×日</td></tr>
</table>

6. 穿斗式枋类构件分项工程质量验收表

穿斗式枋类构件分项工程质量验收表

编号：×××

<table>
<tr><td colspan="3">工程名称</td><td colspan="12">××园林绿化工程</td></tr>
<tr><td colspan="3">分项工程名称</td><td colspan="2">穿斗式枋类构件</td><td colspan="5">验收部位</td><td colspan="5">×××</td></tr>
<tr><td colspan="3">施工单位</td><td colspan="2">××园林园艺公司</td><td colspan="5">项目经理</td><td colspan="5">×××</td></tr>
<tr><td colspan="3">施工执行标准名称及编号</td><td colspan="12">《古建筑修建工程质量检验评定标准》(CJJ 39—91)</td></tr>
<tr><td colspan="3">分包单位</td><td colspan="2"></td><td colspan="5">分包项目经理</td><td colspan="5"></td></tr>
<tr><td colspan="10">质量验收规范规定</td><td colspan="5">验收质量情况</td></tr>
<tr><td rowspan="2">主控项目</td><td>1</td><td colspan="8">采用铁件的材质、型号、规格和连接方法应符合设计要求</td><td colspan="5">符合</td></tr>
<tr><td>2</td><td colspan="8">枋类构件榫卯节点应符合设计要求。如设计无明确规定时，应符合下列规定：
(1)各檐(额)枋、步枋、脊枋与柱相交，透榫、半榫做法应榫与卯一致，当同一水平高度两根枋对接或相交于柱者，应采用鱼尾榫；当单根枋与柱相交者，应采用透榫。
(2)圆形扇形、建筑的檐(枋)、廊枋等弧形构件，其弧度应做样板，样板应符合设计要求</td><td colspan="5">符合</td></tr>
<tr><td rowspan="10">一般项目</td><td colspan="4">项　目</td><td>1</td><td>2</td><td>3</td><td>4</td><td>5</td><td>6</td><td>7</td><td>8</td><td>9</td><td>10</td></tr>
<tr><td>1</td><td colspan="3">中心正确</td><td>✓</td><td>✓</td><td>✓</td><td>○</td><td>✓</td><td>✓</td><td>✓</td><td>✓</td><td>✓</td><td></td></tr>
<tr><td>2</td><td colspan="3">表面平整</td><td>✓</td><td>○</td><td>✓</td><td>✓</td><td>✓</td><td>✓</td><td>✓</td><td>✓</td><td>✓</td><td>✓</td></tr>
<tr><td>3</td><td colspan="3">无刨、锤印</td><td>✓</td><td>○</td><td>✓</td><td>○</td><td>✓</td><td>✓</td><td>✓</td><td>✓</td><td></td><td></td></tr>
<tr><td>4</td><td colspan="3">无疵病</td><td>✓</td><td>✓</td><td>○</td><td>✓</td><td>✓</td><td>✓</td><td>✓</td><td></td><td></td><td></td></tr>
<tr><td colspan="3" rowspan="2">允许偏差项目</td><td rowspan="2">允许偏差
(mm)</td><td colspan="10">实测值(mm)</td></tr>
<tr><td>1</td><td>2</td><td>3</td><td>4</td><td>5</td><td>6</td><td>7</td><td>8</td><td>9</td><td>10</td></tr>
<tr><td rowspan="2">1</td><td rowspan="2">构件截面尺寸</td><td>高度</td><td>±3</td><td>+2</td><td>−1</td><td>+2</td><td>+1</td><td>−1</td><td>0</td><td>+1</td><td>−2</td><td>+1</td><td>−1</td></tr>
<tr><td>宽度</td><td>±2</td><td>−1</td><td>+1</td><td>0</td><td>+1</td><td>−1</td><td>+2</td><td>−2</td><td>+1</td><td>−2</td><td></td></tr>
<tr><td>2</td><td colspan="2">侧向弯曲</td><td>1/500 枋长</td><td></td><td></td><td></td><td></td><td></td><td></td><td></td><td></td><td></td><td></td></tr>
<tr><td colspan="4" rowspan="2">施工单位检查
评定结果</td><td>专业工长
(施工员)</td><td colspan="4">×××</td><td colspan="4">施工班组长</td><td colspan="2">×××</td></tr>
<tr><td colspan="11">主控项目全部合格，一般项目满足规范规定要求。

项目专业质量检查员：×××　　　　××年×月×日</td></tr>
<tr><td colspan="4">监理(建设)
单位验收结论</td><td colspan="11">同意验收。

专业监理工程师：×××
(建设单位项目专业负责人)　　　　××年×月×日</td></tr>
</table>

7. 搁栅、桁(檩)类构件分项工程质量验收表

搁栅、桁(檩)类构件分项工程质量验收表

(适用于各类搁栅、桁(檩)、扶(帮)脊木、长短机等构件)

编号：×××

工程名称	××园林绿化工程		
分项工程名称	搁栅、桁类构件	验收部位	×××
施工单位	××园林园艺公司	项目经理	×××
施工执行标准名称及编号	《古建筑修建工程质量检验评定标准》(CJJ 39—91)		
分包单位		分包项目经理	

	质量验收规范规定	验收质量情况
主控项目	搁栅、桁(檩)、扶(帮)脊木、长短机等构件的榫卯节点应符合设计要求。当设计无明确规定时，应符合下列规定： (1)桁(檩)连续相接处，应做鱼尾榫。榫宽不应小于该桁直径的1/4，不大于该桁直径的1/3；榫长不应小于该桁直径的2/5，不应大于该桁直径得/5；榫长下端开刻与相应梁头桁碗内胆(鼻子榫)吻合。 (2)建筑物外围在同一平面上，二桁以任何角度相交于端部，应做敲交(刻半)榫。榫宽不应小于该桁直径的1/4，不应大于该桁直径的1/3；敲交(刻半)榫扣搭。 (3)建筑物外围在同一平面上，二桁以任何角度相交于其中一桁跨中，应做榫(火通榫)卯接。 (4)搁栅(楼枕)与进深重大梁(头穿)相交，搁栅端部应做长短榫。长榫的榫长不应小于承重梁宽度的2/5，不应大于承重梁宽度的1/2；短榫的榫长不应小于承重梁宽度的1/10，不应大于承重梁宽度的1.5/10，长短榫的榫宽与搁栅同宽。承重梁上部开刻与短榫榫卯相接。 (5)搁栅、桁(檩)、扶(帮)脊木、长短机相叠，不得在桁上侧平面，扶脊木，长短机应挖芦壳(凹弧)与(檩)相迭；并在长短机、桁(檩)上做梢榫结合。 (6)扶(帮)脊木两侧做椽碗，其深度不应小于椽断面长边的1/2，不应大于椽断面长边的2/3	符合

一般项目	项目			1	2	3	4	5	6	7	8	9	10
	1	桁(檩)制作表面	中线、椽花线正确清晰通顺	✓	✓	✓	✓	○	✓	✓	✓		
			表面浑圆光滑	✓	✓	✓	✓	✓	✓	✓	○	✓	
			顺直无疵病	✓	✓	✓	✓	✓	○	✓	✓	✓	✓
	2	搁栅制作表面	起线正确清晰	✓	✓	○	✓	✓	✓	✓	✓		
			表面平整顺直	✓	✓	✓	✓	✓	○	✓			
			无刨印、无疵病	✓	✓	✓	✓	○	✓	✓	✓	✓	
	3	扶(帮)脊木制作	中线、椽花线正确清晰通顺	✓	✓	✓	✓	✓	✓	✓	○	✓	✓
			表面平直	✓	✓	○	✓	✓	✓	✓	✓		
			椽花深度一致	✓	✓	✓	✓	✓	✓	✓	○	✓	✓
			无刨印、无疵病	○	✓	✓	✓	✓	✓	✓	✓	✓	

一般项目	允许偏差项目		允许偏差(mm)	实测值(mm)									
				1	2	3	4	5	6	7	8	9	10
	1	圆形构件圆度	4	3	2	2	3	2	2	1	2	3	
	2	圆形构件端头直径	±4	−3	−2	+1	0	+1	+2	+3	0	−1	−1
	3	矩形构件截面	±3	−2	+1	0	+1	+1	−2	−2	+1	+1	+1
	4	矩形构件侧向弯曲 1/500 构件长	±3	−2	+1	0	0	0	+1	+1	−1	−1	

施工单位检查评定结果	专业工长(施工员)	×××	施工班组长	×××
	主控项目全部合格，一般项目满足规范规定要求。 项目专业质量检查员：××× ××年×月×日			
监理(建设)单位验收结论	**同意验收。** 专业监理工程师：××× (建设单位项目专业负责人) ××年×月×日			

8. 板类构件制作分项工程质量验收表

板类构件制作分项工程质量验收表

（山花板、夹樘板、楣板、垫板、裙板、博风板、封檐板、瓦口板、楼板等）

编号：×××

工程名称	××园林绿化工程		
分项工程名称	**板类构件制作**	验收部位	×××
施工单位	××园林园艺公司	项目经理	×××
施工执行标准名称及编号	《古建筑修建工程质量检验评定标准》(CJJ 39—91)		
分包单位		分包项目经理	

	质量验收规范规定	验收质量情况
主控项目	板类构件的连接方法应符合设计要求，当设计无明确规定时，应符合下列规定： (1)板接长应榫接； (2)山花板、垫板应作高低榫； (3)博风板、封檐板拼接时应穿销(带)，间距不应大于板厚的 20 倍、深度板厚的1/3； (4)异形板类构件应按样板制作，样板应符合设计要求	**符合**

一般项目		项　目	1	2	3	4	5	6	7	8	9	10
	1	拼缝顺直	√	√	√	○	√	√	√	√	√	√
	2	表面平整洁净	√	√	√	√	√	○	√	√	√	
	3	无刨印	√	√	√	√	○	√	√	√	√	√
	4	穿肖(带)扣接牢固	○	√	√	√	√	√	√	√		
	5	无疵病	√	√	√	√	√	√	√	√	√	√

	允许偏差项目		允许偏差(mm)	实测值(mm)									
				1	2	3	4	5	6	7	8	9	10
一般项目	1	表面平整度	2	**1**	**1**	**0.5**	**1**	**0.5**	**1**	**1**	**0**	**0**	
	2	上、下口平直	3	**2**	**0.5**	**1**	**2**	**1**	**1**	**2**	**2**	**1**	**1**
	3	板面拼缝顺直	3	**1**	**2**	**0.5**	**1.5**	**1**	**2**	**2**	**2**	**1**	**1**
	4	缝隙宽度不大于	0.5	**0.1**	**0.3**	**0.3**	**0.2**	**0.1**	**0.1**	**0.3**	**0.2**		

施工单位检查评定结果	专业工长(施工员)	×××	施工班组长	×××
	主控项目全部合格，一般项目满足规范规定要求。 项目专业质量检查员：×××　　××年×月×日			
监理(建设)单位验收结论	**同意验收。** 专业监理工程师：××× (建设单位项目专业负责人)　　××年×月×日			

9. 屋面木基层构件制作分项工程质量验收表

屋面木基层构件制作分项工程质量验收表

椽类(眠檐、界椽、飞椽、摔网椽、立脚飞椽)勒望、里口木、闸椽板、望板等

编号:×××

工程名称	××园林绿化工程		
分项工程名称	屋面木基层构件制作	验收部位	×××
施工单位	××园林园艺公司	项目经理	×××
施工执行标准名称及编号	《古建筑修建工程质量检验评定标准》(CJJ 39—91)		
分包单位		分包项目经理	

	质量验收规范规定	验收质量情况
主控项目	屋面木基层的做法和翼角摔网椽、立脚飞椽的做法应符合设计要求,当设计无明确规定时,应符合下列规定: (1)各类轩椽下端与轩桁(檩)或枋的搁置面不得小于椽截面的1/2; (2)出檐椽伸出外墙面的长度,不得超过廊界的1/2,飞椽伸出的长度不得超出檐椽挑出长度的1/2; (3)望板接头应设在桁(檩)条处,并应错开布置,每段接头总宽不应超过1m	符合

一般项目		项目	1	2	3	4	5	6	7	8	9	10
1	屋面板制作	拼缝密实	✓	✓	○	✓	✓	✓	✓	✓	✓	
		表面平整	✓	✓	✓	✓	○	✓	✓	✓	✓	✓
		基本无刨印	○	✓	✓	✓	✓	✓	✓	✓		
2	各类椽子制作	圆椽浑圆顺直	✓	○	✓	✓	✓	✓	✓	✓	✓	✓
		扁方椽方正顺直	✓	✓	○	✓	✓	✓	✓	✓	✓	✓
		表面平整洁净	✓	✓	✓	✓	✓	○	✓	✓	✓	✓
		无刨印、疵病	○	✓	✓	✓	✓	✓	✓	✓		
3	摔网椽、立脚飞椽的弧形外形	弯势和顺一致	✓	○	✓	✓	✓	✓	✓	✓	✓	✓
		棱角分明	✓	✓	○	✓	✓	✓	✓			
		曲线对称吻合	✓	○	✓	✓	✓	✓	✓	✓	✓	✓
		造型正确	✓	✓	✓	✓	○	✓	✓	✓	✓	

允许偏差项目			允许偏差(mm)	实测值(mm)									
				1	2	3	4	5	6	7	8	9	10
1	露明椽截面	方	±2										
		圆	±2	**+1**	**0**	**−1**	**+1**	**+1**	**−1**	**−1**	**−1**		
2	立脚飞椽截面		±2										
3	表面平整	方椽	2										
		圆椽	2	**1**	**2**	**1**	**0**	**1**	**1**	**0**	**0**	**0**	**1**
4	望板		±1	**+1**	**0**	**0**	**+1**	**−1**	**−1**	**0**	**+1**	**0**	
5	望板平整度		4	**1**	**2**	**2**	**1**	**3**	**2**	**2**	**2**		

施工单位检查评定结果	专业工长(施工员)	×××	施工班组长	×××
	主控项目全部合格,一般项目满足规范规定要求。 项目专业质量检查员:××× ××年×月×日			
监理(建设)单位验收结论	**同意验收。** 专业监理工程师:××× (建设单位项目专业负责人) ××年×月×日			

10. 下架木构架安装分项工程质量验收表

下架木构架安装分项工程质量验收表

柱头以下木构架的柱、梁、枋、川(穿)的安装

编号：×××

<table>
<tr><td colspan="3">工程名称</td><td colspan="11">××园林绿化工程</td></tr>
<tr><td colspan="3">分项工程名称</td><td>F架木构架安装</td><td colspan="5">验收部位</td><td colspan="5">×××</td></tr>
<tr><td colspan="3">施工单位</td><td>××园林园艺公司</td><td colspan="5">项目经理</td><td colspan="5">×××</td></tr>
<tr><td colspan="3">施工执行标准名称及编号</td><td colspan="11">《古建筑修建工程质量检验评定标准》(CJJ 39—91)</td></tr>
<tr><td colspan="3">分包单位</td><td></td><td colspan="5">分包项目经理</td><td colspan="5"></td></tr>
<tr><td colspan="9">质量验收规范规定</td><td colspan="5">验收质量情况</td></tr>
<tr><td rowspan="3">主控项目</td><td>1</td><td colspan="7">下架构件安装的轴线、标高、收势、侧脚升起做法应符合设计要求</td><td colspan="5">符合</td></tr>
<tr><td>2</td><td colspan="7">采用铁件的材质、型号、规格和连接方法应符合设计要求或传统做法</td><td colspan="5">符合</td></tr>
<tr><td>3</td><td colspan="7">下架构件安装之前，应对磉石、榫卯节点的位置、标高、轴线进行预检、合榫试装</td><td colspan="5">符合</td></tr>
<tr><td rowspan="14">一般项目</td><td colspan="3">项　目</td><td>1</td><td>2</td><td>3</td><td>4</td><td>5</td><td>6</td><td>7</td><td>8</td><td>9</td><td>10</td></tr>
<tr><td>1</td><td rowspan="4">下架构件铁件、垫板、螺栓安装</td><td>位置正确一致</td><td>✓</td><td>○</td><td>✓</td><td>✓</td><td>✓</td><td>✓</td><td>✓</td><td>✓</td><td></td><td></td></tr>
<tr><td>2</td><td>联结紧密</td><td>✓</td><td>✓</td><td>✓</td><td>✓</td><td>✓</td><td>○</td><td>✓</td><td>✓</td><td>✓</td><td>✓</td></tr>
<tr><td>3</td><td>垫板平整严密</td><td>✓</td><td>○</td><td>✓</td><td>✓</td><td>✓</td><td>✓</td><td>✓</td><td>✓</td><td></td><td></td></tr>
<tr><td>4</td><td>铁件防锈处理均匀、不漏</td><td>✓</td><td>✓</td><td>✓</td><td>✓</td><td>○</td><td>✓</td><td>✓</td><td>✓</td><td>✓</td><td>✓</td></tr>
<tr><td>5</td><td rowspan="2">大木构件安装</td><td>榫卯坚实、严密</td><td>✓</td><td>✓</td><td>✓</td><td>✓</td><td>○</td><td>✓</td><td>✓</td><td>✓</td><td>✓</td><td></td></tr>
<tr><td>6</td><td>标高正确一致</td><td>✓</td><td>✓</td><td>✓</td><td>✓</td><td>✓</td><td>✓</td><td>✓</td><td></td><td></td><td></td></tr>
<tr><td colspan="2" rowspan="2">允许偏差项目</td><td rowspan="2">允许偏差(mm)</td><td colspan="10">实测值(mm)</td></tr>
<tr><td>1</td><td>2</td><td>3</td><td>4</td><td>5</td><td>6</td><td>7</td><td>8</td><td>9</td><td>10</td></tr>
<tr><td>1</td><td>面宽、进深的轴线偏移</td><td>±10</td><td>+5</td><td>−4</td><td>+3</td><td>−5</td><td>+3</td><td>−5</td><td>+3</td><td>+4</td><td></td><td></td></tr>
<tr><td>2</td><td>垂直度(有收势侧脚扣除)</td><td>±3</td><td>+1</td><td>−2</td><td>+1</td><td>−1</td><td>+2</td><td>−1</td><td>+1</td><td>−1</td><td>+2</td><td>1</td></tr>
<tr><td>3</td><td>榫卯结构节点的间隙不大于</td><td>1</td><td>0.5</td><td>0.4</td><td>0.3</td><td>0.2</td><td>0.5</td><td>0.9</td><td>0.5</td><td>0.5</td><td>0.3</td><td>0.5</td></tr>
<tr><td>4</td><td>梁底中线与柱子中线相对</td><td>2</td><td>1</td><td>1.5</td><td>1.6</td><td>0.9</td><td>0.8</td><td>1</td><td></td><td></td><td></td><td></td></tr>
<tr><td colspan="13"></td></tr>
<tr><td colspan="4" rowspan="2">施工单位检查评定结果</td><td colspan="2">专业工长(施工员)</td><td colspan="4">×××</td><td colspan="3">施工班组长</td><td>×××</td></tr>
<tr><td colspan="10">主控项目全部合格，一般项目满足规范规定要求。

项目专业质量检查员：×××　　　　××年×月×日</td></tr>
<tr><td colspan="4">监理(建设)单位验收结论</td><td colspan="10">同意验收。

专业监理工程师：×××
(建设单位项目专业负责人)　　　　××年×月×日</td></tr>
</table>

11. 上架木构架安装分项工程质量验收表

上架木构架安装分项工程质量验收表

柱头以上木构架的柱、梁、枋、川、桁(檩)、垫板、木基层等构件的安装

编号:×××

工程名称	××园林绿化工程		
分项工程名称	上架木构架安装	验收部位	×××
施工单位	××园林园艺公司	项目经理	×××
施工执行标准名称及编号	《古建筑修建工程质量检验评定标准》(CJJ 39—91)		
分包单位		分包项目经理	

		质量验收规范规定	验收质量情况
主控项目	1	上架木构件安装之前,应对下架构件与上架之间的榫卯节点的位置、标高、轴线进行预检,合榫试装	合格
	2	采用铁件的材质、型号、规格和连接方法应符合设计要求	

		项目		1	2	3	4	5	6	7	8	9	10
一般项目	1	上架构件铁件、垫板、螺栓安装	位置正确一致	✓	✓	✓	○	✓	✓	✓	✓		
	2		联结紧密	✓	✓	○	✓	✓	✓	✓	✓	✓	✓
	3		垫板平整严密	✓	○	✓	✓	✓	✓	✓	✓	✓	✓
	4		铁件防锈处理均匀不漏	✓	✓	✓	✓	○	✓	✓	✓	✓	✓
	5	大木构件安装	榫卯坚实、严密	○	✓	✓	✓	✓	✓	✓	✓	✓	
	6		标高正确一致	✓	✓	✓	○	✓	✓	✓	✓	✓	✓

		允许偏差项目		允许偏差(mm)	实测值(mm)									
					1	2	3	4	5	6	7	8	9	10
一般项目	2	每座建筑物的檐口(桁条底)标高		±5	+2	−3	+4	−2	−1	−2	−2	+3	−3	+2
	3	整榀梁架上下中线错位		3	1	2	1	1	2	1	1	1	1	
	4	矮柱中线与梁背中线错位		3	2	2	1	1	1	1	1	2		
	5	桁(檩)与连机垫板枋子叠置面间隙		3	2	2	2	2	2	1	2	1	1	
	6	桁条与桁碗之间的间隙		3	2	1	1	1.5	2	1	2	2		
	7	老嫩戗中心线与柱中心线偏差		10	4	6	7	6	5	3	5	3	3	4
	8	每座建筑的嫩戗标高	亭	±10	−1	+2	+1	−3	+5	+6	−5	+3	+4	
			厅、堂	±20	+2	+3	+1	+2	−5	+6	+6	+5		
	9	每座建筑的老戗标高	亭	±5	+2	−1	+3	+2	+2	−2	+1	+2	+1	
			厅、堂	±10	−6	+7	−5	+7	−6	+6	+5	+4	+3	+1
	10	梁柱枋川榫卯节点的间隙		2	1	1.5	0.9	0.8	1.5	1	1	0	0	
	11	桁条接头间隙		3	1.5	2	1	1	2	1	1	1	1	
	12	封檐板、博风板平直(翼角除外)	下边缘	5	2	3	1	2	4	1	1	2		
			表面	8	5	7	6	5	4	2	3	2	2	3
	13	垫板平直	下边缘	5	4	3	2	2	2	2	2	4	4	
			表面	6	3	4	5	4	2	2	4	4		
	14	单构件的标高		±3	−1	+2	+1	−1	+1	+1	+1	−1	0	1
	15	每步架的举高		±5	+2	+3	+4	+2	−3	+3	−4	−3	0	+1
	16	举架的总高		±15	−10	+9	−8	+8	+9	−9	−11	+5	+4	+1
	17	翼角起翘高		±10	+8	+5	−6	+7	+6	+5	+5	+4	+4	+1
	18	翼角伸出		±10	−6	+7	+8	−9	+9	−8	+7	6	+1	+1

施工单位检查评定结果	专业工长(施工员)	×××	施工班组长	×××
	主控项目全部合格,一般项目满足规范规定要求。 项目专业质量检查员:×××　　××年×月×日			
监理(建设)单位验收结论	**同意验收。** 专业监理工程师:××× (建设单位项目专业负责人)　　××年×月×日			

12. 大木构架修缮分项工程质量验收表

大木构架修缮分项工程质量验收表

编号：×××

工程名称		××园林绿化工程		
分项工程名称		大木构架修缮工程	验收部位	×××
施工单位		××园林园艺公司	项目经理	×××
施工执行标准名称及编号		《古建筑修建工程质量检验评定标准》(CJJ 39—91)		
分包单位			分包项目经理	
质量验收规范规定				验收质量情况
主控项目	1	采用铁件的材质、型号、规格和连接方法应符合修缮设计要求		符合
	2	利用旧木材时，材质应符合选材要求。旧桁(檩)的上下面不得颠倒搁置		符合
	3	文物古建筑的修缮应符合“不改变文物原状”的原则，按原样进行修缮。对原物的材质、树种、规格、色泽、法式、特征和建筑风格必须认真勘察记录		符合
	4	修缮木柱，应符合修缮设计要求，如修缮设计无明确规定时，应符合下列规定： (1)当柱脚损坏高度超过80cm时，应采用榫和螺栓牢固换接，不得使用铁钉代替。 (2)当柱损坏深度不超过柱直径的1/2，采用剔补包镶做法时，应用同一种木材，加胶填补、楔紧。包镶较长时，应用铁件加固。所用胶料的品种质量应符合有关设计和施工规范的要求。 (3)当柱外皮完好，柱心糟朽时应采用化学材料浇筑法加固，其用材料和做法应符合有关设计和施工规范的要求		符合
	5	修缮梁、川(穿)、枋、桁(檩)等大木构件应符合修缮设计要求，如修缮设计无明确规定时，应符合下列规定： (1)当顺纹裂缝的深度不大于构件直径的1/4，宽度不应大于10mm，裂缝的长度不应大于自身长度的1/2；斜纹裂缝在短型构件中不应大于180°，在圆形构件中裂缝长度不应大于周长的1/3时，可用胶结法、化学材料浇筑加固法、铁件加固法修补，超过上述规定，应更换构件。 (2)当梁类构件糟朽断面面积大于原构件断面的1/5，且角梁糟朽程度大于挑出长度1/5时，不宜修补加固，应更换构件		符合
	6	斗栱修缮应符合修缮设计要求，如修缮设计无明确规定时，应符合下列规定：(1)斗劈裂为两半，断纹能对齐的，可采取胶粘方法。座斗被压扁的，超过3mm的可在斗口内用硬木薄板补齐，薄板的木纹与原构件木纹一致，断纹不能对齐或严重糟朽的应更换。(2)栱劈裂未断的可采用浇筑法，糟朽严重的应锯掉后榫接，并用螺栓加固。(3)牌条、琵琶撑等构件糟朽超过断面的2/5以上或折断时应更换		符合

续表

		项目		1	2	3	4	5	6	7	8	9	10
一般项目	1	铁件安装	铁件位置正确	✓	✓	✓	○	✓	✓	✓	✓	✓	
	2		联结严密牢固	✓	✓	○	✓	✓	✓	✓	✓		
	3		外观整齐美观	✓	○	✓	✓	✓	✓	✓	✓	✓	✓
	4		防锈处理均匀无漏涂	○	✓	✓	✓	✓	✓	✓	✓	✓	✓
	5	修补表面	接槎平整	✓	✓	✓	✓	○	✓	✓	✓	✓	
	6		无刨、锤印、胶迹	✓	✓	✓	✓	✓	○	✓	✓	✓	✓
	7	榫卯修补后的安装	榫卯严密牢固	✓	✓	○	✓	✓	✓	✓	✓	✓	✓
	8		标高一致	✓	✓	✓	✓	○	✓	✓	✓	✓	✓
	9		表面洁净无污物	✓	○	✓	✓	✓	✓	✓	✓	✓	✓

	允许偏差项目		允许偏差(mm)	实测值(mm)									
				1	2	3	4	5	6	7	8	9	10
一般项目	1	圆形构件圆度	4	**2**	**1**	**2**	**1**	**1**	**2**	**2**	**1**	**1**	
	2	垂直度	3	**2**	**1**	**1**	**2**	**1**	**1**	**1**	**1**	**1**	
	3	榫卯节点的间隙	2	**1**	**1.5**	**0.5**	**1**	**1**	**1**	**1**	**1**		
	4	表面平整(方木)	3	**1**	**2**	**2**	**1**	**1**	**1**	**1**	**2**	**1**	**1**
	5	表面平整(圆木)	4	**2**	**2**	**3**	**1**	**1**	**2**	**3**	**3**	**2**	**2**
	6	上口平直	8	**4**	**5**	**4**	**4**	**6**	**7**	**4**	**5**		
	7	出挑齐直	6	**5**	**2**	**3**	**2**	**1**	**1**	**5**	**4**	**3**	**4**
	8	轴线位移	±5	**−4**	**+4**	**−3**	**+2**	**+1**	**−1**	**+1**	**−1**	**+3**	**−2**

施工单位检查评定结果	专业工长(施工员)	×××	施工班组长	×××
	主控项目全部合格,一般项目满足规范规定要求。 项目专业质量检查员:××× ××年×月×日			
监理(建设)单位验收结论	**同意验收。** 专业监理工程师:××× (建设单位项目专业负责人) ××年×月×日			

13. 大木构架移建分项工程质量验收表

大木构架移建分项工程质量验收表

（适用于古建筑大木构架的移建工程）

编号：×××

工程名称	××园林绿化工程		
分项工程名称	大木构架移建工程	验收部位	×××
施工单位	××园林园艺公司	项目经理	×××
施工执行标准名称及编号	《古建筑修建工程质量检验评定标准》(CJJ 39—91)		
分包单位		分包项目经理	

		质量验收规范规定	验收质量情况
主控项目	1	古建筑的移建应严格遵照“不改变文物原状”的原则，移建前对构架的建筑风格、法式、特征、材质、树种、规格、色泽应认真检查并记录、摄影	符合
	2	构件拆卸前，应认真检查，分组编码，不得损坏构件和榫卯，确保构件的完整无损	符合
	3	构件安装前，应认真检查，构件是否齐全。有损构件应按规定进行修补，损坏严重的必须更换。决不允许将伤残构件使用到构架中去	符合
	4	构件安装的轴线、标高、收势、侧脚、升起、弯势应符合原状及记录的要求	符合
	5	移建工程中采用铁件加固，其铁件的材质、型号、规格和连接方法应符合移建设计的要求	符合

一般项目		项　目		1	2	3	4	5	6	7	8	9	10
	1	构件加固的铁件	位置正确	√	√	√	√	○	√	√	√	√	
	2		联结紧密、牢固	○	√	√	√	√	√	√	√	√	√
	3		外观平整、美观	√	○	√	√	√	√	√	√		
	4		防锈处理均匀无漏涂	√	√	√	○	√	√	√	√	√	√
	5	构件的榫卯安装	榫卯严密、坚实	√	√	√	√	○	√	√	√	√	
	6		标高正确一致	○	√	√	√	√	√	√	√	√	√
		允许偏差项目	允许偏差(mm)	实测值(mm)									
				1	2	3	4	5	6	7	8	9	10
	1	轴线偏移	±15	−5	+6	+5	−7	+8	−10	+10	−9	+7	+5
	2	垂直度(有收势侧脚扣除)	10	5	6	7	8	5	2	2	5	5	
	3	榫卯节点的间隙	2	1	1.5	1.6	1.7	1	0.5	1	0	0	1
	4	檐口标高	±10	−5	+7	+8	−9	+2	−3	+3	−4	+8	
	5	翼角起翘标高	±15	+10	−8	+7	+6	+5	+3	+3	+10	+5	+8
	6	翼角伸出	±15	−10	+8	+6	−5	−5	+1	−10	+11	−12	+8
	7	檐椽椽头齐直	5	4	3	2	1	1	1	1	3		
	8	楼面平整度	15	10	11	12	13	14	10	10	11	11	

施工单位检查评定结果	专业工长(施工员)	×××	施工班组长	×××
	主控项目全部合格，一般项目满足规范规定要求。 项目专业质量检查员：×××　　××年×月×日			
监理(建设)单位验收结论	**同意验收。** 专业监理工程师：××× (建设单位项目专业负责人)　　××年×月×日			

三、砖、石作部分常用表格

1. 砖细加工与安装分项工程质量验收表

砖细加工与安装分项工程质量验收表

编号：×××

工程名称	××园林绿化工程		
分项工程名称	砖细加工与安装工程	验收部位	×××
施工单位	××园林园艺公司	项目经理	×××
施工执行标准名称及编号	《古建筑修建工程质量检验评定标准》(CJJ 39—91)		
分包单位		分包项目经理	

		质量验收规范规定	验收质量情况
主控项目	1	砖料的品种、规格、型号、色泽应符合设计要求	符合
	2	砖细加工的图案和线条应符合设计要求	符合
	3	砖细安装所用的铁(木)件规格、品种、材料应符合设计要求	符合
	4	砖细安装采用的砂浆、油灰应符合设计要求	符合

		项目		1	2	3	4	5	6	7	8	9	10
一般项目	1	砖细加工表面	表面平整、光滑	✓	✓	○	✓	✓	✓	✓	✓	✓	
			棱角整齐	✓	✓	✓	✓	○	✓	✓	✓	✓	✓
			无刨印、翘曲、裂缝	○	✓	✓	✓	✓	✓	✓	✓	✓	✓
			线脚清楚均匀	✓	○	✓	○	✓	✓	✓	✓	✓	✓
			色泽均匀一致	✓	✓	✓	○	✓	✓	✓	✓	✓	✓
	2	砖细安装	砂浆饱满	✓	✓	✓	○	✓	✓	✓	✓		
			垫层厚度均匀一致	✓	○	✓	✓	✓	✓	✓	✓	✓	
			粘结牢固	✓	○	✓	✓	✓	✓	✓	✓	✓	✓
	3	砖细安装后表面	组砌方法正确	✓	✓	✓	✓	✓	○	✓	✓	✓	✓
			灰缝饱满均匀平直	○	✓	✓	✓	✓	✓	✓	✓	✓	✓
			墙面平整、洁净美观	✓	○	✓	✓	✓	✓	✓	✓		

		允许偏差项目	允许偏差(mm)	实测值(mm) 1	2	3	4	5	6	7	8	9	10
一般项目	1	方砖单块对角线(方正)	1	0.5	0.1	0.2	0.1	0.1	0.5	0.5	0.5	0.1	
	2	平面尺寸	0.5	0.1	0.2	0.1	0.1	0.2	0.1	0.1	0.2	0.1	0.1
	3	方砖缝格平直	3	1	1.5	2	1.1	1.4	1.5	1	2	2	
	4	各种线脚拼缝	1	0.5	0.6	0.7	0.8	0.1	0.5	0.5	0.4	0.7	0.5
	5	各式门窗套异形洞的油灰缝	1.5	1.1	1	0.9	0.8	1	1.1	1	0	0	1
	6	砖细铺贴的平整度	2	1	0.9	0.8	0.5	1	1.5	1	2		
	7	各式门窗套异形洞垂直度	2	1.5	1.5	1	15	1	1	1	1	0	1
	8	阴阳角方正	2	1	1.5	1.5	1.5	1	1	1	0	0	1
	9	砖细勒脚的压线平直	1.5	1	1	0.9	1	1	0.9	1	0.8	1	1
	10	垛头抛方博风的油灰缝宽	1.5	0.8	1	1	0.9	1	1	1	1		

施工单位检查评定结果	专业工长(施工员)	×××	施工班组长	×××
	主控项目全部合格，一般项目满足规范规定要求。 项目专业质量检查员：××× ××年×月×日			
监理(建设)单位验收结论	**同意验收。** 专业监理工程师：××× (建设单位项目专业负责人) ××年×月×日			

2. 砖细工程修缮分项工程质量验收表

砖细工程修缮分项工程质量验收表

编号：×××

工程名称	××园林绿化工程		
分项工程名称	砖细工程修缮	验收部位	×××
施工单位	××园林园艺公司	项目经理	×××
施工执行标准名称及编号	《古建筑修建工程质量检验评定标准》(CJJ 39—91)		
分包单位		分包项目经理	

		质量验收规范规定	验收质量情况
主控项目	1	添配砖细的选材加工和安装应符合砖细加工和安装质量要求	符合
	2	新旧墙的接搓应严实顺直，新旧墙里外皮应拉结牢固，填里饱满、收势与旧墙一致	符合
	3	砖细局部修补时的组砌方法、图案、线脚，风格应与原砖细一致	符合

		项　目		1	2	3	4	5	6	7	8	9	10
一般项目		与原有砖细墙面一样		✓	✓	✓	○	✓	✓	✓	✓	✓	✓
	允许偏差项目		允许偏差(mm)	实　测　值(mm)									
				1	2	3	4	5	6	7	8	9	10
	1	新旧墙面接槎高低差	2	1	2	1	1	1	1	2	1		
	2	新旧墙面接槎错缝	3	1	2	2	1	1	1	2	2	2	1
	3	新旧墙面接槎砖缝顺直度	3	1	2	2	1	1	1	2	1	1	1
	4	新旧墙面接槎平整度	3	2	2	2	1	1	1	1	1		

施工单位检查评定结果	专业工长（施工员）	×××	施工班组长	×××
	主控项目全部合格，一般项目满足规范规定要求。 项目专业质量检查员：×××　　××年×月×日			
监理（建设）单位验收结论	同意验收。 专业监理工程师：××× （建设单位项目专业负责人）　　××年×月×日			

3. 石料(细)加工分项工程质量检验表

石料(细)加工分项工程质量检验表

编号：×××

工程名称	××园林绿化工程		
分项工程名称	石料(细)加工	验收部位	×××
施工单位	××园林园艺公司	项目经理	×××
施工执行标准名称及编号	《古建筑修建工程质量检验评定标准》(CJJ 39—91)		
分包单位		分包项目经理	

		质量验收规范规定	验收质量情况
主控项目	1	石料的品种、质量、加工标准、规格尺寸应符合设计要求	符合
	2	石料的纹理走向应符合受力要求	符合

一般项目	项目			1	2	3	4	5	6	7	8	9	10
	1	加工表面	无裂纹和缺棱掉角	✓	✓	✓	✓	○	✓	✓	✓	✓	
			表面平整整洁	✓	✓	✓	○	✓	✓	✓	✓	✓	✓
	2	剁斧凿细	斧印均匀，深浅一致	✓	○	✓	✓	✓	✓	✓	✓	✓	✓
			刮边(勒口)宽度一致	✓	✓	✓	○	✓	✓	✓	✓		
	3	表面起线、打亚面、起浑面	线条流畅清晰	✓	✓	✓	✓	✓	○	✓	✓	✓	✓
			造型准确	○	✓	✓	✓	✓	✓	✓	✓		
			边角整齐圆满	✓	○	✓	✓	✓	✓	✓	✓	✓	✓
	4	石料外观色泽	色泽均匀一致	✓	✓	✓	○	✓	✓	✓	✓	✓	✓
			无杂色和污点	✓	✓	✓	✓	✓	○	✓	✓	✓	

允许偏差项目		允许偏差(mm)		实测值(mm)									
		宽厚度	长度	1	2	3	4	5	6	7	8	9	10
1	细料石、半细料石	±3	±5	+1	−2	+2	+1	−1	−1	+1	−2	+2	
2	粗料石	±5	±7										
3	毛料石	±10	±15										

施工单位检查评定结果	专业工长(施工员)	×××	施工班组长	×××
	主控项目全部合格，一般项目满足规范规定要求。 项目专业质量检查员：××× ××年×月×日			
监理(建设)单位验收结论	**同意验收。** 专业监理工程师：××× (建设单位项目专业负责人) ××年×月×日			

4. 石料(细)安装分项工程质量检验表

石料(细)安装分项工程质量检验表

编号：×××

工程名称	××园林绿化工程		
分项工程名称	**石料(细)安装**	验收部位	×××
施工单位	**××园林园艺公司**	项目经理	×××
施工执行标准名称及编号	**《古建筑修建工程质量检验评定标准》(CJJ 39—91)**		
分包单位		分包项目经理	

		质量验收规范规定	验收质量情况
主控项目	1	石料的品种、质量、加工标准、规格尺寸应符合设计要求	**符合**
	2	安装石料(细)构件的灰浆应符合设计要求	**符合**
	3	石料(细)安装采用的软件应符合设计要求	**符合**
	4	石料(细)安装的图案和形式应符合设计要求	**符合**

		项目		1	2	3	4	5	6	7	8	9	10
一般项目	1	石梁、柱、枋、川等节点的榫卯做法和安装	位置正确大小适宜	✓	✓	✓	○	✓	✓	✓	✓	✓	✓
			节点严密平整	✓	✓	○	✓	✓	✓	✓	✓	✓	✓
			灌浆饱满	✓	✓	✓	✓	✓	○	✓	✓	✓	✓
			安装坚实牢固	○	✓	✓	✓	✓	✓	✓	✓	✓	✓

	允许偏差项目			允许偏差(mm)		实测值(mm)									
				粗料石	细料石	1	2	3	4	5	6	7	8	9	10
一般项目	2	石鼓墩	圆径或长、宽、高尺寸	±4	±2	**−1**	**+1**	**+1**	**−1**	**−1**	**+1**	**0**	**−1**	**+1**	
			高度	±4	±3	**+2**	**−1**	**+1**	**−2**	**+2**	**−1**	**+2**	**−2**	**+2**	**−1**
	3	石柱	弯曲	±3	±2	**+1**	**−1**	**−1**	**+1**	**−1**	**+1**	**+1**	**−1**	**+1**	**0**
			平整度	±5	±4	**+2**	**−3**	**+2**	**+2**	**+3**	**−2**	**−3**	**−2**	**+2**	**+1**
			扭曲	±3	±2	**−1**	**+1**	**+1**	**−1**	**+1**	**−1**	**−1**	**+1**	**−1**	**0**
			标高	±10	±5	**+4**	**−3**	**−2**	**−3**	**+4**	**−2**	**−2**	**−3**	**+3**	**−2**
			垂直度	4	2	**1**	**1.5**	**0.5**	**1**	**1**	**1**	**1**	**1**	**1**	**1**
	4	梁、川枋类	截面每边尺寸	±6	±4	**−3**	**+2**	**−2**	**−2**	**+1**	**+2**	**−2**	**−2**	**+2**	
			平整度	5	4	**3**	**2**	**2**	**2**	**1**	**2**	**1**	**1**	**1**	**2**
			接缝度	4	3	**2**	**2**	**2**	**1**	**1**	**1**	**1**	**1**	**1**	**2**
	5	须弥座压顶	水平	2	1	**0.5**	**0.6**	**0.5**	**0.5**	**0.6**	**0.7**	**0.7**	**0.6**	**0.5**	
			线脚接头	2	1	**0.5**	**0.7**	**0.8**	**0.9**	**0.5**	**0.4**	**0.1**	**0.4**	**0.9**	**0.5**
			垂直度	2	1	**0.5**	**0.6**	**0.7**	**0.6**	**0.5**	**0.4**	**0.3**	**0.5**	**0.6**	
	6	栏杆裙板菱角石等	轴线位置	3	2	**1**	**1.5**	**1.6**	**1**	**1.5**	**1**	**1**	**1**		
			榫卯接缝	2	1	**0.5**	**0.7**	**0.6**	**0.8**	**0.5**	**0.6**	**0.5**	**0.6**	**0.8**	**0.7**
			垂直度	2	1	**0.5**	**0.6**	**0.7**	**0.7**	**0.8**	**0.5**	**0.7**	**0.8**	**0.7**	
			相邻两块高差	2	1	**0.6**	**0.7**	**0.6**	**0.5**	**0.1**	**0.1**	**0.5**	**0.6**	**0.7**	**0.1**
	7	花纹曲线	弧度吻合	1	0.5	**0.1**	**0.2**	**0.4**	**0.3**	**0.1**	**0.1**	**0.1**	**0.2**		

施工单位检查评定结果	专业工长(施工员)	×××	施工班组长	×××
	主控项目全部合格，一般项目满足规范规定要求。 项目专业质量检查员：×××　　××年×月×日			
监理(建设)单位验收结论	**同意验收。** 专业监理工程师：××× (建设单位项目专业负责人)　　××年×月×日			

5. 砌石分项工程质量检验表

砌石分项工程质量检验表

编号：×××

工程名称	××园林绿化工程		
分项工程名称	砌石工程	验收部位	×××
施工单位	××园林园艺公司	项目经理	×××
施工执行标准名称及编号	《古建筑修建工程质量检验评定标准》(CJJ 39—91)		
分包单位		分包项目经理	

		质量验收规范规定	验收质量情况
主控项目	1	石料应符合设计要求	符合
	2	其他各项应按现行国家标准《建筑工程质量检验评定标准》规定执行	符合

一般项目		项目	1	2	3	4	5	6	7	8	9	10
	1	石砌组砌形式应符合规范要求	√	√	√	√	√	○	√	√	√	√
	2	清水墙面外观应符合规范要求	√	√	○	√	√	√	√	√	√	√
	3											
	4											

	项目		允许偏差(mm)					实测值(mm)									
			虎皮石		粗料石(方正石、条石)		细料石(方正石、条石)										
			基础	墙	基础	墙		1	2	3	4	5	6	7	8	9	10
1	轴线位移		20	15	15	10	10	5	6	6	7	6	5	5	4	5	5
2	基础和墙砌体顶面标高		25	15	15	15	10	8	8	9	8	8	9	8	8	9	8
3	砌体厚度		+30 0	+30 −10	+15 0	+10 −5	+10 −5										
4	垂直度	要求“收分”的墙面	—	5	—	5	5										
		要求垂直的墙面 5m以下或每层高	—	20	—	10	7	5	5	5	6	6	5	6	5	6	
		要求垂直的墙面 10m以下或全高	—	30	—	20	20										
5	平整度	清水墙	—	20	—	1	7										
		混水墙	—	20	—	15	—										
6	水平灰缝平直度		—			5	3	4	3	4	2	3	2	3	2	4	

施工单位检查评定结果	专业工长(施工员)	×××	施工班组长	×××
	主控项目全部合格，一般项目满足规范规定要求。 项目专业质量检查员：×××　　××年×月×日			
监理(建设)单位验收结论	**同意验收。** 专业监理工程师：××× (建设单位项目专业负责人)　　××年×月×日			

6. 石料(细)的修缮分项工程质量检验表

石料(细)的修缮分项工程质量检验表

编号：×××

工程名称	××园林绿化工程		
分项工程名称	石料(细)的修缮	验收部位	×××
施工单位	××园林园艺公司	项目经理	×××
施工执行标准名称及编号	《古建筑修建工程质量检验评定标准》(CJJ 39—91)		
分包单位		分包项目经理	

质量验收规范规定			验收质量情况
主控项目	1	添配石料的品种、质量、加工标准、规格尺寸应符合设计要求	符合
	2	添配石料(细)安装的图案和形式应符合设计要求	符合
	3	修补后的石活应砂浆饱满密实，搭砌牢固，接槎做法符合设计要求	符合

一般项目	项　目			1	2	3	4	5	6	7	8	9	10
	1	添配石料首先应符合石料加工的要求		√	√	√	○	√	√	√	√	√	
	2	添配石料(细)的外观	品种、规格与原活相同	√	○	√	√	√	√	√	√	√	√
	3		质感、色泽与原活相同	○	√	√	√	√	√	√	√		
	4	修补毛石砌体	墙面平整	√	√	√	○	√	√	√	√	√	√
	5		搭砌合理、灰浆饱满	√	√	√	√	○	√	√	√		
	6		勾缝高厚均匀一致	√	√	○	√	√	√	√	√	√	√
	7		接槎合顺、色泽相同	√	√	○	√	√	√	√	√	√	
	8	修补料石砌体	墙面平整	√	√	√	√	√	√	√	√		
	9		组砌合理、灰浆饱满	○	√	√	√	√	√	√	√	√	√
	10		灰缝高厚均匀一致	√	√	√	√	√	○	√	√	√	
	11		接槎严密平顺	√	√	√	√	○	√	√	√	√	√
	12		色泽相同、墙面洁净	√	√	√	√	○	√	√	√		

允许偏差项目		允许偏差(mm)			实　测　值(mm)									
		毛石	毛料石 粗料石	半细料石 细料石	1	2	3	4	5	6	7	8	9	10
1	新旧墙面接槎高低差	15	10	5	**3**	**2**	**2**	**3**	**4**	**2**	**2**	**3**	**2**	**1**
2	新旧墙面接槎错缝	10	3	2	**1**	**1.5**	**2**	**1.5**	**1**	**1**	**1**	**1**	**2**	**1**
3	新旧墙面接槎灰缝平顺度	—	10	7	**6**	**5**	**5**	**4**	**5**	**6**	**5**	**6**	**6**	**5**
4	新旧墙拉结石	每 0.7m^2 拉结一处	隔块拉结	隔块拉结										

施工单位检查评定结果	专业工长(施工员)	×××	施工班组长	×××
	主控项目全部合格，一般项目满足规范规定要求。 项目专业质量检查员：×××　　　　××年×月×日			
监理(建设)单位验收结论	**同意验收。** 专业监理工程师：××× (建设单位项目专业负责人)　　　　××年×月×日			

四、屋面部分检验常用表格

1. 望砖分项工程质量检验表

望砖分项工程质量检验表

编号：×××

工程名称	××园林绿化工程		
分项工程名称	望砖工程	验收部位	×××
施工单位	××园林园艺公司	项目经理	×××
施工执行标准名称及编号	《古建筑修建工程质量检验评定标准》(CJJ 39—91)		
分包单位		分包项目经理	

		质量验收规范规定	验收质量情况
主控项目	1	望砖的规格、品种、标号和外观质量及铺设方法应符合设计要求	符合
	2	望砖浇刷，披线所用的灰浆材料的品种、质量色泽及做法应符合设计要求或传统做法	符合
	3	异形望砖的制作应按样板制作，样板应符合设计要求	符合

		项目		1	2	3	4	5	6	7	8	9	10
一般项目	1	望砖铺设	铺设平整	✓	✓	✓	○	✓	✓	✓	✓	✓	✓
			接缝均匀	○	✓	✓	✓	✓	✓	✓	✓	✓	✓
			行列齐直	✓	○	✓	✓	✓	✓	✓	✓	✓	✓
			无翘曲	✓	✓	○	✓	✓	✓	✓	✓	✓	✓
	2	望砖磨细	表面平整	✓	✓	✓	✓	✓	○	✓	✓	✓	✓
			无刨印翘曲	✓	✓	✓	✓	○	✓	✓	✓	✓	✓
			楞角整齐	✓	○	✓	✓	✓	✓	✓	✓	✓	✓
	3	望砖浇刷披线	色泽一致	✓	○	✓	✓	✓	✓	✓	✓	✓	✓
			线条均匀、直顺	✓	✓	○	✓	✓	✓	✓	✓	✓	✓
			表面洁净	✓	○	✓	✓	✓	✓	✓	✓	✓	✓
	4	异形望砖	接缝均匀	○	✓	✓	✓	✓	✓	✓	✓	✓	✓
			弧形和顺自然	✓	✓	✓	○	✓	✓	✓	✓	✓	✓
			无翘曲	✓	✓	✓	✓	○	✓	✓	✓	✓	✓
			行列齐直美观	✓	✓	✓	✓	✓	○	✓	✓	✓	✓

	允许偏差项目	允许偏差(mm)	实测值(mm) 1	2	3	4	5	6	7	8	9	10
1	磨细望砖纵向线条直顺	3	2	1	1	2	2	1	2	2	2	1
2	磨细望砖纵向相邻二砖线条齐直	1	0.5	0.6	0.4	0.5	0.5	0.1	0.1	0.5	0.1	0.5
3	浇刷披线望砖纵向线条齐直	8	5	6	6	5	7	6	6	6	5	5
4	浇刷披线望砖纵向相邻二砖线条	2	1	1.5	1	1	1	1	1	1	1	1

施工单位检查评定结果	专业工长(施工员)：××× 施工班组长：×××
	主控项目全部合格，一般项目满足规范规定要求。 项目专业质量检查员：××× ××年×月×日
监理(建设)单位验收结论	**同意验收。** 专业监理工程师：××× (建设单位项目专业负责人) ××年×月×日

2. 望瓦分项工程质量检验表

望瓦分项工程质量检验表

编号：×××

工程名称	××园林绿化工程		
分项工程名称	**望瓦工程**	验收部位	×××
施工单位	**××园林园艺公司**	项目经理	×××
施工执行标准名称及编号	**《古建筑修建工程质量检验评定标准》(CJJ 39—91)**		
分包单位		分包项目经理	

		质量验收规范规定	验收质量情况
主控项目	1	选用望瓦的规格、品种、质量及铺设方法应符合设计要求	**符合**
主控项目	2	望瓦浇刷，披线中所用的灰浆材料的品种、质量色泽及做法应符合设计要求或传统做法	**符合**

		项　目		1	2	3	4	5	6	7	8	9	10
一般项目	1	望瓦铺设	铺设平顺	√	√	√	√	√	○	√	√	√	√
			接缝均匀	√	○	√	√	√	√	√	√	√	√
			行列齐直	○	√	√	√	√	√	√	√	√	
			无翘曲	√	√	○	√	√	√	√	√	√	√
	2	望瓦浇刷披线	色泽一致	√	√	√	○	√	√	√	√	√	√
			线条均匀	√	√	√	√	○	√	√	√	√	√
			直顺整洁	√	○	√	√	√	√	√	√	√	
	允许偏差项目		允许偏差(mm)	实　测　值(mm)									
				1	2	3	4	5	6	7	8	9	10
	1	浇刷披线望瓦纵向线条齐直	10	**5**	**4**	**5**	**4**	**4**	**4**	**4**	**4**	**4**	**5**
	2	浇刷披线望瓦纵向相邻二瓦线条齐直	4	**3**	**2**	**2**	**2**	**2**	**1**	**2**	**2**	**2**	**1**

施工单位检查评定结果	专业工长(施工员)	×××	施工班组长	×××
	主控项目全部合格，一般项目满足规范规定要求。 项目专业质量检查员：×××　　××年×月×日			
监理(建设)单位验收结论	**同意验收。** 专业监理工程师：××× (建设单位项目专业负责人)　　××年×月×日			

3. 小青瓦屋面分项工程质量检验表

小青瓦屋面分项工程质量检验表

（适用于望砖、望瓦、望板、混凝土斜屋面为基层的小青瓦屋面工程）

编号：×××

工程名称	××园林绿化工程		
分项工程名称	小青瓦屋面工程	验收部位	×××
施工单位	××园林园艺公司	项目经理	×××
施工执行标准名称及编号	《古建筑修建工程质量检验评定标准》(CJJ 39—91)		
分包单位		分包项目经理	

		质量验收规范规定	验收质量情况
主控项目	1	屋面不得漏水，屋面的坡度曲线应符合设计要求	符合
	2	选用瓦的规格、品种、质量应符合设计要求	符合
	3	坐浆铺瓦及瓦楞中所用的泥灰、砂浆等粘结材料的品种、质量及分层做法应符合设计要求	符合
	4	瓦的搭接要求应符合设计要求。当无明确要求时，应符合规范规定	符合

		项目		1	2	3	4	5	6	7	8	9	10
一般项目	1	底盖瓦铺设	搭接吻合	✓	✓	✓	○	✓	✓	✓	✓	✓	✓
			行列齐直	✓	○	✓	✓	✓	✓	✓	✓	✓	✓
			檐口底瓦排水流畅	✓	✓	✓	○	✓	✓	✓	✓	✓	✓
	2	泥灰、砂浆	粘结牢固	○	✓	✓	✓	✓	✓	✓	✓		
			坐浆平伏密实	✓	○	✓	✓	✓	✓	✓	✓	✓	✓
			屋面洁净	✓	✓	○	✓	✓	✓	✓	✓	✓	✓
	3	屋面檐口	檐口直顺	✓	✓	✓	✓	○	✓	✓	✓	✓	✓
			瓦棱均匀一致	✓	✓	✓	✓	✓	○	✓	✓	✓	✓
			无高低起伏	✓	✓	✓	✓	✓	○	✓	✓	✓	✓
	4	屋面外观	瓦棱整齐直顺	✓	○	✓	✓	✓	✓	✓	✓	✓	
			瓦档均匀一致	✓	✓	✓	✓	✓	○	✓	✓	✓	✓
			瓦面平整	✓	✓	✓	○	✓	✓	✓	✓	✓	✓
			坡度曲线和顺一致	✓	✓	✓	✓	○	✓	✓	✓	✓	✓
			屋面整洁美观	✓	✓	✓	✓	✓	○	✓	✓	✓	✓

允许偏差项目			允许偏差(mm)	实测值(mm) 1	2	3	4	5	6	7	8	9	10
1	老头瓦伸入脊内		10	**5**	**4**	**5**	**5**	**5**	**4**	**4**	**5**		
2	滴水瓦的挑出长度		5	**3**	**2**	**2**	**2**	**3**	**2**	**2**	**3**	**2**	**2**
3	檐口花边齐直		4	**3**	**2**	**2**	**3**	**2**	**2**	**2**	**2**	**2**	**2**
4	檐口滴水瓦头齐直		8	**5**	**7**	**6**	**5**	**6**	**7**	**6**	**5**	**5**	**6**
5	瓦楞单面齐直		6	**4**	**3**	**3**	**2**	**3**	**2**	**2**	**3**	**3**	
6	相邻瓦楞档距差		8	**6**	**5**	**5**	**6**	**6**	**7**	**6**	**6**	**6**	
7	瓦面平整度	檐口	20	**10**	**5**	**5**	**7**	**5**	**7**	**5**	**7**	**6**	**7**
8		中腰、上口	25	**15**	**10**	**11**	**12**	**12**	**13**	**11**	**11**	**12**	

施工单位检查评定结果	专业工长（施工员）	×××	施工班组长	×××
	主控项目全部合格，一般项目满足规范规定要求。 项目专业质量检查员：×××　　××年×月×日			
监理（建设）单位验收结论	**同意验收。** 专业监理工程师：××× （建设单位项目专业负责人）　　××年×月×日			

4. 冷摊瓦屋面分项工程质量检验表

冷摊瓦屋面分项工程质量检验表

（适用于底瓦直接搁置在椽板（椽皮）上的冷摊瓦屋面工程）

编号：×××

<table>
<tr><td colspan="3">工程名称</td><td colspan="12">××园林绿化工程</td></tr>
<tr><td colspan="3">分项工程名称</td><td colspan="3">冷摊瓦屋面工程</td><td colspan="4">验收部位</td><td colspan="5">×××</td></tr>
<tr><td colspan="3">施工单位</td><td colspan="3">××园林园艺公司</td><td colspan="4">项目经理</td><td colspan="5">×××</td></tr>
<tr><td colspan="3">施工执行标准名称及编号</td><td colspan="12">《古建筑修建工程质量检验评定标准》(CJJ 39—91)</td></tr>
<tr><td colspan="3">分包单位</td><td colspan="3"></td><td colspan="4">分包项目经理</td><td colspan="5"></td></tr>
<tr><td colspan="10">质量验收规范规定</td><td colspan="5">验收质量情况</td></tr>
<tr><td rowspan="4">主控项目</td><td>1</td><td colspan="8">屋面不得漏水，屋面的坡度曲线应符合设计要求</td><td colspan="5">符合</td></tr>
<tr><td>2</td><td colspan="8">选用瓦的规格、品种 、质量应符合设计要求</td><td colspan="5">符合</td></tr>
<tr><td>3</td><td colspan="8">瓦楞中所用的泥灰、砂浆等粘结材料的品种、质量及做法应符合设计要求</td><td colspan="5">符合</td></tr>
<tr><td>4</td><td colspan="8">瓦的搭接要求应符合设计要求。当无明确要求时，应符合规范规定</td><td colspan="5">符合</td></tr>
<tr><td rowspan="25">一般项目</td><td colspan="4">项　目</td><td>1</td><td>2</td><td>3</td><td>4</td><td>5</td><td>6</td><td>7</td><td>8</td><td>9</td><td>10</td></tr>
<tr><td rowspan="3">1</td><td rowspan="3">底盖瓦铺设</td><td colspan="2">搭接吻合</td><td>√</td><td>√</td><td>√</td><td>√</td><td>√</td><td>√</td><td>○</td><td>√</td><td>√</td><td>√</td></tr>
<tr><td colspan="2">行列齐直</td><td>√</td><td>○</td><td>√</td><td>√</td><td>√</td><td>√</td><td>○</td><td>√</td><td>√</td><td></td></tr>
<tr><td colspan="2">檐口底瓦排水流畅</td><td>√</td><td>√</td><td>○</td><td>√</td><td>√</td><td>√</td><td>√</td><td>√</td><td>√</td><td>√</td></tr>
<tr><td rowspan="3">2</td><td rowspan="3">泥灰或填料</td><td colspan="2">粘结牢固</td><td>√</td><td>○</td><td>√</td><td>√</td><td>√</td><td>√</td><td>√</td><td>√</td><td>√</td><td>√</td></tr>
<tr><td colspan="2">坐浆平伏密实</td><td>√</td><td>√</td><td>√</td><td>○</td><td>√</td><td>√</td><td>√</td><td>√</td><td>√</td><td>√</td></tr>
<tr><td colspan="2">屋面洁净</td><td>√</td><td>○</td><td>√</td><td>√</td><td>√</td><td>√</td><td>√</td><td>√</td><td>√</td><td>√</td></tr>
<tr><td rowspan="3">3</td><td rowspan="3">屋面檐口</td><td colspan="2">檐口直顺</td><td>○</td><td>√</td><td>√</td><td>√</td><td>√</td><td>√</td><td>√</td><td>√</td><td></td><td></td></tr>
<tr><td colspan="2">瓦楞均匀一致</td><td>√</td><td>√</td><td>√</td><td>○</td><td>√</td><td>√</td><td>√</td><td>√</td><td>√</td><td>√</td></tr>
<tr><td colspan="2">无高低起伏</td><td>√</td><td>○</td><td>√</td><td>√</td><td>√</td><td>○</td><td>√</td><td>√</td><td>√</td><td>√</td></tr>
<tr><td rowspan="5">4</td><td rowspan="5">屋面外观</td><td colspan="2">瓦楞整齐直顺</td><td>√</td><td>√</td><td>√</td><td>○</td><td>√</td><td>√</td><td>√</td><td>√</td><td>√</td><td>√</td></tr>
<tr><td colspan="2">瓦档均匀一致</td><td>√</td><td>√</td><td>○</td><td>√</td><td>√</td><td>√</td><td>√</td><td>√</td><td>√</td><td>√</td></tr>
<tr><td colspan="2">瓦面平整</td><td>√</td><td>○</td><td>√</td><td>√</td><td>√</td><td>√</td><td>√</td><td>√</td><td>√</td><td>√</td></tr>
<tr><td colspan="2">坡度曲线和顺一致</td><td>√</td><td>√</td><td>√</td><td>○</td><td>√</td><td>√</td><td>√</td><td>√</td><td>√</td><td></td></tr>
<tr><td colspan="2">屋面整洁美观</td><td>√</td><td>√</td><td>√</td><td>√</td><td>√</td><td>○</td><td>√</td><td>√</td><td>√</td><td></td></tr>
<tr><td colspan="3" rowspan="2">允许偏差项目</td><td rowspan="2">允许偏差(mm)</td><td colspan="10">实　测　值(mm)</td></tr>
<tr><td>1</td><td>2</td><td>3</td><td>4</td><td>5</td><td>6</td><td>7</td><td>8</td><td>9</td><td>10</td></tr>
<tr><td>1</td><td colspan="2">老头瓦伸入脊内</td><td>10</td><td>5</td><td>4</td><td>4</td><td>4</td><td>5</td><td>4</td><td>4</td><td>4</td><td></td><td></td></tr>
<tr><td>2</td><td colspan="2">滴水瓦的挑出长度</td><td>5</td><td>3</td><td>2</td><td>2</td><td>2</td><td>3</td><td>1</td><td>1</td><td>2</td><td>2</td><td>1</td></tr>
<tr><td>3</td><td colspan="2">檐口花边齐直</td><td>4</td><td>3</td><td>1</td><td>1</td><td>2</td><td>1</td><td>3</td><td>1</td><td>2</td><td>2</td><td>2</td></tr>
<tr><td>4</td><td colspan="2">檐口滴水瓦头齐直</td><td>8</td><td>4</td><td>5</td><td>5</td><td>6</td><td>7</td><td>5</td><td>5</td><td>6</td><td>6</td><td>5</td></tr>
<tr><td>5</td><td colspan="2">瓦棱单面齐直</td><td>6</td><td>5</td><td>4</td><td>3</td><td>3</td><td>2</td><td>2</td><td>2</td><td>2</td><td>2</td><td></td></tr>
<tr><td>6</td><td colspan="2">相邻瓦楞档距差</td><td>8</td><td>5</td><td>5</td><td>4</td><td>3</td><td>2</td><td>5</td><td>2</td><td>4</td><td>3</td><td>2</td></tr>
<tr><td rowspan="2">7</td><td rowspan="2">瓦面平整度</td><td>檐口</td><td>25</td><td>15</td><td>10</td><td>15</td><td>16</td><td>10</td><td>15</td><td>10</td><td>10</td><td>11</td><td></td></tr>
<tr><td>中腰、上口</td><td>25</td><td>10</td><td>15</td><td>10</td><td>15</td><td>15</td><td>10</td><td>10</td><td>10</td><td>11</td><td>10</td></tr>
<tr><td colspan="3" rowspan="2">施工单位检查
评定结果</td><td>专业工长
（施工员）</td><td colspan="5">×××</td><td colspan="3">施工班组长</td><td colspan="3">×××</td></tr>
<tr><td colspan="12">**主控项目全部合格，一般项目满足规范规定要求。**
项目专业质量检查员：×××　　××年×月×日</td></tr>
<tr><td colspan="3">监理（建设）
单位验收结论</td><td colspan="12">**同意验收。**
专业监理工程师：×××
（建设单位项目专业负责人）　　××年×月×日</td></tr>
</table>

5. 琉璃瓦屋面分项工程质量检验表

琉璃瓦屋面分项工程质量检验表

编号：×××

工程名称				××园林绿化工程									
分项工程名称				琉璃瓦屋面工程		验收部位			×××				
施工单位				××园林园艺公司		项目经理			×××				
施工执行标准名称及编号				《古建筑修建工程质量检验评定标准》(CJJ 39—91)									
分包单位						分包项目经理							
质量验收规范规定										验收质量情况			
主控项目	1	屋面不得漏水，屋面的坡度曲线应符合设计要求								符合			
	2	瓦的规格、品种、质量应符合设计要求								符合			
	3	坐浆瓦，挨(压)塄及裹楞中所用的泥灰、砂浆等粘结材料的品种、质量及做法应符合设计要求								符合			
	4	底瓦的搭接要求，盖瓦的上下两张接头做法应符合设计要求。当无明确要求时，应符合规范规定								符合			
	项　目			1	2	3	4	5	6	7	8	9	10
一般项目	1	底盖瓦铺设	搭接吻合紧密	✓	✓	✓	○	✓	✓	✓	✓	✓	✓
			行列齐直	○	✓	✓	✓	✓	✓	✓	✓		
			无歪斜	✓	○	✓	✓	✓	✓	✓	✓	✓	✓
			檐口部位排水流畅	✓	✓	✓	○	✓	✓	✓	✓	✓	✓
	2	盖瓦铺设	搭接吻合紧密	✓	✓	✓	✓	○	✓	✓	✓	✓	✓
			接头平顺一致	✓	✓	○	✓	✓	✓	✓	✓	✓	✓
			行列齐直整洁	✓	✓	✓	✓	✓	○	✓	✓	✓	
			挨(压)楞坚实饱满	✓	✓	✓	○	✓	✓	✓	✓	✓	✓
	3	泥灰、砂浆	灰浆饱满	✓	✓	○	✓	✓	✓	✓	✓	✓	✓
			粘结牢固	✓	○	✓	✓	✓	✓	✓	✓	✓	
			瓦楞圆滑紧密	○	✓	✓	✓	✓	✓	✓	✓	✓	✓
	4	屋面檐口	檐口齐直平顺	✓	✓	✓	✓	✓	○	✓	✓	✓	✓
			瓦楞均匀一致	✓	✓	✓	○	✓	✓	✓	✓	✓	✓
			无高低起伏	✓	✓	✓	✓	○	✓	✓	✓	✓	
		琉璃瓦屋面外观	瓦楞整齐直顺	✓	○	✓	✓	✓	✓	✓			
			瓦档均匀	✓	✓	✓	✓	○	✓	✓	✓	✓	✓
			瓦面平整	○	✓	✓	✓	✓	✓	✓	✓	✓	✓
			坡度曲线柔和一致	✓	✓	○	✓	✓	✓	✓	✓		

续表

	允许偏差项目			允许偏差（mm）	实测值（mm）									
					1	2	3	4	5	6	7	8	9	10
一般项目	1	老头瓦伸入脊内		10	**5**	**5**	**4**	**5**	**4**	**4**	**6**	**5**	**6**	
	2	滴水瓦的挑出长度		5	**3**	**2**	**2**	**2**	**3**	**2**	**3**	**4**	**3**	**3**
	3	檐口花边齐直		4	**2**	**1**	**1**	**2**	**3**	**2**	**2**	**3**	**1**	
	4	瓦楞直顺		8	**4**	**5**	**6**	**7**	**5**	**4**	**7**	**5**	**6**	**7**
	5	檐口勾头瓦齐直		6	**5**	**4**	**4**	**5**	**3**	**1**	**4**	**3**	**4**	**4**
	6	相邻瓦楞档距差		8	**7**	**7**	**6**	**5**	**4**	**3**	**6**	**4**	**5**	**6**
	7	瓦面平整度	中腰、上口	20	**15**	**10**	**11**	**15**	**11**	**12**	**10**	**13**	**15**	**15**
	8		檐口	15	**10**	**11**	**9**	**8**	**10**	**11**	**14**	**10**	**11**	**11**
	9	盖瓦上下两张接缝		1	**0.5**	**0.4**	**0.1**	**0.5**	**0.1**	**0.2**	**0.5**	**0.4**	**0.2**	**0.5**
	10	琉璃瓦脚距底瓦面高		±10	**−8**	**+5**	**−6**	**+5**	**+4**	**−3**	**+2**	**+3**	**+4**	

施工单位检查评定结果	专业工长（施工员）	×××	施工班组长	×××
	主控项目全部合格，一般项目满足规范规定要求。 项目专业质量检查员：×××　　××年×月×日			
监理（建设）单位验收结论	**同意验收。** 专业监理工程师：××× （建设单位项目专业负责人）　　××年×月×日			

6. 屋脊及其饰件分项工程质量检验表

屋脊及其饰件分项工程质量检验表

（适用于小青瓦、筒瓦、琉璃瓦屋面的正脊、垂脊、围脊、戗脊等及其饰件工程）

编号：×××

<table>
<tr><td colspan="3">工程名称</td><td colspan="11">××园林绿化工程</td></tr>
<tr><td colspan="3">分项工程名称</td><td colspan="2">屋脊及其饰件工程</td><td colspan="4">验收部位</td><td colspan="5">×××</td></tr>
<tr><td colspan="3">施工单位</td><td colspan="2">××园林园艺公司</td><td colspan="4">项目经理</td><td colspan="5">×××</td></tr>
<tr><td colspan="3">施工执行标准名称及编号</td><td colspan="11">《古建筑修建工程质量检验评定标准》(CJJ 39—91)</td></tr>
<tr><td colspan="3">分包单位</td><td colspan="2"></td><td colspan="4">分包项目经理</td><td colspan="5"></td></tr>
<tr><td colspan="10">质量验收规范规定</td><td colspan="4">验收质量情况</td></tr>
<tr><td rowspan="4">主控项目</td><td>1</td><td colspan="8">选用屋脊及饰件材料的规格、品种、质量应符合设计要求</td><td colspan="4">符合</td></tr>
<tr><td>2</td><td colspan="8">采用铁件的材质、规格和连接方法应符合设计要求</td><td colspan="4">符合</td></tr>
<tr><td>3</td><td colspan="8">各式屋脊及其饰件的位置、造型、弧度曲线、尺度及分层做法应符合设计要求</td><td colspan="4">符合</td></tr>
<tr><td>4</td><td colspan="8">各式屋脊及其饰件中所用的泥灰、砂浆的品种、质量、色泽等应符合设计要求。其表面不得空鼓、开裂、翘边、断带、爆灰</td><td colspan="4">符合</td></tr>
<tr><td rowspan="17">一般项目</td><td colspan="3">项　目</td><td>1</td><td>2</td><td>3</td><td>4</td><td>5</td><td>6</td><td>7</td><td>8</td><td>9</td><td>10</td></tr>
<tr><td rowspan="2">1</td><td rowspan="2">屋脊砌筑</td><td>砌筑牢固、线条通顺美观</td><td>✓</td><td>✓</td><td>○</td><td>✓</td><td>✓</td><td>✓</td><td>✓</td><td>○</td><td>✓</td><td>✓</td></tr>
<tr><td>高度与宽度对称一致</td><td>✓</td><td>○</td><td>✓</td><td>✓</td><td>✓</td><td>✓</td><td>✓</td><td>○</td><td>✓</td><td>○</td></tr>
<tr><td rowspan="2">2</td><td rowspan="2">正脊、围脊外观</td><td>造型正确、线条流畅通顺</td><td>✓</td><td>✓</td><td>✓</td><td>○</td><td>✓</td><td>✓</td><td>✓</td><td>✓</td><td>✓</td><td>✓</td></tr>
<tr><td>高低均匀一致、整洁美观</td><td>✓</td><td>✓</td><td>✓</td><td>✓</td><td>○</td><td>✓</td><td>✓</td><td>✓</td><td>○</td><td>○</td></tr>
<tr><td rowspan="3">3</td><td rowspan="3">垂脊、戗脊外观</td><td>造型正确、线条清晰通顺</td><td>✓</td><td>○</td><td>✓</td><td>✓</td><td>✓</td><td>✓</td><td>✓</td><td>○</td><td>✓</td><td>○</td></tr>
<tr><td>弧形曲线和顺对称一致</td><td>○</td><td>✓</td><td>✓</td><td>✓</td><td>✓</td><td>✓</td><td>○</td><td>✓</td><td>○</td><td>○</td></tr>
<tr><td>高度一致、整洁美观</td><td>✓</td><td>○</td><td>✓</td><td>✓</td><td>✓</td><td>✓</td><td>✓</td><td>✓</td><td>✓</td><td></td></tr>
<tr><td rowspan="3">4</td><td rowspan="3">屋脊之间交接部位</td><td>砂浆严密饱满</td><td>✓</td><td>✓</td><td>✓</td><td>✓</td><td>○</td><td>✓</td><td>✓</td><td>✓</td><td>○</td><td></td></tr>
<tr><td>表面无裂缝、翘边</td><td>✓</td><td>✓</td><td>✓</td><td>✓</td><td>✓</td><td>○</td><td>○</td><td>✓</td><td>✓</td><td>✓</td></tr>
<tr><td>排水通畅</td><td>✓</td><td>✓</td><td>✓</td><td>✓</td><td>✓</td><td>○</td><td>✓</td><td>○</td><td>○</td><td>✓</td></tr>
<tr><td rowspan="2">5</td><td rowspan="2">屋脊涂刷颜色</td><td>浆色均匀一致</td><td>✓</td><td>○</td><td>✓</td><td>✓</td><td>✓</td><td>✓</td><td>✓</td><td>✓</td><td>✓</td><td>✓</td></tr>
<tr><td>无斑点、挂浆现象</td><td>✓</td><td>✓</td><td>○</td><td>✓</td><td>✓</td><td>✓</td><td>✓</td><td>✓</td><td></td><td></td></tr>
<tr><td rowspan="3">6</td><td rowspan="3">檐人、走兽、天皇台、花兰座安装</td><td>位置正确、安装牢固</td><td>✓</td><td>✓</td><td>○</td><td>✓</td><td>✓</td><td>✓</td><td>✓</td><td>✓</td><td>✓</td><td>✓</td></tr>
<tr><td>对称部分对称</td><td>✓</td><td>○</td><td>✓</td><td>✓</td><td>✓</td><td>✓</td><td>✓</td><td>✓</td><td>✓</td><td>✓</td></tr>
<tr><td>正直、高度一致</td><td>○</td><td>✓</td><td>✓</td><td>✓</td><td>✓</td><td>✓</td><td>✓</td><td>✓</td><td>✓</td><td>✓</td></tr>
</table>

续表

	项　目				1	2	3	4	5	6	7	8	9	10
一般项目	7	釉面屋脊、饰件外观	拼缝严密、安装牢固		✓	○	✓	✓	✓	✓	✓	✓	✓	✓
			线条清晰通畅		✓	✓	○	✓	✓	✓	✓	✓	✓	✓
			釉面洁净美观		✓	✓	✓	○	✓	✓	✓	✓	✓	✓
	允许偏差项目			允许偏差(mm)	实　测　值(mm)									
					1	2	3	4	5	6	7	8	9	10
	1	正脊、围脊、垂脊、戗脊的垂直度	高度在500mm及以上	5	**2**	**3**	**2**	**2**	**2**	**2**	**2**	**3**	**2**	
			高度在500mm以下	3	**2**	**1**	**1**	**2**	**2**	**1**	**2**	**1**	**1**	**2**
	2	垂脊、戗脊顶部弧度(每条)		5	**2**	**4**	**2**	**3**	**2**	**2**	**3**	**2**	**2**	**1**
	3	正脊、垂脊、戗脊等线条间距		5	**2**	**3**	**3**	**2**	**2**	**2**	**4**	**3**	**2**	**2**
	4	正脊、垂脊、戗脊等线条宽深		3	**2**	**2**	**2**	**1**	**2**	**2**	**1**	**2**	**2**	**1**
	5	每座建筑物的纹头标高		±8	**−5**	**+7**	**+7**	**−5**	**+2**	**−4**	**−5**	**+7**		
	6	每座建筑物的水戗标高	水榭、亭	±10	**+5**	**−6**	**+7**	**−5**	**+8**	**−5**	**−7**	**+6**	**+5**	**+6**
			厅、堂	±20	**−5**	**−9**	**−8**	**+7**	**−7**	**+8**	**−8**	**−7**	**+7**	
	7	檐人、走兽等中心线位移		±8	**+5**	**−7**	**−7**	**+6**	**−7**	**+5**	**+5**	**−6**	**+6**	**−5**
	8	天皇台、花兰座的垂直度		3	**2**	**1**	**1**	**2**	**2**	**2**	**2**	**1**	**1**	**1**
	9	天皇台、花兰座的平整度		2	**1.5**	**1**	**1**	**1.5**	**1**	**1**	**1**	**0**	**1**	**1**
	10	正脊、垂脊、戗脊	长3m以内	15	**10**	**11**	**10**	**9**	**8**	**10**	**10**	**11**	**12**	**13**
	11	侧面直顺度	长3m及以外	20	**10**	**10**	**11**	**10**	**11**	**10**	**9**	**11**	**10**	

施工单位检查评定结果	专业工长(施工员)	××××	施工班组长	×××
	主控项目全部合格,一般项目满足规范规定要求。 项目专业质量检查员:×××　　××年×月×日			
监理(建设)单位验收结论	**同意验收。** 专业监理工程师:××× (建设单位项目专业负责人)　　××年×月×日			

7. 各类瓦屋面及其屋脊饰件的修缮分项工程质量检验表

各类瓦屋面及其屋脊饰件的修缮分项工程质量检验表

（适用于小青瓦、筒瓦、琉璃瓦屋面、各式屋脊及附件的修缮）

编号：×××

工程名称	××园林绿化工程		
分项工程名称	各类瓦屋面及屋脊饰件修缮	验收部位	×××
施工单位	××园林园艺公司	项目经理	×××
施工执行标准名称及编号	《古建筑修建工程质量检验评定标准》(CJJ 39—91)		
分包单位		分包项目经理	

		质量验收规范规定	验收质量情况
主控项目	1	经修缮屋面不得漏水，屋面的坡度曲线应与原样一致	符合
	2	添修瓦件的规格、品种、质量应符合设计要求，应与原存瓦件规格、色泽接近，其外形应整齐，无裂缝、缺棱掉角等残次缺陷	符合
	3	坐浆铺瓦或瓦楞中所用的泥灰、砂浆的材料、品种规格、质量等应符合设计要求。应与原存部分相接吻合。修缮后砂(泥)浆不得空鼓、开裂翘边、爆灰	符合
	4	局部修缮、抽换瓦件，新旧粘结层应在新旧瓦交接处的上部接槎，并用砂浆堵实、抹顺，新旧瓦的接槎底瓦严禁倒泛水，添置新瓦应集中分楞铺设，严禁新旧瓦混铺	符合

		项 目		1	2	3	4	5	6	7	8	9	10
一般项目	1	小青瓦屋面	屋面整洁平整	✓	✓	✓	○	✓	✓	✓	✓	✓	✓
			瓦档均匀	✓	○	✓	✓	✓	✓	✓	✓	✓	
			排水通畅	○	✓	✓	✓	✓	✓	✓	✓	✓	✓
	2	瓦楞中裹楞、挨(压)楞铺瓦	粘结牢固、灰浆饱满	✓	✓	✓	○	✓	✓	✓	✓	✓	✓
			瓦楞齐直、无翘边、开裂	✓	✓	✓	✓	○	✓	✓	✓	✓	✓
			浆色均匀一致	✓	✓	✓	✓	✓	○	✓	✓	✓	
			釉面洁净美观	✓	○	✓	✓	✓	✓	✓	✓	✓	✓
	3	局部修缮、添换瓦件	搭接吻合紧密	✓	✓	✓	○	✓	✓	✓	✓	✓	
			新旧瓦件接槎平整齐直	✓	✓	○	✓	✓	✓	✓	✓	✓	✓
	4	零星添配修补饰件	配件比例与原件一致	✓	○	✓	✓	✓	✓	✓	✓	✓	✓
			摆砌牢固、正直	✓	✓	○	✓	✓	✓	✓	✓	✓	✓
			弧形曲线和顺吻合一致	✓	✓	✓	✓	✓	✓	✓	✓	✓	✓
	5	经修缮后筒瓦、玻璃瓦屋面	屋面整洁美观	✓	○	✓	✓	✓	✓	✓	✓	✓	✓
			瓦楞直顺、接缝吻合	✓	✓	✓	✓	○	✓	✓	✓	✓	✓
			新老瓦屋面坡度曲线和顺一致	✓	✓	○	✓	✓	✓	✓			
			刷浆与原瓦色泽一致	✓	○	✓	✓	✓	✓	✓	✓	✓	✓

	允许偏差项目	允许偏差(mm)	实测值(mm)									
			1	2	3	4	5	6	7	8	9	10
1	瓦楞直顺度	6	**5**	**4**	**5**	**3**	**2**	**1**	**1**	**3**	**3**	**4**
2	瓦面平整度	25	**20**	**19**	**18**	**20**	**21**	**19**	**15**	**18**	**16**	
3	檐口花边勾头齐直	8	**4**	**5**	**5**	**4**	**5**	**5**	**4**	**5**	**6**	**5**
4	檐口滴水齐直	10	**5**	**7**	**8**	**5**	**9**	**5**	**8**	**9**	**8**	**7**
5	上下瓦楞粗细差	5	**4**	**3**	**2**	**2**	**2**	**2**	**2**	**2**	**2**	**3**
6	上下瓦接缝宽宽	5	**2**	**2**	**3**	**2**	**1**	**1**	**1**	**4**	**1**	
7	相邻瓦楞档距差	10	**8**	**9**	**9**	**8**	**8**	**7**	**8**	**9**		

施工单位检查评定结果	专业工长（施工员）	×××	施工班组长	×××
	主控项目全部合格，一般项目满足规范规定要求。 项目专业质量检查员：××× ××年×月×日			
监理（建设）单位验收结论	**同意验收。** 专业监理工程师：××× （建设单位项目专业负责人） ××年×月×日			

五、地面部分检验常用表格

1. 墁石地面分项工程质量检验表

墁石地面分项工程质量检验表

（适用于楼地面、庭院、游廊、甬路墁石地面工程）

编号：×××

工程名称			××园林绿化工程										
分项工程名称			墁石地面工程		验收部位				×××				
施工单位			××园林园艺公司		项目经理				×××				
施工执行标准名称及编号			《古建筑修建工程质量检验评定标准》(CJJ 39—91)										
分包单位					分包项目经理								
质量验收规范规定									验收质量情况				
主控项目	1	石料的品种、质量、色泽、规格应符合设计要求							符合				
	2	墁石地面的图案、式样和铺设方法应符合设计要求							符合				
	3	粗细墁石地面的面层与基层结合应密实、稳固。卵石、瓦片嵌固必须牢固							符合				
一般项目	项　目			1	2	3	4	5	6	7	8	9	10
	1	排水坡度	符合设计要求	√	√	√	○	√	√	√	√		
			排水流畅、无积水	√	○	√	√	√	√	√	√	√	√
	2	錾细加工的石料	斧印均匀、深浅一致	○	√	√	√	√	√	√	√	√	
			刮边宽度顺直一致	√	√	○	√	√	√	√	√	√	√
	3	墁石子地面	石子排列均匀	√	√	√	○	√	√	√	√	√	
			显露一致	√	√	√	√	○	√	√	√	√	√
			表面无残留灰浆赃物	√	○	√	√	√	√	√	√	√	√
			整洁美观	√	√	○	√	√	√	√	√		
			无坑洼隆起	√	√	√	√	√	○	√	√		
			与路沿接缝平直均匀	○	√	√	√	√	√	√	√	√	√
	4	片石、瓦片墁地	排列均匀一致	√	√	○	√	√	√	√	√	√	√
			显露一致、无坑洼隆起	√	√	○	√	√	√	√	√	√	√
			表面无残留灰浆赃物	√	○	√	√	√	√	√	√	√	√
			与路沿接缝平直均匀	○	√	√	√	√	√	√	√	√	√
	5	细墁石地面	完整无缺陷	√	√	○	√	√	√	√	√	√	√
			接缝均匀、周边顺直	√	√	√	√	√	○	√	√		
			表面洁净	√	√	√	○	√	√	√	√	√	√
	6	粗墁石地面	表面平整美观、洁净	√	○	√	√	√	√	√	√	√	√
			无缺棱掉角	○	√	√	√	√	√	√	√	√	√
			接缝均匀、平顺	√	√	√	○	√	√	√	√		

续表

	项目						1	2	3	4	5	6	7	8	9	10
一般项目	7	墁石地面镶边		镶边完整			√	√	√	√	○	√	√	√	√	√
				宽窄一致			√	√	○	√	√	√	√	√	√	√
				边线顺直、光滑			√	√	√	○	√	√	√	√	√	√
	允许偏差项目			允许偏差(mm)			实测值(mm)									
				细墁	墁石子 (片石、瓦石)	粗墁	1	2	3	4	5	6	7	8	9	10
	1	每块料石平面尺寸		±2	±3	—	+1	−1	+2	−1	+1	−2	+1	−1	−1	
	2	每块料石对角线差		2	3	—	1	1	0	1	1	1	1	0	1	1
	3	表面平整度		3	5	10	1	2	2	2	1	1	1	1	1	1
	4	石板接缝宽度	粗料石	—	5	—										
	5		半细料石	4	—	—										
	6		细料石	3	—	—	2	1	1	2	2	2	1	1	2	
	7	接缝高低差		2	3	—	2	1	1	1	2	1	1	2	2	1
	8	缝格平直		3	5	—	2	1	1	2	2	2	1	2		

施工单位检查评定结果	专业工长 (施工员)	×××	施工班组长	×××
	主控项目全部合格，一般项目满足规范规定要求。 项目专业质量检查员：××× ××年×月×日			
监理(建设)单位验收结论	**同意验收。** 专业监理工程师：××× (建设单位项目专业负责人) ××年×月×日			

2. 仿古地面分项工程质量检验表

仿古地面分项工程质量检验表

（适用于用水泥砂浆、细石混凝土作的整体面层仿古地面和预制块料仿古地面工程）

编号：×××

工程名称	××园林绿化工程		
分项工程名称	**仿古地面工程**	验收部位	×××
施工单位	**××园林园艺公司**	项目经理	×××
施工执行标准名称及编号	**《古建筑修建工程质量检验评定标准》(CJJ 39—91)**		
分包单位		分包项目经理	

		质量验收规范规定	验收质量情况
主控项目	1	材料的品种、质量、色泽、图案和铺设形式应符合设计要求	**符合**
主控项目	2	基层与面层应结合牢固无空鼓	**符合**

一般项目		项目		1	2	3	4	5	6	7	8	9	10
	1	面层表面	表面密实光滑	√	√	√	○	√	√	√	√	○	
			无裂纹、脱皮、麻面	○	√	√	√	√	√	√	√	√	√
			无水纹、抹痕	√	○	√	√	√	√	√	√	√	√
			无残留砂浆赃物	√	√	○	√	√	√	√	√	√	√
			接搓平顺、自然、色泽一致	√	√	√	○	√	√	√	√	√	√
	2	排水坡度的面层	坡度符合设计要求	√	√	√	√	○	√	√	√	√	√
			不倒泛水	√	√	√	√	○	√	√	√	√	○
			无积水、无渗漏	√	√	√	√	√	○	√	√	√	√
	3	分格和留缝	分格宽窄深度一致	○	√	√	√	√	√	√	√		
			分块留缝整齐顺直	√	○	√	√	√	√	√	√	√	√
			表面光滑平整	√	√	○	√	√	√	√	√	√	√
	4	踢脚线的做法	高度一致	√	√	√	√	√	○	√	√	√	√
			深鼓长度不大于150mm	√	√	√	√	√	○	√	√	√	
			在一个检查范围内不多于2处	○	√	√	√	√	√	√	√	√	

	允许偏差项目		允许偏差(mm)		实测值(mm)									
			精料石	细料石	1	2	3	4	5	6	7	8	9	10
一般项目	1	每块平面尺寸	1.5	2.0	**1**	**0.5**	**1**	**1**	**1**	**1**	**1**	**1**		
	2	每块对角线(正方)	2.0	2.0	**1.5**	**1**	**1**	**1**	**1**	**0.5**	**1**	**1**	**1**	**0.5**
	3	铺砌平整度	3	4	**1**	**2**	**2**	**2**	**2**	**1**	**2**	**2**	**1**	**1**
	4	铺地缝格平直度	2	3	1	**1**	**1.5**	**1**	**1**	**1**	**1**	**1**	**1.5**	**1**
	5	假方砖地面油灰缝宽度不大于	2	3	**1**	**0.5**	**1**	**1**	**1**	**1**	**1**	**1**	**0.5**	**1**
	6	方砖分缝宽度不大于	1.5	2.0	**1**	**0.5**	**1**	**1**	**1**	**1**	**1**	**1**	**1**	**1**
	7	整体面层平整度	2	3	**1**	**1.5**	**0.5**	**0.5**	**0.5**	**1**	**0.5**	**1**		
	8	整体面层分块缝格平直度	3	4	**1**	**2**	**2**	**2**	**2**	**2**	**2**	**2**	**1**	**1**
	9	踢脚线上口平直度	4	—	**2**	**3**	**3**	**2**	**1**	**1**	**1**	**2**	**2**	

施工单位检查评定结果	专业工长（施工员）	×××	施工班组长	×××
	主控项目全部合格，一般项目满足规范规定要求。 项目专业质量检查员：×××　　××年×月×日			
监理（建设）单位验收结论	**同意验收。** 专业监理工程师：××× （建设单位项目专业负责人）　　××年×月×日			

3. 地面与楼面修补分项工程质量检验表

地面与楼面修补分项工程质量检验表

（适用于各种地面与楼面的局部修补工程）

编号：×××

<table>
<tr><td colspan="3">工程名称</td><td colspan="13">××园林绿化工程</td></tr>
<tr><td colspan="3">分项工程名称</td><td colspan="4">地面与楼面修补工程</td><td colspan="4">验收部位</td><td colspan="5">×××</td></tr>
<tr><td colspan="3">施工单位</td><td colspan="4">××园林园艺公司</td><td colspan="4">项目经理</td><td colspan="5">×××</td></tr>
<tr><td colspan="3">施工执行标准名称及编号</td><td colspan="13">《古建筑修建工程质量检验评定标准》(CJJ 39—91)</td></tr>
<tr><td colspan="3">分包单位</td><td colspan="4"></td><td colspan="4">分包项目经理</td><td colspan="5"></td></tr>
<tr><td colspan="11">质量验收规范规定</td><td colspan="5">验收质量情况</td></tr>
<tr><td rowspan="3">主控项目</td><td>1</td><td colspan="9">修补地面与楼面选用的块材和整体面层及粘结材料的规格、品种、质量应与原地面一致，使用替代材料应符合设计要求</td><td colspan="5">符合</td></tr>
<tr><td>2</td><td colspan="9">修补地面与楼面的做法，图案应与原地面、楼面一样</td><td colspan="5">符合</td></tr>
<tr><td>3</td><td colspan="9">修补部分的基层应坚实、预制块安装必须牢固不得松动，水泥砂浆面层要密实无空鼓裂纹</td><td colspan="5">符合</td></tr>
<tr><td rowspan="11">一般项目</td><td colspan="5">项　目</td><td>1</td><td>2</td><td>3</td><td>4</td><td>5</td><td>6</td><td>7</td><td>8</td><td>9</td><td>10</td></tr>
<tr><td>1</td><td colspan="4">与原地面、楼面接槎和顺</td><td>✓</td><td>✓</td><td>○</td><td>✓</td><td>✓</td><td>✓</td><td>✓</td><td>✓</td><td>✓</td><td>✓</td></tr>
<tr><td>2</td><td colspan="4">无接槎痕迹</td><td>✓</td><td>✓</td><td>○</td><td>✓</td><td>✓</td><td>✓</td><td>✓</td><td>✓</td><td>○</td><td>✓</td></tr>
<tr><td>3</td><td colspan="4">色泽一致</td><td>✓</td><td>✓</td><td>✓</td><td>✓</td><td>✓</td><td>○</td><td>✓</td><td>✓</td><td>✓</td><td>✓</td></tr>
<tr><td colspan="2" rowspan="2">允许偏差项目</td><td colspan="3">允许偏差(mm)</td><td colspan="10">实　测　值(mm)</td></tr>
<tr><td>细墁</td><td>粗墁</td><td>整体面层</td><td>1</td><td>2</td><td>3</td><td>4</td><td>5</td><td>6</td><td>7</td><td>8</td><td>9</td><td>10</td></tr>
<tr><td>1</td><td>表面平整度</td><td>2.5</td><td>6</td><td>5</td><td>5</td><td>2</td><td>2</td><td>4</td><td>5</td><td>2</td><td>2</td><td>4</td><td></td><td></td></tr>
<tr><td>2</td><td>缝格平直度</td><td>3</td><td>4</td><td>3</td><td>2</td><td>1</td><td>1</td><td>1</td><td>2</td><td>2</td><td>2</td><td>2</td><td>1</td><td>1</td></tr>
<tr><td>3</td><td>相邻板块高度差</td><td>1</td><td>2</td><td>—</td><td>1</td><td>1.5</td><td>1</td><td>1</td><td>1</td><td>1</td><td>1</td><td>1</td><td>1</td><td></td></tr>
<tr><td>4</td><td>新旧接搓高低差</td><td>1</td><td>2</td><td>2</td><td>1</td><td>0.5</td><td>0.5</td><td>1</td><td>1</td><td>1</td><td>0.5</td><td>0.5</td><td>0.5</td><td>1</td></tr>
<tr><td>5</td><td>新旧地面接缝平直度</td><td>1</td><td>2</td><td>2</td><td>0.5</td><td>0.5</td><td>1</td><td>1</td><td>1</td><td>1</td><td>1</td><td>1</td><td></td><td></td></tr>
<tr><td colspan="4" rowspan="2">施工单位检查
评定结果</td><td colspan="2">专业工长
（施工员）</td><td colspan="4">×××</td><td colspan="4">施工班组长</td><td colspan="2">×××</td></tr>
<tr><td colspan="12">主控项目全部合格，一般项目满足规范规定要求。
项目专业质量检查员：×××　　××年×月×日</td></tr>
<tr><td colspan="4">监理（建设）
单位验收结论</td><td colspan="12">同意验收。
专业监理工程师：×××
（建设单位项目专业负责人）　　××年×月×日</td></tr>
</table>

六、小木作部分检验常用表格

1. 窗扇制作分项工程质量检验表

窗扇制作分项工程质量检验表

（适用于各式短窗、横风窗、和合窗等古式窗（含窗框）的制作工程）

编号：×××

工程名称	××园林绿化工程		
分项工程名称	窗扇制作工程	验收部位	×××
施工单位	××园林园艺公司	项目经理	×××
施工执行标准名称及编号	《古建筑修建工程质量检验评定标准》(CJJ 39—91)		
分包单位		分包项目经理	

		质量验收规范规定	验收质量情况
主控项目	1	各式窗扇内花格制作应按样板制作，样板应符合设计要求	符合
	2	窗扇、框的榫槽应嵌合严密，胶料胶结应用胶楔加紧。胶料品种应符合设计要求和现行国家标准的规定	符合
	3	窗扇、框的榫卯节点应符合设计要求。当设计无明确规定时，应符合规范规定	符合

		项　目		1	2	3	4	5	6	7	8	9	10
一般项目	1	窗扇（框）制作	表面平整光洁	√	√	√	√	√	○	√	√	○	
			无缺棱掉角	√	○	√	√	√	√	√	√	√	√
			无刨印、戗槎、锤印	○	√	√	√	√	√	√	√	√	
			清油制品色泽一致	√	√	√	○	√	√	√	√	√	√
	2	裁口起线割角、拼缝	裁口、起线整齐顺直	√	√	○	√	√	√	√	√	√	√
			割角准确、交圈整齐	√	√	√	√	○	√	√	√	√	√
			拼缝严密、无胶迹	√	○	√	√	√	√	√	√	○	√
	3	窗扇花饰	图案准确	√	√	√	○	√	√	√	√	√	√
			线条清晰流畅自然	√	√	√	√	○	√	√	√	√	√
			表面光滑平整美观	√	○	√	√	√	√	√	√	√	√
			色泽一致	√	√	√	○	√	√	√	√	√	○
	4	窗扇裙板	表面平整光滑	√	○	√	√	√	√	√	○	√	√
			与窗梃结合牢固	○	√	√	√	√	√	√	√	√	√
			下口齐直、拼缝严密	√	√	○	√	√	√	√	√	√	√
			无刨印、锤印及戗槎	√	√	○	√	√	√	√	√	√	√

		允许偏差项目	允许偏差(mm)	实　测　值(mm)									
				1	2	3	4	5	6	7	8	9	10
一般项目	1	构件截面	±2	+1	−1	+1	+1	+1	−1	−1	−1	+1	+1
	2	框（宽、高）	+0、−1	−0.5	−0.4	−0.3	−0.1	−0.4	−0.3	−0.1	−0.3	−0.1	−0.1
	3	扇（宽、高）	+1、0	0.1	0.3	0.5	0.3	0.1	0.5	0.5	0.5	0.3	0.2
	4	扇（框）的平面翘曲	2	1	1.5	1	1	1	1	1	1	1	1
	5	框、扇对角线长度差	2	1	1	1	1.5	1	1	1	1	1	1
	6	裁口线条和结合处高差（框扇）	0.5	0.1	0.1	0.1	0.3	0.1	0.2	0.1	0.3	0.1	0.3
	7	窗扇芯子交接处（高低差）	1	0.5	0.7	0.8	0.9	0.8	0.5	0.5			

施工单位检查评定结果	专业工长（施工员）	×××	施工班组长	×××
	主控项目全部合格，一般项目满足规范规定要求。 项目专业质量检查员：×××　　××年×月×日			
监理（建设）单位验收结论	**同意验收。** 专业监理工程师：××× （建设单位项目专业负责人）　　××年×月×日			

2. 隔扇、长窗制作分项工程质量检验表

隔扇、长窗制作分项工程质量检验表

（适用于各式隔扇、长窗（含框）的制作工程）

编号：×××

工程名称	××园林绿化工程		
分项工程名称	隔扇长窗制作	验收部位	×××
施工单位	××园林园艺公司	项目经理	×××
施工执行标准名称及编号	《古建筑修建工程质量检验评定标准》(CJJ 39—91)		
分包单位		分包项目经理	

		质量验收规范规定	验收质量情况
主控项目	1	各类隔扇、长窗内花格制作应按样板制作，样板应符合设计要求	符合
	2	隔扇、长窗（框）的榫槽应嵌合严密，胶料胶结构应用胶楔加紧，胶料质量、品种应符合设计要求和现行国家标准的规定	符合
	3	隔扇、长窗（框）的榫卯节点应符合设计要求。当设计无明确规定时，应符合规范规定	符合

		项目		1	2	3	4	5	6	7	8	9	10
一般项目	1	隔扇、长窗制作的表面	表面平整光滑、无缺棱掉角	✓	✓	✓	○	✓	✓	✓	✓	✓	✓
			无刨印、戗槎、锤印	✓	○	✓	✓	✓	✓	✓	✓	✓	✓
			清油制品色泽一致	○	✓	✓	✓	✓	✓	✓	✓	✓	✓
	2	裁口起线割角、拼缝	裁口、起线整齐顺直	✓	✓	✓	○	✓	✓	✓	✓	✓	✓
			割角准确、交圈整齐	✓	✓	✓	✓	○	✓	✓	✓	✓	✓
			拼缝严密、无胶迹	✓	✓	✓	✓	✓	○	✓	✓	✓	✓
	3	隔扇、长窗花饰的外观	图案准确、线条流畅自然	✓	✓	○	✓	✓	✓	✓	✓	✓	
			表面光滑平整美观	○	✓	✓	✓	✓	✓	✓	✓	✓	✓
			色泽一致	✓	✓	✓	○	✓	✓	✓	✓	✓	
	4	隔扇、长窗夹樘板外观	表面平整光滑	✓	○	✓	✓	✓	✓	✓	✓		
			与梃结合牢固、拼缝严密	✓	○	✓	✓	✓	✓	✓	✓	✓	
			无刨印、锤印及戗槎	✓	✓	✓	○	✓	✓	✓	✓	✓	✓

	允许偏差项目	允许偏差(mm)	实测值(mm)									
			1	2	3	4	5	6	7	8	9	10
1	构件截面	±2	+1	+1	+1.5	−1	−1	−1	−1	+1.5	+1	
2	单扇（框）长度	2	1	1.5	1.5	1	1	1	1	1	1	1
3	单扇（框）宽度	2	1	1.5	1.5	1.5	1	1	1.5	1	1.5	1
4	隔扇长窗的平面翘曲	2	1.6	1.5	1	1	1	1	1	1.6	1	1
5	隔扇长窗的对角线长度	3	1	2	2	2	2	1	1	1	2	
6	框的对角线长度	3	2	2	2	1	1	1	1	1	1	1
7	隔扇芯交接处（高低差）	1	0.5	0.6	0.7	0.5	0.6	0.5	0.5	0.4	0.3	

施工单位检查评定结果	专业工长（施工员）	×××	施工班组长	×××
	主控项目全部合格，一般项目满足规范规定要求。 项目专业质量检查员：×××　　××年×月×日			
监理（建设）单位验收结论	**同意验收。** 专业监理工程师：××× （建设单位项目专业负责人）　　××年×月×日			

3. 门扇制作分项工程质量检验表

门扇制作分项工程质量检验表

（适用于各式屏门、对子门、库门（含框）（实拼门、敲框挡板门）等古式门扇制作工程）

编号：×××

<table>
<tr><td colspan="3">工程名称</td><td colspan="12">××园林绿化工程</td></tr>
<tr><td colspan="3">分项工程名称</td><td>门扇制作</td><td colspan="5">验收部位</td><td colspan="6">×××</td></tr>
<tr><td colspan="3">施工单位</td><td>××园林园艺公司</td><td colspan="5">项目经理</td><td colspan="6">×××</td></tr>
<tr><td colspan="3">施工执行标准名称及编号</td><td colspan="12">《古建筑修建工程质量检验评定标准》(CJJ 39—91)</td></tr>
<tr><td colspan="3">分包单位</td><td></td><td colspan="5">分包项目经理</td><td colspan="6"></td></tr>
<tr><td colspan="10">质量验收规范规定</td><td colspan="5">验收质量情况</td></tr>
<tr><td rowspan="2">主控项目</td><td>1</td><td colspan="8">各类门扇、框的榫槽应嵌合严密，胶料胶结应用胶楔加紧。胶料品种应符合设计要求和现行国家标准的规定</td><td colspan="5">符合</td></tr>
<tr><td>2</td><td colspan="8">门扇、框的榫卯节点应符合设计要求。当设计无明确规定时，应符合规范规定</td><td colspan="5">符合</td></tr>
<tr><td rowspan="16">一般项目</td><td colspan="4">项　目</td><td>1</td><td>2</td><td>3</td><td>4</td><td>5</td><td>6</td><td>7</td><td>8</td><td>9</td><td>10</td></tr>
<tr><td rowspan="3">1</td><td rowspan="3">门扇（框）的制作表面</td><td colspan="2">表面平整光滑、无缺棱掉角</td><td>✓</td><td>✓</td><td>✓</td><td>○</td><td>✓</td><td>✓</td><td>✓</td><td></td><td></td><td></td></tr>
<tr><td colspan="2">无刨印、戗槎、锤印</td><td>✓</td><td>○</td><td>✓</td><td>✓</td><td>✓</td><td>✓</td><td>✓</td><td>✓</td><td>✓</td><td>✓</td></tr>
<tr><td colspan="2">无明显疵病</td><td>✓</td><td>○</td><td>✓</td><td>✓</td><td>✓</td><td>✓</td><td>✓</td><td>✓</td><td></td><td></td></tr>
<tr><td rowspan="3">2</td><td rowspan="3">门扇的裁口起线割角拼缝榫卯</td><td colspan="2">裁口、起线顺直</td><td>○</td><td>✓</td><td>✓</td><td>✓</td><td>✓</td><td>✓</td><td>✓</td><td>✓</td><td>✓</td><td>✓</td></tr>
<tr><td colspan="2">割角准确</td><td>✓</td><td>✓</td><td>✓</td><td>○</td><td>✓</td><td>✓</td><td>✓</td><td>✓</td><td>✓</td><td></td></tr>
<tr><td colspan="2">拼缝严密坚实</td><td>✓</td><td>✓</td><td>✓</td><td>✓</td><td>○</td><td>✓</td><td>✓</td><td>✓</td><td>✓</td><td>✓</td></tr>
<tr><td colspan="3" rowspan="2">允许偏差项目</td><td rowspan="2">允许偏差(mm)</td><td colspan="10">实　测　值(mm)</td></tr>
<tr><td>1</td><td>2</td><td>3</td><td>4</td><td>5</td><td>6</td><td>7</td><td>8</td><td>9</td><td>10</td></tr>
<tr><td>1</td><td colspan="2">构件截面</td><td>±2</td><td>1</td><td>1</td><td>1.5</td><td>1</td><td>1</td><td>1</td><td>1</td><td>1</td><td>1</td><td>1</td></tr>
<tr><td>2</td><td colspan="2">框的宽、高</td><td>+0、−1</td><td>−0.1</td><td>−0.5</td><td>−0.1</td><td>−0.1</td><td>−0.5</td><td>−0.1</td><td>−0.5</td><td>−0.1</td><td>−0.1</td><td>−0.1</td></tr>
<tr><td>3</td><td colspan="2">扇的宽、高</td><td>+1、0</td><td>0.5</td><td>0.5</td><td>0.4</td><td>0.5</td><td>0.4</td><td>0.4</td><td>0.4</td><td>0.4</td><td>0.3</td><td>0.2</td></tr>
<tr><td>4</td><td colspan="2">门扇（框）的平面翘曲</td><td>2</td><td>1</td><td>1.5</td><td>1</td><td>1.5</td><td>1</td><td>1.2</td><td>1</td><td>1</td><td>1</td><td>1</td></tr>
<tr><td>5</td><td colspan="2">框的对角线长度差</td><td>2</td><td>1</td><td>1</td><td>1.5</td><td>1.2</td><td>1.5</td><td>1.2</td><td>1</td><td>1</td><td></td><td></td></tr>
<tr><td>6</td><td colspan="2">扇的对角线长度差</td><td>2</td><td>1</td><td>1.5</td><td>1.4</td><td>1</td><td>1.5</td><td>1</td><td>1</td><td>1</td><td>1</td><td>1</td></tr>
<tr><td colspan="4" rowspan="2">施工单位检查评定结果</td><td colspan="2">专业工长（施工员）</td><td colspan="4">×××</td><td colspan="3">施工班组长</td><td colspan="2">×××</td></tr>
<tr><td colspan="11">主控项目全部合格，一般项目满足规范规定要求。
项目专业质量检查员：×××　　××年×月×日</td></tr>
<tr><td colspan="4">监理（建设）单位验收结论</td><td colspan="11">同意验收。
专业监理工程师：×××
（建设单位项目专业负责人）　　××年×月×日</td></tr>
</table>

4. 木栏杆的制作与安装分项工程质量检验表

木栏杆的制作与安装分项工程质量检验表

（适用于各式木栏杆制作和安装工程）

编号：×××

工程名称	××园林绿化工程		
分项工程名称	木栏杆的制作与安装	验收部位	×××
施工单位	××园林园艺公司	项目经理	×××
施工执行标准名称及编号	《古建筑修建工程质量检验评定标准》(CJJ 39—91)		
分包单位		分包项目经理	

		质量验收规范规定	验收质量情况
主控项目	1	各式栏杆的制作与安装应放样、按样板制作，样板应符合设计要求	符合
主控项目	2	各式栏杆的榫槽应嵌合严密，胶料胶结，并应用胶楔加紧，胶料质量品种必须符合现行国家标准《木结构工程施工及验收规范》(GB 50206—2002)的规定	符合

		项目		1	2	3	4	5	6	7	8	9	10
一般项目	1	各式栏杆的制作表面	表面平整	✓	✓	✓	✓	○	✓	✓	✓	✓	
			无缺棱掉角	✓	○	✓	✓	✓	✓	✓	✓	✓	✓
			清油制品色泽均匀一致	○	✓	✓	✓	✓	✓	✓	✓	✓	✓
			无刨痕、毛刺、戗槎、锤印	✓	✓	✓	○	✓	✓	✓	✓	✓	✓
	2	各式构件起线、割角、拼缝	起线顺直	✓	✓	○	✓	✓	✓	✓	✓	✓	✓
			割角准确	✓	✓	✓	○	✓	✓	✓	✓	✓	✓
			拼缝严密、无胶迹	✓	○	✓	✓	✓	✓	✓	✓	✓	✓
		各式栏杆花饰图案	图案正确、美观	✓	○	✓	✓	✓	✓	✓	✓	✓	
			线条清晰、流畅自然	✓	✓	✓	○	✓	✓	✓	✓	✓	
	3	各式构件安装	线条顺直美观	✓	✓	○	✓	✓	✓	✓	✓	✓	
			表面平整光滑	✓	○	✓	✓	✓	✓	✓			
			脱卸灵活方便	○	✓	✓	✓	✓	✓	✓	✓	✓	
			无翘曲	✓	○	✓	✓	✓	✓	✓	✓	✓	
	4	里裙板	表面平整光滑	✓	✓	✓	✓	✓	✓	✓	✓	✓	
			结合牢固、拼缝严密	○	✓	✓	✓	✓	✓	✓	✓	✓	

	允许偏差项目	允许偏差(mm)	实测值(mm)									
			1	2	3	4	5	6	7	8	9	10
1	单片栏杆翘曲	2	1	1.5	1	1	1.5	1	1	1	1	1
2	单片栏杆长度	+0、−4	−3	−2	−1	−2	−1	−1	−2	−1	−1	
3	单片栏杆宽度	±2	−1	+1.5	−1	+1.5	+1	+1	−1	+1	−1	−1
4	单片栏杆对角线长度差	3	2	1	1	2	2	1	2	2	2	2
5	栏杆安装垂直度	2	1	1.5	1	1	1.5	1	1	0	1	1
6	相邻栏杆水平	2	1	1.5	1	1.5	1	1	0	0	1	1
7	整幢房屋栏杆水平	4	2	3	2	2	2	1	2	2	2	1
8	构件截面	±2	+1	+1.5	−1	+1	−1.5	+1	0	1		
9	各类芯子交接处平整度	1	0.5	0.6	0.5	0.1	0.5	0.5	0	0.1	0.1	0.5
10	线条错位	0.5	0.1	0.1	0.2	0.1	0.2	0.1	0.1	0.1	0.2	

施工单位检查评定结果	专业工长（施工员）	×××	施工班组长	×××
	主控项目全部合格，一般项目满足规范规定要求。 项目专业质量检查员：××× ××年×月×日			
监理(建设)单位验收结论	**同意验收。** 专业监理工程师：××× （建设单位项目专业负责人） ××年×月×日			

5. 美人靠、坐槛的制作与安装分项工程质量检验表

美人靠、坐槛的制作与安装分项工程质量检验表

（适用于美人靠（吴王靠、飞来椅）、坐槛的制作和安装工程）

编号：×××

工程名称	××园林绿化工程		
分项工程名称	美人靠、坐槛的制作与安装	验收部位	×××
施工单位	××园林园艺公司	项目经理	×××
施工执行标准名称及编号	《古建筑修建工程质量检验评定标准》(CJJ 39—91)		
分包单位		分包项目经理	

		质量验收规范规定	验收质量情况
主控项目	1	各式美人靠、坐槛的制作应按样板制作，样板应符合设计要求	符合
	2	采用铁件的质量、型号、规格和连接方法等应符合设计要求	符合
	3	各类构件的榫槽应嵌合严密，胶料胶结应用胶楔加紧，胶料质量品种必须符合现行国家标准的规定	符合
	4	各式美人靠、坐槛的榫卯节点应符合设计要求	符合

一般项目		项目		1	2	3	4	5	6	7	8	9	10
	1	美人靠、坐槛的制作表面	榫卯严密、坚实	√	√	√	○	√	√	√	√	√	
			无刨痕、锤印、戗槎	√	○	√	√	√	√	√	√	√	√
			料面平整、线条通顺	√	√	√	√	○	√	○	√	√	√
	2	各式花饰的制作	图案准确	√	√	○	√	√	√	√	√	√	√
			曲线自然美观	√	√	√	○	√	√	√	√	√	√
			线条清晰通顺	√	√	√	√	√	○	√	√	√	√
			脱卸灵活方便	○	√	√	√	√	○	√	√	√	√
	3	铁件、五金安装	位置正确	√	√	○	√	√	√	√	√	√	√
			槽深整齐一致	○	√	√	√	√	√	√			
			五金齐全	√	√	√	√	√	○	√			
			规格符合要求	√	√	√	√	√	√	√	√	√	
			脱卸灵活	√	○	√	√	√	√	√	√	√	

	允许偏差项目	允许偏差(mm)	实测值(mm) 1	2	3	4	5	6	7	8	9	10
1	美人靠制作的长度	+0、−2	−1	0	−1	0	0	0	0	0	−1	
2	美人靠制作的宽度	±2	+1	−1.5	+1	−1	−1	−1	+1	−1	−1	0
3	美人靠和坐槛安装的水平度	2	1.5	1.5	1.5	1	1	1	1	1.5	0	1
4	美人靠连接处缝隙	2	1	1	1	1.5	1.5	1	1	0	0	1
5	美人靠坐槛构件的截面	±2	+1	−1.5	−1	−1	+1	−1	+1	0	+1	
6	各类芯子交接处平整度	1	0.5	0.5	0.4	0.4	0.5	0.5	0	1	1	1
7	美人靠的弯曲弧度	2	1	1.5	1	1.5	1	1	1	0	0	0
8	相邻两片水平平直度	4	1	2	2	1	1	1	3	2	1	

施工单位检查评定结果	专业工长（施工员）	×××	施工班组长	×××
	主控项目全部合格，一般项目满足规范规定要求。 项目专业质量检查员：×××　　××年×月×日			
监理（建设）单位验收结论	**同意验收。** 专业监理工程师：××× （建设单位项目专业负责人）　　××年×月×日			

6. 木装修构件修缮分项工程质量检验评定表

木装修构件修缮分项工程质量检验评定表

（适用于木装修构件的修缮制作和安装工程）

编号：×××

工程名称	××园林绿化工程		
分项工程名称	木装修构件修缮	验收部位	×××
施工单位	××园林园艺公司	项目经理	×××
施工执行标准名称及编号	《古建筑修建工程质量检验评定标准》(CJJ 39—91)		
分包单位		分包项目经理	

		质量验收规范规定	验收质量情况
主控项目	1	选用木材的树种、材质应与原构件相同，并应符合选材标准的规定	符合
	2	采用铁件的材质、型号、规格和连接方法等应符合设计要求	符合
	3	各类修补构件的制作安装，应按原存构件相同的方法进行	符合
	4	各类构件修理的榫槽应嵌合严密，胶料胶结应用胶楔加紧，胶料质量品种必须符合现行国家标准的规定	符合

		项目		1	2	3	4	5	6	7	8	9	10
一般项目	1	经修补后其表面	表面平整	√	√	√	○	√	√	√	√	√	√
			无缺棱、掉角、翘角缺陷	√	○	√	√	√	√	√	√	√	√
	2	经修补后线条、割角拼缝	起线清晰顺直通畅	√	√	√	○	√	√	√	√		
			割角准确平整	√	√	√	√	○	√	√	√	√	√
			拼缝严密	○	√	√	√	√	√	√	√	√	√
	3	花饰外观	线条清晰通顺	√	√	○	√	√	√	√	√	√	√
			图案与原图一致	√	√	√	√	√	○	√	√	√	√
	4	构件安装	位置正确	√	√	√	√	√	○	√	√	√	
			开关灵活、脱卸方便	○	√	√	√	√	√	√	√	√	√
			小五金齐全	√	○	√	√	√	√	√	√	√	√
			安装严密牢固	√	√	√	√	√	○				

	允许偏差项目		允许偏差(mm)	实测值(mm) 1	2	3	4	5	6	7	8	9	10
1	芯子交接处高低差		0.5	**0.1**	**0.2**	**0.1**	**0.1**	**0.1**	**0.2**	**0.1**	**0.1**	**0.2**	**0.3**
2	各种线条横竖交接		1	**0.5**	**0.4**	**0.3**	**0.2**	**0.1**	**0.5**	**0**	**0**	**1**	**1**
3	表面平整翘曲		4	**2**	**3**	**2**	**2**	**3**	**2**	**3**	**2**	**2**	**1**
4	垂直度		2	**1**	**1.5**	**1.5**	**1**	**1**	**1**	**0**	**1**	**1**	**1**
5	相邻两樘窗、挂落平直度		4	**2**	**3**	**2**	**2**	**2**	**2**	**3**	**3**	**2**	**2**
6	上风缝留缝宽度		2	**1**	**1.5**	**1.5**	**1**	**1**	**1**	**1**	**0**	**1**	**1**
7	下风缝	长窗留缝宽度	5	**4**	**3**	**2**	**2**	**1**	**1**	**4**	**3**	**2**	**2**
		短窗留缝宽度	3	**2**	**1**	**1**	**2**	**2**	**1**	**2**	**1**	**1**	**2**

施工单位检查评定结果	专业工长（施工员）	×××	施工班组长	×××
	主控项目全部合格，一般项目满足规范规定要求。 项目专业质量检查员：×××　　××年×月×日			
监理（建设）单位验收结论	**同意验收。** 专业监理工程师：××× （建设单位项目专业负责人）　　××年×月×日			

第五章　园林绿化工程监理资料管理

第一节　园林绿化工程监理管理资料

一、监理规划、监理实施细则

监理规划及监理实施细则(B1-1)是指导监理工作的纲领性文件。监理规划是依据监理大纲和委托监理合同编制的,在指导项目监理部工作方面起着重要作用。监理规划是编制监理实施细则的重要依据。

1. 监理规划的编制

(1)工程监理规划的编制程序与原则。

1)总监理工程师在签订委托监理合同及收到设计文件后,组织专业监理工程师编写监理规划,经监理单位技术负责人审查批准后,在召开第一次工地会议前报送建设单位。

2)监理规划内容要有针对性,做到控制目标明确、控制措施有效,工作程序合理、工作制度健全,职责明确,对监理工作实施具有实际指导作用。

3)监理规划在监理工作实施过程中,如实际情况或条件发生重大变化而需要调整时,应由总监理工程师组织专业监理工程师研究修改,按原报审程序经过批准后报建设单位。

(2)编制监理规划的依据。

1)国家有关工程建设的技术标准、规程、规范。

2)园林绿化工程建设的相关法律、法规及项目审批文件。

3)与园林绿化工程项目有关的标准、设计文件、技术资料。

4)委托监理合同及园林绿化工程项目相关的合同文件。

(3)监理规划主要内容。

1)工程项目概况:

①工程名称、地点及规模;

②工程类型、工程特点;

③工程质量要求;

④工程参建单位名录(建设单位、设计单位、承包单位、主要分包单位等)。

2)监理工作范围:指监理单位所承担监理任务的工程范围。

3)监理工作内容:质量控制、进度控制、投资控制、合同管理、安全监督、信息管理。

4)监理工作目标:园林绿化工程监理控制达到合同的预期目标。

5)监理工作依据:

①园林绿化工程建设方面的法律、法规;

②政府有关部门批准的建设文件;

③园林建设工程委托监理合同;

④园林绿化工程承包合同。

6)项目监理部的组织机构。

7)项目监理部的人员配制计划。

8)项目监理部的人员岗位职责。

9)监理工作程序。

10)监理工作的方法及措施。主要包括:投资控制目标方法及措施、进度控制目标方法及措施、质量控制目标方法及措施、合同管理的方法及措施、信息管理的方法及安全监督的方法与措施。

11)监理工作制度。主要包括:设计文件、图纸审查制度、施工图纸会审及设计交底制度、施工组织设计审核制度、工程开工申请审批制度、工程材料质量检验制度、隐蔽工程、分项(分部)工程质量验收制度、单位工程总监验收制度、设计变更处理制度、工程质量事故处理制度、施工进度监督及报告制度、工程竣工验收制度、项目监理部对外行文审批制度、监理工作会议制度、监理工作日志制度、监理月报制度、技术经济资料及档案管理制度等。

12)监理设施。办公设施、交通设施、通讯设施、生活设施、常规检测设备和工具。

(4)监理规划一式三份,建设单位一份,监理单位留存一份,项目监理部一份。

2. 监理实施细则的编制

(1)编制原则。

1)针对技术复杂、专业性较强的工程项目编制。

2)应结合专业特点做到详细、具体,具有可操作性。

(2)编制程序。应在相应工程施工开始前由专业监理工程师编制完成,并应经总监理工程师批准。

(3)编制依据。

1)已批准的监理规划。

2)与专业工程相关的标准、设计文件和技术资料。

3)已审定的施工组织设计。

(4)主要内容。

1)专业工程的特点。

2)监理工作的流程。

3)监理工作的控制要点及目标值。

4)监理工作的方法及措施。

(5)在监理工作实施过程中,监理实施细则应根据实际情况进行补充和完善。

二、监理月报

项目监理部每月以《监理月报》的形式向建设单位报告本月的监理工作情况。使建设单位了解工程的基本情况,同时掌握工程进度、质量、投资及施工合同的各项目标完成的监理控制情况。

监理月报应客观反映工程进展状况和监理工作情况,必须做到资料准确、重点突出、语言简练并附有必要的图表和照片。监理工作报告见附录 H。

1. 监理月报的内容

(1)工程概况。

1)工程基本情况。

①工程名称、工程地点,建设单位,承包单位,设计单位,行政主管部门;

②工程类别及项目(按园林绿化工程类别、项目相关框图填报),工程占地面积,总平面示意图,重点项目规模数量等方面的描述;

③合同约定的质量目标，工期要求，合同价款等。

2)施工基本情况。

①施工部位；

②施工中的顺利因素；

③施工中的不利因素。

(2)承包单位工程施工组织系统。

1)施工单位组织框图及主要负责人。

2)主要分包单位承担分包工程的情况。

(3)工程进度。

1)工程实际完成情况与总进度计划比较结果。

2)本期完成情况与本期进度计划比较结果。

3)本期工、料、机动态情况。

4)对进度完成情况的分析(含停工、复工情况)。

5)本期为完成计划进度采取的措施及其效果。

6)本期施工项目照片。

(4)工程质量。

1)分项、分部验收情况：承包单位自检、监理单位签认，一次验收合格率等。

2)有关施工试验情况。

3)工程质量情况分析。

4)施工中存在的质量问题。

5)本期为保证工程质量采取的措施和效果。

(5)工程计量及支付情况。

1)工程量审批情况。

2)工程款审批及支付情况。

3)本期为使工程计量准确采取的措施及效果。

(6)工程材料、构配件与设备情况。

1)承包单位采购、供应、进场及质量情况。

2)对供应厂家资质的考察情况。

(7)合同其他事项的监理情况。

1)工程变更情况：内容与数量。

2)工程延期情况：申请报告的主要内容及审批情况。

3)费用索赔情况：次数、数量、原因、审批情况。

(8)施工期间天气影响情况。

(9)项目监理部组成及工作统计。

1)组成人员。

2)监理工作统计。

(10)本期监理工作小结。

1)关于本期工程进度、质量、价款支付等方面的综合评价。

2)意见与建议。

3)下期监理工作的重点。

4)附本期施工过程中必要的资料照片。

2. 监理月报的格式及相关表格

××××××××工程

监 理 月 报

年　　　度：

工 程 阶 段：

总监理工程师：

××××××××监理公司

×××××××××项目监理部

×年×月×日

监理月报目录

一、工程概况
1. 工程基本情况(表 5-1)
2. 施工基本情况
二、承包单位项目组织系统
1. 承包单位组织框图及主要负责人
2. 主要分包单位分包工程的情况
三、工程进度情况
1. 工程实际完成情况与总进度计划比较(表 5-2)
2. 本月实际完成情况与进度计划比较(表 5-3)
3. 本月工、料、机动态情况(表 5-4)
4. 进度情况分析
5. 采取的措施及效果
6. 相关工程照片资料
四、工程质量
1. 分项、分部验收情况(表 5-5、表 5-6)
2. 主要施工试验情况(表 5-7)
3. 工程质量问题及分析
4. 采取的措施与效果
五、工程计量与工程款支付
1. 工程量审批情况
2. 工程款审批及支付情况(表 5-8)
3. 工程款支付情况分析
4. 本月为工程计量及支付款采取的准确措施及效果
六、工程材料构配件与设备
1. 采购、供应、进场及质量情况
2. 对供应厂家资质的考察情况
七、合同中其他事项的处理情况
1. 工程变更
2. 工程延期
3. 费用索赔
八、天气对施工影响的情况
九、工程监理部组成人员
1. 工程监理部组成人员名单
2. 监理工作统计(表 5-9)
十、本期监理工作简结

表 5-1 工程基本情况

<table>
<tr><td>工程名称</td><td colspan="6">××园林绿化工程</td></tr>
<tr><td>工程地点</td><td colspan="6"></td></tr>
<tr><td>工程性质</td><td colspan="6"></td></tr>
<tr><td>建设单位</td><td colspan="6"></td></tr>
<tr><td>勘察单位</td><td colspan="6"></td></tr>
<tr><td>设计单位</td><td colspan="6"></td></tr>
<tr><td>监理单位</td><td colspan="6"></td></tr>
<tr><td>承包单位</td><td colspan="6"></td></tr>
<tr><td>行政主管部门</td><td colspan="6"></td></tr>
<tr><td>开工日期</td><td></td><td>竣工日期</td><td></td><td colspan="2">工期天数</td><td></td></tr>
<tr><td>质量目标</td><td></td><td>合同价款</td><td></td><td colspan="2"></td><td></td></tr>
<tr><td colspan="7">工程项目一览表</td></tr>
<tr><td>单位工程名称</td><td>项目</td><td>工程量</td><td>单位</td><td>工程主要材料</td><td>工程造价</td><td>备注</td></tr>
<tr><td></td><td></td><td></td><td></td><td></td><td></td><td></td></tr>
<tr><td></td><td></td><td></td><td></td><td></td><td></td><td></td></tr>
<tr><td></td><td></td><td></td><td></td><td></td><td></td><td></td></tr>
<tr><td></td><td></td><td></td><td></td><td></td><td></td><td></td></tr>
<tr><td></td><td></td><td></td><td></td><td></td><td></td><td></td></tr>
</table>

制表人：

表 5-2　　工程实际完成情况与总进度计划比较表

序号	年月	分部工程名称	年												年					
			1	2	3	4	5	6	7	8	9	10	11	12	1	2	3	4	5	6

计划进度 ══════　　实际进度 ━━━━━　　制表人：

表 5-3

本月实际完成情况与进度计划比较表

序号	日期 分项工程名称	月						月																									
		26	27	28	29	30	31	1	2	3	4	5	6	7	8	9	10	11	12	13	14	15	16	17	18	19	20	21	22	23	24	26

计划进度　　　　　实际进度　　　　　制表人：

表 5-4　　本月工、料、机动态情况表

<table>
<tr><td rowspan="3">人工</td><td>工种</td><td></td><td></td><td></td><td></td><td></td><td></td><td></td><td>其他</td><td>合计</td></tr>
<tr><td>人数</td><td></td><td></td><td></td><td></td><td></td><td></td><td></td><td></td><td></td></tr>
<tr><td>持证人数</td><td></td><td></td><td></td><td></td><td></td><td></td><td></td><td></td><td></td></tr>
<tr><td rowspan="7">工程主要材料</td><td>名称</td><td>单位</td><td colspan="2">上月存量</td><td colspan="2">本月进量</td><td colspan="2">本月库存</td><td colspan="2">本月使用</td></tr>
<tr><td></td><td></td><td colspan="2"></td><td colspan="2"></td><td colspan="2"></td><td colspan="2"></td></tr>
<tr><td></td><td></td><td colspan="2"></td><td colspan="2"></td><td colspan="2"></td><td colspan="2"></td></tr>
<tr><td></td><td></td><td colspan="2"></td><td colspan="2"></td><td colspan="2"></td><td colspan="2"></td></tr>
<tr><td></td><td></td><td colspan="2"></td><td colspan="2"></td><td colspan="2"></td><td colspan="2"></td></tr>
<tr><td></td><td></td><td colspan="2"></td><td colspan="2"></td><td colspan="2"></td><td colspan="2"></td></tr>
<tr><td></td><td></td><td colspan="2"></td><td colspan="2"></td><td colspan="2"></td><td colspan="2"></td></tr>
<tr><td rowspan="12">主要机具</td><td colspan="2">名称</td><td colspan="4">生产厂家</td><td colspan="2">规格型号</td><td colspan="2">数量</td></tr>
<tr><td colspan="2"></td><td colspan="4"></td><td colspan="2"></td><td colspan="2"></td></tr>
<tr><td colspan="2"></td><td colspan="4"></td><td colspan="2"></td><td colspan="2"></td></tr>
<tr><td colspan="2"></td><td colspan="4"></td><td colspan="2"></td><td colspan="2"></td></tr>
<tr><td colspan="2"></td><td colspan="4"></td><td colspan="2"></td><td colspan="2"></td></tr>
<tr><td colspan="2"></td><td colspan="4"></td><td colspan="2"></td><td colspan="2"></td></tr>
<tr><td colspan="2"></td><td colspan="4"></td><td colspan="2"></td><td colspan="2"></td></tr>
<tr><td colspan="2"></td><td colspan="4"></td><td colspan="2"></td><td colspan="2"></td></tr>
<tr><td colspan="2"></td><td colspan="4"></td><td colspan="2"></td><td colspan="2"></td></tr>
<tr><td colspan="2"></td><td colspan="4"></td><td colspan="2"></td><td colspan="2"></td></tr>
<tr><td colspan="2"></td><td colspan="4"></td><td colspan="2"></td><td colspan="2"></td></tr>
<tr><td colspan="2"></td><td colspan="4"></td><td colspan="2"></td><td colspan="2"></td></tr>
</table>

制表人：

表 5-5

分项工程验收情况(一)

序号	工程部位	分项工程	报验单号	验收情况	
				承包单位自验	监理单位签验
本期一次验收合格率： %					

制表人：

表 5-6

分部工程验收情况(二)

序号	分部工程名称	本　　月		累　　计	
		合格数量	合格率　%	合格数量	合格率　%

制表人：

表 5-7　主要施工材料及成品试样试验情况

序号	试验编号	试验内容	施工项目	试验结论	监理结论

制表人：

表 5-8　工程款审批及支付汇总表　单位：元

工程名称	××园林绿化工程			合同价				
序号	工程项目内容	至上月累计		本期		到本期累计		备注
		申报额	核定额	申报额	核定额	申报额	核定额	
合计								
实际付款								

制表人：

表 5-9　　监理工作统计

序号	项目名称	单位	本年度		总计
			本期	累积	
1	监理例会	次			
2	审核施工组织设计	次			
	提出建议和意见	条			
3	审核施工进度计划	次			
	提出建议和意见	条			
4	审图	次			
	提出建议和意见	条			
5	发出监理通知	次			
	内容	条			
6	审定分包单位	家			
7	审核原材料	次			
8	审核构配件	次			
9	审核设备	次			
10	分项工程质量验收	次			
11	分部工程质量验收	次			
12	不合格项处置	次			
13	监理抽检、复试	次			
14	监理见证取样	次			
15	签认设计变更、工程洽商	次			
16	发出工程暂停令	次			
17	专题监理会议	次			
18	监理旁站	次			
19	考察生产厂家	次			

制表人：

三、监理会议纪要

监理会议纪要应由项目监理部根据会议记录整理，经总监理工程师审阅，由与会各方代表会签。

1. 参与设计交底

(1)由建设单位主持的设计交底会，设计单位、承包单位和监理单位的工程项目负责人及相关人员参加。

(2)项目监理人员参加设计技术交底会应了解的基本内容：

1)园林绿化工程设计的主导思想，园林艺术构思，使用的设计规范，园林绿化工程总体平面布局与竖向设计要求。

2)对工程上所使用的有关材料、构配件、设备、苗木、花草、种子的要求及施工中应特别注意的事项等。

3)设计单位对建设单位、承包单位、监理单位提出的对施工图的意见和建议的答复。

4)设计单位与建设单位要求承包单位在施工中应注意的事项。

5)与会各方应赴施工现场确认工程用地面积、现状及应注意保护的内容。

6)在设计交底会上确认的设计变更应由建设单位、设计单位、承包单位和监理单位会签。

2. 第一次工地会议

(1)在工程项目开工前监理人员参加由建设单位主持召开的第一次工地会议。监理单位负责整理会议纪要，经有关各方签认后，下发有关各方。

(2)参加会议的人员主要有。

1)建设单位驻工地代表及有关人员；

2)承包单位项目部有关人员；

3)项目监理部总监理工程师及有关人员。

(3)会议主要内容。

1)建设单位负责人任命建设单位工程代表，建设单位根据委托监理合同宣布对总监理工程师的授权，介绍承包单位项目经理；

2)建设单位、承包单位和监理单位分别介绍各自的驻现场组织机构、人员及分工；

3)建设单位代表介绍工程概况；

4)承包单位项目经理介绍施工准备情况；

5)建设单位代表、总监理工程师对施工准备情况提出意见的和要求；

6)会议商定监理例会召开的周期、地点及主要议题，各方参加例会的主要人员。

3. 工程监理交底会

(1)总监理工程师主持施工监理交底会，参加的人员主要有：

1)承包单位项目经理及有关人员；

2)建设单位代表；

3)项目监理部有关人员。

(2)会议主要内容

1)明确适用于园林绿化工程的法律、法规，阐明有关合同中约定的建设单位、监理单位和承包单位的权利和义务。

2)介绍监理工作内容。

3)介绍监理工作的机构、程序、方法。

4)介绍监理工作制度。

5)对有关报表报审的要求及工程数据管理要求。

4. 监理例会

(1)在施工阶段,项目监理部以巡视、旁站、抽查、平行检验、检查资料、现场商议等方式实施监理工作。项目监理部总监理工程师应按照第一次工地会议关于监理例会的议定,定期组织与主持有关各方代表参加的监理例会。沟通各方情况、交流信息和协调处理、研究解决有关工程施工方面的问题。

(2)监理例会参加单位与人员

1)项目监理部总监理工程师或总监理工程师代表,相关监理工作人员。

2)建设单位驻工地代表及相关人员。

3)承包单位项目部经理、技术负责人及相关专业人员。

4)根据会议议题要求应邀请设计单位、分包单位及其他有关单位人员。

(3)监理例会主要议题

1)听取承包单位上次例会议题事项的落实情况及未落实事项原因的汇报。

2)检查施工进度计划完成情况,讨论施工中遇到的问题,分析产生问题的原因,研究探讨解决问题的办法;并提出下一阶段进度目标及其落实措施。

3)检查分析工程项目质量状况,针对施工中存在的质量问题要求承包单位及时提出改进措施;

4)检查工程量及工程款支付情况;

5)解决需要协调的有关事项;

(4)每次例会前项目监理部应收集、汇总有关情况、资料,为开好监理例会做好准备工作。

(5)监理例会会议纪要,由项目监理部负责整理,其主要内容有:会议召开的地点、时间、会议主持人和与会人员姓名及单位、职务,议定事项及负责落实单位、时间要求;以及需要解决落实的其他一些问题。会议纪要经总监理工程师审阅后由与会各方代表签认后发至与会各方,并有签认记录。

(6)项目监理部为解决工程施工中遇到的急需解决的专项问题,监理工程师可主持召开有与专题有关各方负责人及专业人员参加的专题工地会议,项目监理部负责整理会议纪要。经与会各方签认后下发。

四、监理工作日志

以项目监理部的监理工作为记载对象,从监理工作开始起至监理工作结束,应由专人负责逐日记载。

五、监理工作总结

(1)施工阶段监理工作结束后,监理单位应向建设单位提交项目监理工作总结(B1-5)。

(2)工程监理工作总结的主要内容。

1)工程概况。

2)监理组织机构、监理人员和投入的监理设施。

3)监理合同履行情况。

4)监理工作成效。

5)施工过程中出现的问题,及其处理情况和建议。

6)必要的工程照片资料。

第二节　园林绿化工程监理工作记录

一、施工组织设计报审资料

1. 审查程序

(1)在工程项目开工前,承包单位应完成施工组织设计的编制及自审工作,并填写《工程技术文件报审表》(表式 B2-1)报送项目监理部审核。

(2)总监理工程师组织专业监理工程师审查,提出审查意见后,由总监理工程师审定批准。需要修改时由总监理工程师签发书面意见,退回承包单位修改后再报审,总监理工程师重新审定。

(3)对规模大、工艺复杂及艺术要求高的园林绿化工程,项目监理部应将施工组织设计报送监理单位技术负责人审查,其审查意见由总监理工程师签发。

(4)已审定的施工组织设计由项目监理部报送建设单位。

(5)承包单位应按审定的施工组织设计方案组织施工。在实施中如需变动,仍应经总监理工程师审核同意。

2. 审查的主要内容

(1)施工总体平面布局图是否合理。

(2)项目经理部人员是否健全,各职能部门的责任是否到位。

(3)承包单位对园林绿化工程设计意图、艺术要求及工程特点的理解和表述是否符合设计要求。

(4)施工组织设计是否符合施工合同要求,以及施工部署的合理性、施工方案的可行性。

(5)工程质量保证措施体系的针对性;尤其是在非正常植树季节施工时的技术措施是否科学、合理可行。

(6)工程进度总体是否符合施工合同要求,进度计划是否保证施工的连续性和均衡性,以及人力、材料、设备等的组织供应与进度计划的协调性。

(7)审查承包单位的质量管理体系、技术管理体系、质量保证体系是否健全。

(8)安全、文明、环保的施工管理措施是否符合规定。

(9)监理工程师认为应审核的其他内容。

3. 相关资料表格

园林绿化工程施工组织设计报审资料的相关表格如下所示。

表式 B2-1　　　　工程技术文件报审表

<table>
<tr><td colspan="2">工程名称</td><td colspan="2">××园林绿化工程</td><td>编　　号</td><td>××××</td></tr>
<tr><td colspan="2">地　　点</td><td colspan="2">××××</td><td>日　　期</td><td>××××</td></tr>
<tr><td colspan="6">现报上关于 <u>绿化种植</u> 工程技术管理文件，请予以审定。</td></tr>
<tr><td></td><td>类　　别</td><td>编制人</td><td colspan="2">册　　数</td><td>页　　数</td></tr>
<tr><td>1</td><td>C5</td><td>×××</td><td colspan="2">2</td><td>×</td></tr>
<tr><td>2</td><td></td><td></td><td colspan="2"></td><td></td></tr>
<tr><td>3</td><td></td><td></td><td colspan="2"></td><td></td></tr>
<tr><td>4</td><td></td><td></td><td colspan="2"></td><td></td></tr>
<tr><td colspan="6">编制单位名称：×××建筑公司

技术负责人(签字)：×××　　　　申报人(签字)：×××</td></tr>
<tr><td colspan="6">承包单位审核意见：

同意《绿化种植方案》，报项目监理部审核。

☑有/□无　附页
承包单位名称：××园林园艺公司　　审核人(签字)：××　　审核日期：××年×月×日</td></tr>
<tr><td colspan="6">监理单位审核意见：

经审核，本方案符合规范和图纸要求，同意按此方案指导本工程工作。

审定结论：　☑同意　□修改后再报　□重新编制
监理单位名称：×××监理公司　　总监理工程师(签字)：××　　日期：××年×月×日</td></tr>
</table>

注：1. 本表由承包单位填报，建设单位、监理单位、承包单位各存一份。

2. 填写说明。

(1)“编制单位名称”是指直接负责该项工程实施的单位，如为分包单位，应先由该分包单位填写此栏，经承包单位审核无误后报项目监理部。如该项工程实施单位就是承包单位，则承包单位即为“编制单位”，由承包单位直接填写此栏。

(2)“现报上关于________工程技术文件”应填入编写的工程技术文件名称，其中“类别、编制人、册数、页数”按编制的工程技术文件的实际情况如实填写。

(3)“施工单位审核意见”栏必须填写具体的审核内容。

(4)本表先经专业监理工程师审核，并在“监理单位审核意见”中填写意见。由总监理工程师签署“审定结论”并在相应选择框处划“✓”。若本栏书写不下时，可另附页。

二、施工测量放线报审资料

1. 一般规定

(1)监理工程师应检查承包单位测量人员的岗位证书及测量设备的检定证书。

(2)承包单位应将测量方案、边界坐标、水准点、导线点等引测及工程定点放线成果，填写《施工测量定点放线报验表》(表式 B2-2),并附工程定点放线自检合格记录,报项目监理部查验。

(3)项目监理部应进行必要的复核,符合设计要求及有关规定,由监理工程师签认。

(4)专业监理工程师应复核控制桩的校核成果、控制桩的保护措施及平面控制网、高程控制网和临时水准点的测量成果。

2. 相关资料表格

园林绿化工程施工测量放线报审资料相关表格如下所示。

表式 B2-2　　　　**施工测量定点放线报验表**

工程名称	××园林绿化工程	编　号	××××
地　点	××××	日　期	××××
致:××监理公司(监理单位): 我方已完成(部位)**地面工程①～⑪/Ⓐ～Ⓓ** (内容)的测量放线,经自验合格,请予查验。 附件:1.☑放线的依据材料 **2** 页 2.□放线成果表＿＿＿＿页 测量员(签字):××　岗位证书号:××××× 查验人(签字):××　岗位证书号:××××× 承包单位名称:**××园林园艺公司**　技术负责人(签字):×××			
查验结果: **经检查,符合工程施工图的设计要求,达到《建筑工程施工测量规程》的精度要求** 查验结论:　☑合格　□纠错后重报 监理单位名称:**××监理公司**　监理工程师(签字):×××　日期:××××			

注:1. 本表由承包单位填报,建设单位、监理单位、承包单位各存一份。

2. 填写说明。

(1)"我方已完成(部位)"栏应按实际测量放线部位填写。

(2)"内容"栏应将已完成的测量放线具体内容描述清楚。

(3)"附件"栏填写放线的依据材料,放线成果表的页数。

(4)"测量员(签字)"栏应由具有施工测量放线资格的技术人员签字,并填写岗位证书编号。

(5)"查验人(签字)"栏应由具有施工测量验线资格的技术人员签字,并填写岗位证书编号。

(6)"承包单位名称"栏按"谁施工填谁"这一原则执行。

(7)"技术负责人(签字)"栏为项目技术负责人。

(8)"查验结果"栏应由负责查验的监理工程师填写,填写内容为:

1)放线的依据材料是否合格有效;

2)实际放线结果是否符合设计或规范精度要求。

(9)当"查验结论"为合格时,在"合格"栏中划"√",监理工程师应在相应的所附记录签字栏内签字;当"查验结论"不合格时,在"纠错后重报"栏中划"√",进行重新报验。

(10)"监理单位名称"栏应是监理单位的全称,不可简化。

(11)"监理工程师(签字)"栏为负责查验该项工作的监理工程师。

三、工程进度控制资料

1. 园林绿化工程进度控制的主要内容

(1)编制施工进度控制工作细则，其主要内容为：

1)施工进度控制的主要工作内容和深度；

2)施工进度控制人员的职责分工；

3)进度控制的方法(包括进度检查周期、数据采集方式、进度报表格式、统计方法等)；

4)进度控制的具体措施(包括组织措施、技术措施、经济措施及合同措施等)；

(2)审核承包单位编制的施工进度计划。

承包单位依据施工承包合同约定的工期，应及时编制施工进度计划，跨年度的工程要编制年度进度计划、季度进度计划、月进度计划，项目监理部根据工程进展情况要求承包单位项目经理部编写周进度计划，工程所需工、料、机械、设备进场使用计划。各类进度计划均应填写《施工进度计划报审表》(表式 B2-3)报监理审批。监理工程师审核的主要内容有：

1)进度安排是否符合工程施工合同中开工、竣工日期的规定；

2)施工进度计划中的项目是否有遗漏，分期施工是否满足分批动工的需要和配套动工的要求；

3)施工顺序的安排是否符合施工工艺的要求；

4)劳动力、材料、构配件、设备及施工机具、水电等生产要素的供应计划是否能保证施工进度计划的实现，供应是否均衡；

5)对于建设单位负责提供的施工条件是否到位(包括资金、施工图纸、施工场地等)，是否有导致工程延期和费用索赔的可能性。

(3)项目监理部依据园林绿化工程的规模、工艺技术复杂程度、质量要求、施工现场条件及施工队伍技术水平等因素，分析承包单位报审的各类工程进度计划文件之间的关系、合理性和可行性。

(4)监理工程师通过分析，指出进度计划在实施中可能出现的风险，提示承包单位制定防范性对策，保证经审议批准的工程进度计划的顺利实施。

(5)需修改的工程进度计划应限时要求承包单位重新编制申报，经项目监理部审查批准后报送建设单位。

2. 园林绿化工程进度控制的方法与程序

(1)项目监理部要依据工程进展情况监督工程进度计划的实施，主要方法是：

1)跟踪检查园林施工进展的实际情况；

2)要求承包单位按期书面报告实际完成工程进度；

3)在检查中发现实际进度偏离计划进度，签发监理通知要求承包单位及时采取措施，确保计划进度目标的实现；如实际进度严重滞后，采取措施后，经过努力确实不能实现原计划，则应要求承包单位提出调整进度计划，经总监理工程师审核后报建设单位，经建设单位批准后，使承包单位在合理的状态下进行施工；

4)要求承包单位及时报分阶段工、料、机动态表，并及时填写计划进度表、实际进度表通报各方。

(2)定期召开施工进度协调会，分析研究施工中影响工程进度的各种因素，以便采取预防措施；如发生实际进度滞后，分析产生的原因，研究需要采取的处理措施。

(3)工程进度控制的基本程序(图 5-1)。

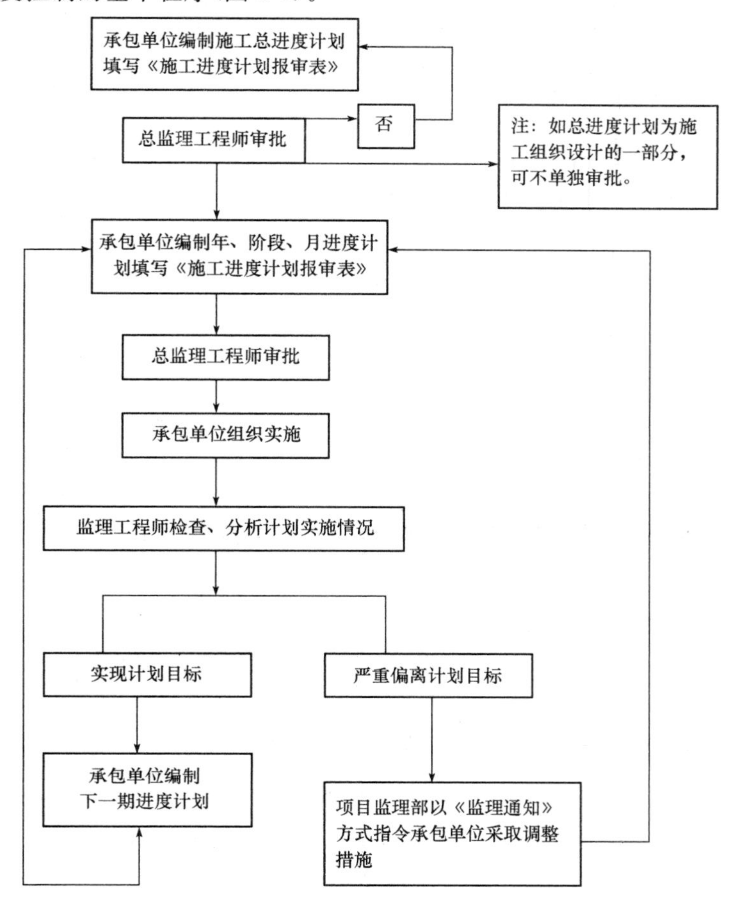

图 5-1 工程进度控制的基本程序

3. 相关资料表格

园林绿化工程进度控制资料相关表格主要有以下几种：

表式 B2-3

施工进度计划报审表

工程名称	××园林绿化工程	编　号	××××
地　点	××××	日　期	××××
致：××监理公司（监理单位）： 现报上 × 年 × 季 × 月工程施工进度计划请予以审查和批准。 附件：1. □施工进度计划（说明、图表、工程量、资源配置） 1 份 承包单位名称：××园林园艺公司　　技术负责人（签字）：×××			
审查意见： 经审查：本月编制的施工进度计划具有可行性和可操作性，本工程实际情况相符合，予以通过 监理单位名称：××监理公司　　监理工程师（签字）：×××　　日期：××××			
审批结论：　☑同意　□修改后再报　□重新编制 同意按此计划组织施工 监理单位名称：××监理公司　　总监理工程师（签字）：×××　　日期：××××			

注：1. 本表由承包单位填报，建设单位、监理单位、承包单位各存一份。

2. 填写说明。

(1)“现报上________年________季________月”栏中应填写拟报审进度计划的年、季、月时间。

(2)“附件”栏填写所报资料的名称及份数。

(3)“承包单位名称”栏填写施工单位的全称，不可简化。

(4)“项目经理(签字)”栏为施工单位工程项目负责人。

(5)“审查意见”栏由监理工程师根据工程的条件（工程的规模、质量标准、复杂程度、施工的现场条件等）及施工队伍的条件，全面分析承包单位编制的施工进度计划的合理性、可行性，并签署意见。

(6)“审批结论”栏的填写：

1)所报施工进度计划符合合同工期及总控计划要求，有可实施性，同意实施时，在“同意”栏划“√”；

2)所报计划有明显错误时，应限定修改日期，在“修改后再报”栏划“√”；

3)所报计划与总控计划不符，需重新编制时，应限定重新编制日期，在“重新编制”栏划“√”。

表式 B2-5　　　　　　　　　　　　　　**工程动工报审表**

工程名称	××园林绿化工程	编　号	××××
地　点	××××	日　期	××××

致：××监理公司（监理单位）：

根据合同约定，建设单位已取得主管单位审批的开工证，我方也完成了开工前的各项准备工作，计划于 × 年 × 月 × 日开工，请审批。

已完成报审的条件有：

1. ☑园林行政主管部门批示文件（复印件）
2. ☑施工组织设计（含主要管理人员和特殊工种资格证明）
3. ☑施工测量放线成果
4. ☑主要人员、材料、设备进场
5. ☑施工现场道路、水、电、通讯等已达到开工条件

承包单位名称：××园林园艺公司　　　　项目经理（签字）：×××

审查意见：

所报工程动工资料齐全、有效，具备动工条件

监理工程师（签字）：×××　　　　日期：××××

审批结论：　　　　☑同意　　　　☐不同意

同意工程动工。

监理单位名称：××监理公司　　　　总监理工程师（签字）：×××　　　　日期：××××

注：1. 本表由承包单位填报，建设单位、监理单位、承包单位各存一份。

2. 填写说明。

（1）在"计划于________年________月________日"栏中填写计划开工的具体时间。

（2）在已完成报审条件的选择框处划"√"。

（3）"审查意见"栏由监理工程师填写。审查承包单位报送的工程动工资料是否齐全、有效，具备动工条件。

（4）"审批结论"栏由总监理工程师签署，在"同意"或"不同意"选择框处划"√"并签字。

表式 B2-8　　　　　　　　　　（ × ）月工、料、机动态表

工程名称	××园林绿化工程	编号	××××
地　　点	××××	日期	××××

人工	工　种	混凝土	瓦工	木工	钢筋工	电工		其他	合计
	人　数	30	40	100	65	6		16	257
	持证人数	20	34	85	45	6		10	200

主要材料	名称	单位	上月库存量	本月进场量	本月消耗量	本月库存存量
	水泥	t	25.3	249.5	243.5	40.3
	钢筋	t	198.6	895.6	900	194.3
	木材	m^3	321	43.8	260	104.8
	砌块	块	1800	10000	7800	4000

主要机械	名　　称	生产厂家	规格型号	数量
	搅拌机	××机械厂	JZC—500	3
	卷扬机	××机械厂	JJK—1.5	3
	水泵	××泵厂	10kW	5

附件：

无

承包单位名称：××园林园艺公司　　　　　　项目经理(签字)：×××

注：1. 本表由承包单位于每阶段提前5日填报，监理单位、承包单位各存一份。工、料、机情况应按不同施工阶段填报主要项目。

2. 填表说明。

(1)“人工”栏按施工现场实际工种情况填写并进行合计。

(2)“主要材料”栏应填写工程使用主要材料，如水泥、钢筋，并填写相应材料的上月库存量、本月进场量、本月消耗量，以得出本月最终库存量。

(3)“主要机械”栏按施工现场实际使用的主要机械填写，核准其生产厂家、规格型号、数量。

(4)塔吊、外用电梯等的安检资料及计量设备检定资料应于开始使用的一个月内作为本表的附件，由施工单位报审，监理单位留存备案。

表式 B2-14

工程延期申报表

工程名称	××园林绿化工程	编　号	××××
地　点	××××	日　期	××××

致：××监理公司（监理单位）：

根据合同条款 × 条的规定，由于 **设计单位提出的工程变更单的要求** 的原因，申请工程延期，请批准。

工程延期的依据及工期计算：

1. 依据工程变更单（编号：××）和施工图纸（图纸号：××）

2. 整改和增加的施工项目在关键线路上。

工期计算：（略）

合同竣工日期：××××

申请延长竣工日期：××××

附：证明材料

（略）

承包单位名称：**××园林园艺公司**　　　　项目经理（签字）：×××

注：1. 本表由承包单位填报，建设单位、监理单位、承包单位各存一份。

2. 填写说明。

（1）“根据合同条款________条的规定”栏中填写施工合同有关工程延期的相关条款。

（2）“由于________的原因”栏填写工程延期的具体原因。

（3）“工程延期的依据及工期计算”栏应详细说明工程延期的依据，并将工期延长的计算过程、结果列于表内。

（4）“合同竣工日期”栏填写施工合同签订的工程竣工日期。

（5）“申请延长竣工日期”栏填写由于相关原因施工单位申请延长的竣工日期。

（6）“附”栏中填写相关的证明材料。

表式 B2-21　　　　　　　　　　**工程延期审批表**

工程名称	××园林绿化工程	编　号	××××
地　点	××××	日　期	××××

致：__××监理公司__（承包单位）：

根据施工合同条款__×__条的规定，我方对你方提出的第（ × ）号关于__××园林__工程延期申请，要求延长工期__6__日历天，经过我方审核评估：

☑ 同意工期延长__6__日历天，竣工日期（包括已指令延长的工期）从原来的__××__年__×__月__×__日延长到__××__年__×__月__×__日。请你方执行。

☐ 不同意延长工期，请按约定竣工日期组织施工。

说明：

工程延期事件发生在被批准的网络进度计划的关键线路上，经甲乙方协商，同意延长工期。

监理单位名称：××监理公司　　　　总监理工程师（签字）：×××

注：1. 本表由监理单位签发，建设单位、监理单位、承包单位各存一份。

2. 填写说明。

（1）监理单位应根据施工单位提交的《工程延期申请表》做出审批。

（2）“说明”栏应填写总监理工程师就工程延期做出审批的具体意见。

表式 B2-20　　　　　　　　　　**工程暂停令**

工程名称	××园林绿化工程	编　　号	××××
地　　点	××××	日　　期	××××

致：**××园林园艺公司**（承包单位）：

由于**基坑土钉护坡工程施工部分锚杆长度不达设计要求**原因，现通知你方必须于××年×月×日×时起，对本工程的**基坑土钉墙护坡工程南侧－3.2m**部位（工序）实施暂停施工，并按下述要求做好各项工作：

1. 对此侧锚杆进行全面检查并做好记录。

2. 对不符合设计长度的锚杆进行处理，但其符合设计要求。

3. 由于土质情况达不到设计长度的锚杆进行重新验算。由设计签发设计变更单报项目监理部签认。

4. 完成上述内容后填报《工程复工报审表》报项目监理部。

监理单位名称：**××监理公司**　　　　　　总监理工程师（签字）：×××

注：1. 本表由监理单位签发，建设单位、监理单位、承包单位各存一份。

2. 填写说明。

(1)“由于________原因”栏中填写造成工程暂停的原因。

(2)“现通知你方必须于________年________月________日________时起”栏中填写工程暂停的起始时间。

(3)“对本工程的________部位（工序）”栏中填写工程暂停的部位或工序名称。

(4)“并按下述要求做好各项工作”栏由总监理工程师根据工程施工现场情况提出具体的工作要求。

表式 B2-9

工程复工报审表

工程名称	××园林绿化工程	编　号	××××
地　　点	××××	日　期	××××

致：××监理公司（监理单位）：

××园林工程，由总监理工程师签发的第（ × ）号工程暂停令指出的原因已消除，经检查已具备了复工条件，请予以审核并批准复工。

附件：具备复工条件的详细说明

（无）

承包单位名称：××园林园艺公司　　项目经理（签字）：×××

审查意见：

工程暂停的原因已消除，证据齐全、有效

审批结论：☑具备复工条件，同意复工。

□不具备复工条件，暂不同意复工。

监理单位名称：××监理公司　　总监理工程师（签字）：×××　　日期：××××

注：1. 本表由承包单位填报，由监理单位签认，建设单位、监理单位、承包单位各存一份。

2. 填写说明。

(1)承包单位填写《工程复工报审表》时，应附下列书面材料一起报送项目监理部审核，由总监理工程师签署审批意见：

1)承包单位对工程暂停原因的分析；

2)工程暂停原因已消除的证据；

3)避免再次出现类似问题的预防措施。

(2)“附件”栏应详细说明具备复工的条件。

(3)“审批意见”栏应由总监理工程师填写。

(4)当同意复工时，在“审批结论”栏下的“具备复工条件，同意复工”处划“√”，否则在“不具备复工条件，暂不同意复工”处划“√”，并说明具体原因。

四、工程质量控制资料

1. 园林绿化工程质量控制原则

(1)实施质量监理全过程中,以预控为重点,控制影响工程质量的不利因素,使工程项目符合设计要求及绿化工程施工技术规范要求的原则。

(2)坚持材料、构配件、设备不报验签认合格,不得使用于工程的原则。

(3)坚持本工序质量不合格或未经验收,监理工程师不予签认,下一道工序不得施工的原则。

2. 园林绿化工程质量控制的相关程序

(1)工程材料、构配件和设备质量的控制程序(图 5-2)。

(2)分包单位资质审查程序(图 5-3)。

(3)分项、分部工程签认程序(图 5-4)。

(4)单位工程验收程序(图 5-5)。

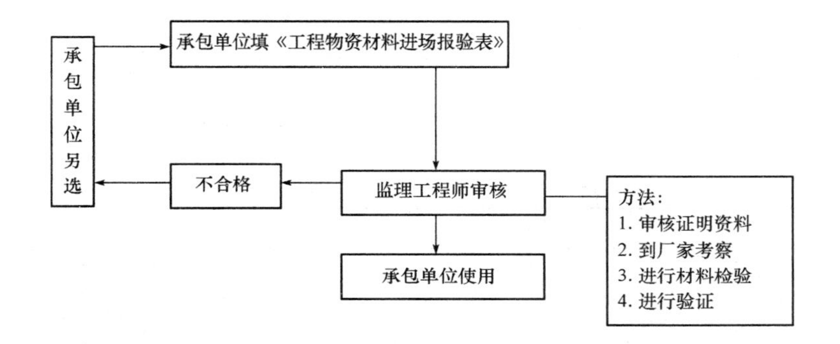

图 5-2　工程材料、构配件和设备质量的控制程序

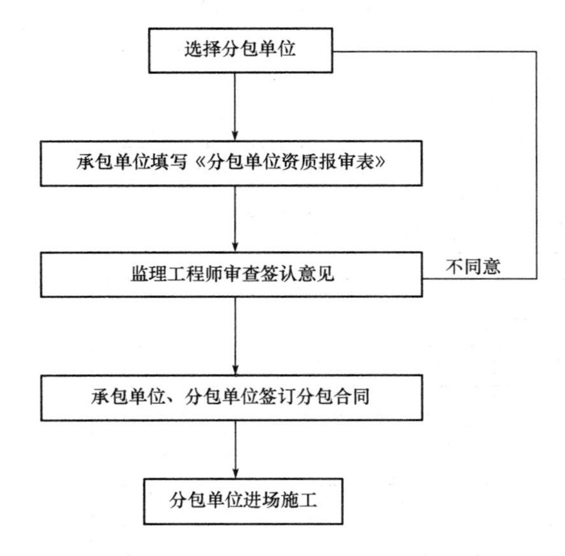

图 5-3　分包单位资质审查程序

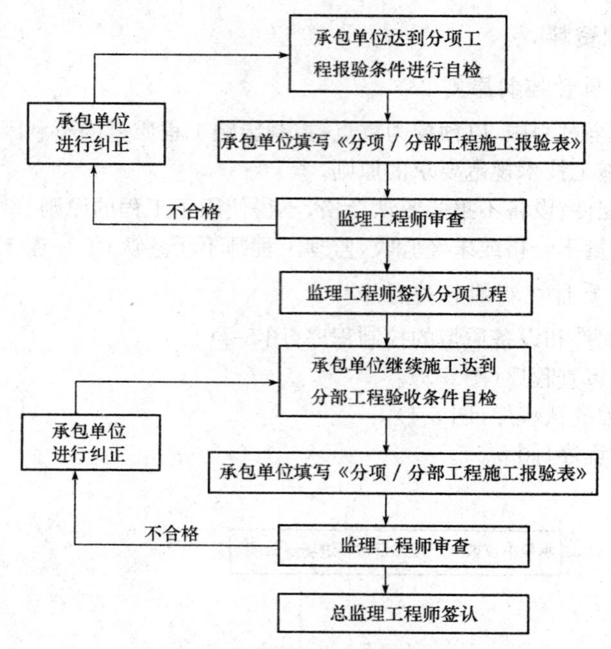

图 5-4　分项、分部工程签认程序

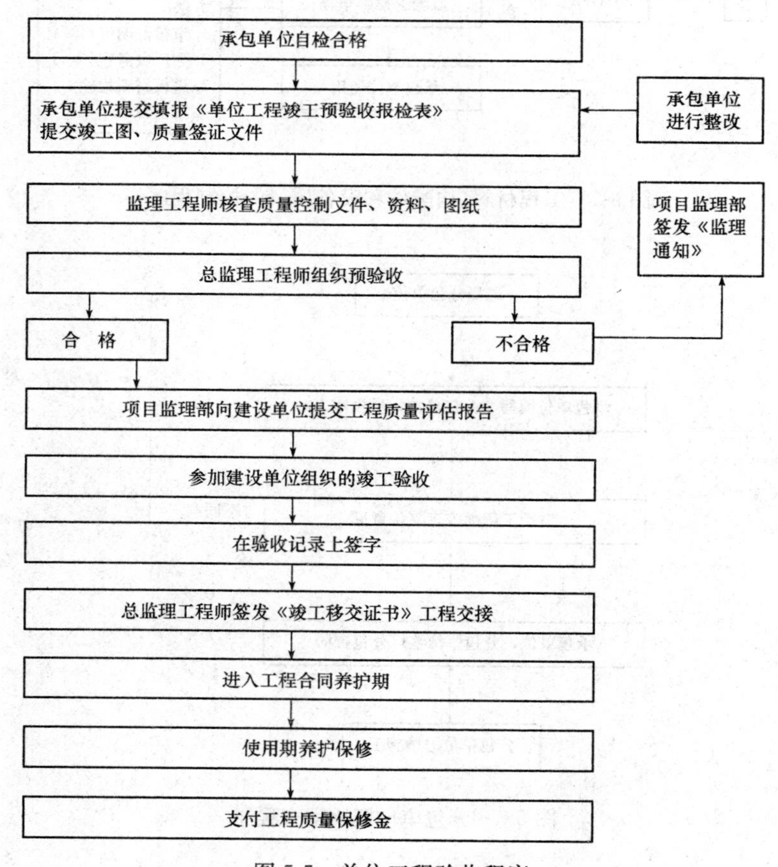

图 5-5　单位工程验收程序

3. 园林绿化工程质量控制措施

(1)由现场(驻地)监理工程师针对园林绿化工程的特点,结合监理规划的要求,制定质量控制的实施细则,对施工阶段采取定期、不定期的巡视、平行检验、旁站等控制手段及方法。

(2)对于工程材料、设备、构配件按程序审检,必要时采用检查、量测及试验(化验)等手段,严格执行现场有见证取样和送检制度。

(3)根据工程施工出现质量事故等情况,及时建议撤换承包方不称职的人员及不合格的分包单位。

4. 施工阶段园林绿化工程质量的事前控制

(1)核查承包单位的质量管理体系,核查承包单位机构设置、人员配备、职责与分工的落实情况。查验各级管理人员及专业操作人员的持证情况。

(2)查验承包单位测量放线,并填写《施工测量定点放线报验表》(表式 B2-2),报项目监理部签认。

(3)签认《工程物资进场报验表》(表式 B2-4)。

(4)审查承包单位对某些主要分部(分项)工程或重点部位关键工序在施工前的质量保证措施及施工方案,填写《工程技术文件报审表》(表式 B2-1)报项目监理部。

(5)要求承包单位将非正常植树季节种植施工及冬季施工、雨季施工等方案,应在施工前填写《工程技术文件报审表》(表式 B2-1)报项目监理部。

(6)上述方案经监理工程师审核后,由总监理工程师签发审核结论,未经批准的方案,该分部(分项)工程不得施工。

5. 施工阶段园林绿化工程质量的事中控制

(1)对施工现场有目的地进行巡视和旁站。

1)对巡视过程中发现的问题,应及时要求承包单位予以纠正,并记入监理日志。

2)对施工过程的某些关键工序、重点部位进行旁站,并应做旁站记录。

3)对所发现的问题可先口头通知承包单位改正,然后应及时签发《监理通知》(表式 B2-16)。

4)承包单位应将整改结果填写《监理通知回复单》(表式 B2-15),报监理工程师进行复查。

(2)核查工程预检。

1)要求承包单位填写预检工程检查记录,报送项目监理部核查。

2)对预检工程检查记录的内容到现场进行抽查。

3)对不合格的分项工程,通知承包单位整改,并跟踪复查,合格后准予进行下一道工序。

(3)验收隐蔽工程。

1)要求承包单位按有关规定对隐蔽工程先进行自检,自检合格,将《隐蔽工程检查记录》报送项目监理部。

2)对隐蔽工程检查记录的内容应到现场进行检测、核查。

3)对隐检不合格的工程,应填写《不合格项处置记录》(表式 B2-19),要求承包单位及时整改,经验收合格后再予以复工。

4)对隐检合格的工程应签认《隐蔽工程检查记录》,并准予进行下一道工序。

(4)分项工程验收。

1)要求承包单位在一个检验批或分项工程完成并自检合格后,填写《分项/分部工程施工报验表》(表式 B2-7)报项目监理部。

2)对报验的资料进行审查,并到施工现场进行抽检、核查。

3)签认符合要求的分项工程。

4)对不符合要求的分项工程,填写《不合格项处置记录》(表式 B2-19),要求承包单位整改。经返工或返修的分项工程应重新进行验收。

(5)分部工程验收。

要求承包单位在分部工程完成后,填报《分项/分部工程施工报验表》(表式 B2-7),总监理工程师根据已签认的分项工程质量验收结果签署验收意见。

6. 园林绿化工程质量问题和质量事故处理

(1)监理工程师对施工中的质量问题除在日常巡视、重点旁站、分项、分部工程检验过程中解决外,还应针对质量问题的严重程度分别进行处理。

1)对可以通过返修或返工弥补的质量缺陷,应责成承包单位先写出质量问题调查报告,提出处理方案;监理工程师审核后(必要时经建设单位和设计单位认可),批复承包单位实施。处理结果应重新进行验收。

2)对需要加固补强的质量问题,总监理工程师应签发《工程暂停令》(表式 B2-20),责成承包单位写出质量问题调查报告,由设计单位提出处理方案,并征得建设单位同意,批复承包单位实施。处理结果应重新进行验收。

3)监理工程师应将完整的质量问题处理记录归档。

(2)施工中发生的质量事故,承包单位应按有关规定上报监理单位处理,总监理工程师应书面报告建设单位。

7. 园林绿化工程质量控制资料相关表格

园林绿化工程质量控制资料的常用表格主要有以下几种:

表式 B2-4　　工程物资进场报验表

工程名称	××园林绿化工程			编　　号	××××
地　　点	××××			日　　期	××××
现报上关于 **土建** 工程的物资进场检验记录，该批物资经我方检验符合设计、规范及合同要求，请予以批准使用。					
物资名称	主要规格	单位	数量	选样报审表编号	使用部位
钢筋	**Φ 18,20.25**	t	××	×××	**地上1层结构**
水泥	**42.5(R)**	t	××	×××	**地上1层结构**

附件：　　名　称　　　页　数　　　编　号

1. ☑ 出厂合格证　　__××__ 页
2. ☑ 厂家质量检验报告　　__××__ 页
3. □ 厂家质量保证书　　______ 页
4. □ 商　验　证　　______ 页
5. □ 进场检查记录　　______ 页
6. ☑ 进场复试报告　　__××__ 页
7. □ 备案情况　　______ 页
8. □

申报单位名称：**××园林园艺公司**　　申报人(签字)：×××

承包单位检验意见：

同意

□有/□无　附页

承包单位名称：**××园林园艺公司**　　技术负责人(签字)：×××　　审核日期：××××

验收意见：

同意

审定结论：☑同意　□补报资料　□重新检验　□退场

监理单位名称：**××监理公司**　　监理工程师(签字)：×××　　验收日期：××××

注：1. 本表由承包单位填报，建设单位、监理单位、承包单位各存一份。

2. 填写说明。

(1)工程物资进场后，施工单位应进行检查(外观、数量及质量证明文件等)，自检合格后填写《工程物资进场报验表》，报请监理单位验收，监理工程师签署审查结论。

(2)施工单位和监理单位应约定涉及结构安全、使用功能、建筑外观、环保要求的主要物资的进场报验范围和要求。

(3)物资进场报验须附资料，应根据具体情况(合同、规范、施工方案等要求)由施工单位和物资供应单位预先协商确定。应附出厂合格证、商检证、进场复试报告等相关资料。

(4)对未经监理人员验收或验收不合格的工程材料、构配件、设备，监理人员应拒绝签认，并应签发《监理通知》，书面通知承包单位限期将不合格的物资撤出现场。

(5)"关于________工程"栏应填写专业工程名称，表中"物资名称、主要规格、单位、数量、选样报审表编号、使用部位"应按实际发生材料、设备项目填写，要明确、清楚，与附件中质量证明文件及进场检验和复试资料相一致。

(6)"附件"栏应在相应选择框处划"√"并写明页数、编号。

(7)"申报单位名称"应为施工单位名称，并由申报人签字。

(8)"施工单位检验意见"栏应由项目技术负责人填写具体的检验内容和检验结果，并签字确认。

(9)"验收意见"栏由监理工程师填写并签字，验收意见应明确。如验收合格，可填写：质量控制资料齐全、有效；材料试验合格。并在"审定结论"栏下相应选择框处划"√"。

表式 B2-6

分包单位资质报审表

工程名称	××园林绿化工程	编　　号	××××
地　　点	××××	日　　期	××××

致：××监理公司（监理单位）：

经考察，我方认为拟选择的××园林绿化工程公司（分包单位）具有承担下列工程的施工资质和施工能力，可以保证本工程项目按合同的约定进行施工。分包后，我方仍然承担总承包单位的责任。请予以审查批准。

附：

1. ☑分包单位资质材料
2. ☑分包单位业绩材料
3. □中标通知书

分包工程名称(部位)	单位	工程数量	其他说明
种植工程	**m^2**	**5000**	**劳分承包**

承包单位名称：**××园林园艺公司**　　　项目经理(签字)：×××

监理工程师审查意见：

经审查、分包单位资质、业绩材料齐全、有效、具有承担分包工程、施工资质

监理工程师(签字)：×××　　　日期：××××

总监理工程师审批意见：

同意

监理单位名称：**××监理公司**　　　总监理工程师(签字)：×××　　　日期：××××

注：1. 本表由承包单位填报，建设单位、监理单位、承包单位各存一份。

2. 填写说明。

(1)分包单位资格报审是总承包单位在分包工程开工前，对分包单位的资格报项目监理机构审查确认。

(2)未经总监理工程师确认，分包单位不得进场施工，总监理工程师对分包单位资格的确认不解除总承包单位应负的责任。

(3)施工合同中已明确或经过招标确认的分包单位(即建设单位书面确认的分包单位)，承包单位可不再对分包单位资格进行报审。

(4)分包单位：按所报分包单位《企业法人营业执照》全称填写。

(5)根据工程分包的具体情况，可在“附”栏中的“分包单位资质材料、分包单位业绩材料、中标通知书”相应的选择框处划“√”，并将所附资料随本表一同报验。

(6)在“分包工程名称(部位)”栏中填写分包单位所承担的工程名称(部位)及计量单位、工程数量、其他说明。

(7)监理工程师应审查分包单位的营业执照、企业资质等级证书、施工许可证、管理人员、技术人员资格(岗位)证书以及所获得的业绩材料的真实性、有效性。审查合格后，在“监理工程师审查意见”栏中填写审查意见，并予以签认。

(8)总监理工程师审核后在“总监理工程师审批意见”栏中填写具体的审批意见，并予以签认。

表式 B2-7　　**分项/分部工程施工报验表**

工程名称	××园林绿化工程	编　号	××××
地　点	××××	日　期	××××

现我方已完成 **种植工程、花卉种植** 部位的工程，经我方检验符合设计、规范要求，请予以验收。

附件：　名　称　　页　数　　编　号

1. ☑质量控制资料汇总表(适用于分部工程)　**2** 页
2. □隐蔽工程检查记录表　＿＿页
3. □预检工程检查记录表　＿＿页
4. ☑施工记录　**10** 页
5. □施工试验记录　＿＿页
6. □分项工程质量检验评定记录　＿＿页
7. ☑分部工程质量检验评定记录　**1** 页
8. □

承包单位名称：**××园林园艺公司**

质量检查员(签字)：×××　　技术负责人(签字)：×××

审查意见：

1. 所报资料齐全、有效。
2. 所报检验批实体工程质量符合规范和设计要求。

审查结论：　☑合格　　□不合格

监理单位名称：**××监理公司**　　(总)监理工程师(签字)：×××　　审查日期：××××

注：1. 本表由承包单位填报，建设、监理、承包单位各存一份。如原属不合格的，分项、分部工程报验应填写《不合格项处置记录》(表式 B2-19)，分部工程应由总监理工程师签字。

2. 分项/分部工程施工报验文件可包括：隐蔽工程检查记录、预检记录、施工记录、施工试验记录、检验批质量验收记录、分项工程质量验收记录和分部(子分部)工程质量验收记录等。

3. 施工单位在完成一个检验批的施工，经过自检和施工试验合格后，报监理工程师查验，监理工程师应对该检验批进行验收，并在《检验批质量验收记录》上签字，施工单位可以不再填写《分项/分部工程施工报验表》。当分项工程中检验批数量过大时，监理单位可与施工单位协商，约定报验次数，并在监理交底时予以明确。

4. 在完成分项工程后，施工单位应按分项工程进行报验，填写《分项/分部工程施工报验表》并附《＿＿＿＿分项工程质量验收记录》和相关附件。

5. 施工单位在完成分部工程施工，经过自检合格后，应填写《分项/分部工程施工报验表》并附《＿＿＿＿分部(子分部)工程质量验收记录》和相关附件，报项目监理部，总监理工程师应组织验收并签署意见。

6. 分项/分部工程施工报验表中附件所列各项，监理单位应视报验的具体内容进行选项，凡在检验批验收中已查验过的各种记录可不列入，凡未经查验的记录应作为本表的附件。

7. 报验时所附附件，应在相应选择框处划"√"，并填写页数及编号，随同本表一同报验。

8. 分包单位的资料，必须通过承包单位审核后，方可向监理单位报验，因此，质量检查员和技术负责人签字均应由承包单位的相应人员进行。

9. 监理单位在接到报验表后，应审查承包单位所报材料是否齐全，检查所报分项/分部工程实体质量是否符合设计和规范要求。

表式 B2-15　　　　　　　　　　　　**监理通知回复单**

工程名称	××园林绿化工程	编　　号	××××
地　　点	××××	日　　期	××××

致：××监理公司（监理单位）：

我方接到第(2007—001)号监理通知后，已按要求完成了 **对树木种植工程质量问题的整改** 工作，特此回复，请予以复查。

详细内容：

我项目部收到(2007—001)号监理通知后，立即组织人员对现场已完成的工程进行全面质量检查，共发现15处，并立即整改、处理，并保证今后的施工中严格控制施工质量，确保工程质量目标的实现。

承包单位名称：××园林园艺公司　　　　　　　　项目经理(签字)：×××

复查意见：

同意复查意见。

监理单位名称：××监理公司　　监理工程师(签字)：×××　　日期：××××
　　　　　　　　　　　　　　总监理工程师签字：×××　　日期：××××

注：1. 承包单位落实《监理通知》后，报项目监理机构检查复核。

2. 承包单位完成《监理通知回复单》中要求继续整改的工作后，仍用此表回复。

3. 涉及应总监理工程师审批工作内容的回复单，应由总监理工程师审批。

4. “已按要求完成了＿＿＿＿工作”栏填写《监理通知》中相对应的内容。

5. “详细内容”栏应写明对监理通知中所提问题发生的原因分析、整改经过和结果及预防措施等。

6. “复查意见”一般应由《监理通知》的签发人进行复查验收并签字确认。当监理工程师不在现场或与总监理工程师意见不一致时，由总监理工程师签字生效。

7. 本表由承包单位填报，建设单位、监理单位、承包单位各存一份。

表式 B2-16　　　　监理通知

工程名称	××园林绿化工程	编　　号	××××
地　　点	××××	日　　期	××××

致 ××园林园艺公司 （承包单位）：

问题：

关于树木种植工程的质量问题

内容：

根据我项目经理部的监理人员的巡检发现，树木种植工程、种植歪斜、口头对现场施工人员提出要求，并未得到施工人员的重视。

为此特发通知，要求施工单位对此项目的质量进行认真复查，并将结果报项目监理部。

监理工程师（签字）：×××

监理单位名称：××监理公司　　　　总监理工程师（签字）：×××

注：1. 在监理工作中，项目监理机构按委托监理合同授予的权限，对承包单位发出指令、提出要求，除另有规定外，均应采用此表。监理工程师现场发出的口头指令及要求，也应采用此表予以确认。

2. 监理通知，承包单位应签收和执行，并将执行结果用《监理通知回复单》报监理机构复核。

3. 事由：指通知事项的主题。

4. 内容：在监理工作中，项目监理机构按委托监理合同授予的权限，对承包单位所发出的指令提出要求。针对承包单位在工程施工中出现的不符合设计要求、不符合施工技术标准、不符合合同约定的情况及偷工减料、使用不合格的材料、构配件和设备，纠正承包单位在工程质量、进度、造价等方面的违规、违章行为。

5. 承包单位对监理工程师签发的监理通知中的要求有异议时，应在收到通知后 24 小时内向项目监理机构提出修改申请，要求总监理工程师予以确认，但在未得到总监理工程师修改意见前，承包单位应执行专业监理工程师下发的《监理通知》。

6. 重要监理通知应由总监理工程师签署，监理单位及有关单位各存一份。

表式 B2-17

监理抽检记录

<table>
<tr><td>工程名称</td><td>××园林绿化工程</td><td>编　　号</td><td>××××</td></tr>
<tr><td>地　　点</td><td>××××</td><td>日　　期</td><td>××××</td></tr>
<tr><td colspan="4">检查项目:碎拼大理石工程</td></tr>
<tr><td colspan="4">检查部位:⑤—⑩大理石地面</td></tr>
<tr><td colspan="4">检查数量:</td></tr>
<tr><td colspan="4">被委托单位:×××公司试验室</td></tr>
<tr><td colspan="4">检查结果:　　☑合格　　□不合格</td></tr>
<tr><td colspan="4">处置意见:
无

监理工程师(签字):×××　　日期:××××
监理单位名称:××监理公司　　总监理工程师签字:×××　　日期:××××</td></tr>
</table>

注:1. 本表主要用于监理合同约定对所有的平行检验,包括所有的试验或现场监理抽检。

2. 监理抽检主要是依据监理合同中约定或是对工程的某些重要部位,或是对施工质量和材料有怀疑时,监理工程师所进行的抽查,并做记录。

3. 凡有承包单位参加的检查,应要求其附原始记录并在该记录上签字。若是发生费用的检查,应征求建设单位的意见,并执行有关合同约定。

4. 如检查结果合格,监理工程师在"处置意见"栏中签字。如检查结果不合格,按有关规定填写"处置意见",同时填写《不合格项处置记录》,通知承包单位。

5. 监理抽检的百分比由各单位根据工程实际和监理单位控制能力自行确定。

6. 如是监理单位自行抽查和试验,"被委托单位"栏可以不填。

7. 本表由监理单位填写,建设单位、监理单位、承包单位各存一份。如不合格应填写《不合格项处置记录》(表式B2-19)。

表式 B2-18

旁站监理记录

<table>
<tr><td>工程名称</td><td>××园林绿化工程</td><td>编 号</td><td>××××</td></tr>
<tr><td>地 点</td><td>××××</td><td>日 期</td><td>××××</td></tr>
<tr><td colspan="4">旁站部位或工序：
苗木种植穴、槽⑤—⑩段</td></tr>
<tr><td colspan="2">旁站开始时间：
×年×月×日×时×分</td><td colspan="2">旁站结束时间：
×年×月×日×时×分</td></tr>
<tr><td colspan="4">施工情况：</td></tr>
<tr><td colspan="4">监理情况：
检查穴、槽的位置、规格、符合规范要求、树种、清楚摆放、符合要求</td></tr>
<tr><td colspan="4">发现问题：
好土、弃土、置放不清</td></tr>
<tr><td colspan="4">处理意见：
应将好土、弃土、置放、清楚</td></tr>
<tr><td colspan="2">承包单位：××园林公艺公司
质检员(签字)：×××
××年×月×日</td><td colspan="2">监理单位：××监理公司
旁站监理员(签字)：×××
××年×月×日</td></tr>
</table>

注：1. 旁站监理记录是指监理人员在园林绿化工程施工阶段监理中，对关键部位、关键工序的施工质量，实施全过程现场跟班的监督活动所见证的有关情况的记录。

2. 承包单位根据项目监理机构制定的旁站监理方案，在需要实施的关键部位、关键工序进行施工前 24 小时，书面通知项目监理机构。

3. 凡旁站监理人员和承包单位现场质检人员未在旁站监理记录上签字的，不得进行下一道工序的施工。

4. 凡规定的关键部位、关键工序未实施旁站监理或没有旁站监理记录的，专业监理工程师或总监理工程师不得在相应文件上签字。

5. "旁站监理的部位或工序"栏填写具体旁站的部位或工序。

6. "施工情况"栏填写监理人员对旁站的部位或工序具体的施工内容与要求等。

7. "监理情况"栏填写对旁站监理的实施情况。

8. "发现问题"栏填写监理人员在旁站过程中所发现的各项问题。

9. "处理意见"栏填写针对监理人员所发现的问题提出的处理意见及整改措施等。

10. 本表由旁站监理人员及承包单位现场专职质检员会签。

表式 B2-19　　　　不合格项处置记录

工程名称	××园林绿化工程	编　号	××××
地　点	××××	发生/发现日期	××××

不合格项发生部位与原因：

致：××园林园艺公司（承包单位）：

由于以下情况的发生，使你单位在 种植 施工中，发生严重□/一般☑不合格项，请及时采取措施及时整改。

具体情况：

为控制花卉种植的质量要求，种植深度应按规范的要求，经检查，局部花卉种植区、种植深度不够。

□ 自行整改

☑ 整改后报我方验收

签发单位名称：**××监理公司**　　签发人（签字）：×××　　日期：××××

不合格项整改措施和结果：

花卉种植深度按规范要求处理。

致：××监理公司（签发单位）

根据你方指示，我方已完成整改，请予以验收。

整改责任人：×××　　单位负责人（签字）：×××　　日期：××××

整改结论：　☑同意验收　　□________

□继续整改　　□________

验收单位名称：**××监理公司**　　验收人（签字）：×××　　日期：××××

注：1. 监理工程师在隐蔽工程验收和检验批验收中，针对不合格的工程应填写《不合格项处置记录》。

2. 本表由下达方填写，整改方填报整改结果。本表也适用于监理单位对项目监理部的考核工作。

3. "使你单位在________施工中"栏填写不合格项发生的具体部位。

4. "发生严重□/一般□不合格项"栏根据不合格项的情况来判定其性质，当发生严重不合格项时，在"严重"选择框处划"√"；当发生一般不合格项时，在"一般"选择框处划"√"。

5. "具体情况"栏由监理单位签发人填写不合格项的具体内容，并在"自行整改"或"整改后报我方验收"选择框处划"√"。

6. "签发单位名称"栏应填写监理单位名称。

7. "签发人"栏应填写签发该表的监理工程师或总监理工程师。

8. "不合格项整改措施和结果"栏由整改方填写具体的整改措施内容。

9. "整改期限"栏指整改方要求不合格项整改完成的时间。

10. "整改责任人"栏一般为不合格项所在工序的施工负责人。

11. "单位负责人"栏为整改责任人所在单位或部门负责人。

12. "整改结论"栏根据不合格项整改验收情况由监理工程师填写。

13. "验收单位名称"为签发单位，即监理单位。

14. "验收人"栏为签发人，即监理工程师或总监理工程师。

五、工程造价控制资料

1. 园林绿化工程造价监理控制原则

(1)应严格执行园林绿化工程施工合同所约定的合同价、单价,工程量计算规则和工程款支付方法。

(2)坚持对超出施工合同文件约定范围的工程量,报验资料不齐全或未经监理工程师质量验收合格的工程量不予计量和审核,总监理工程师拒签该部分工程款支付凭证。

(3)工程量及工程款的审核应在园林绿化工程施工合同所约定的时限内完成。

(4)由于工程变更和违约索赔引起的费用增减的处理,应坚持公正、合理的原则。

(5)对有争议的工程量计算和工程款支付,应与建设单位、承包单位进行协商,协商取得一致意见后,总监理工程师签发有关证书;协商无效时可由总监理工程师提出解决方案,若建设方或承包方对此仍有异议,可执行施工合同有关争议调解的基本程序。

2. 园林绿化工程造价控制基本程序

(1)工程款支付程序如图 5-6 所示。

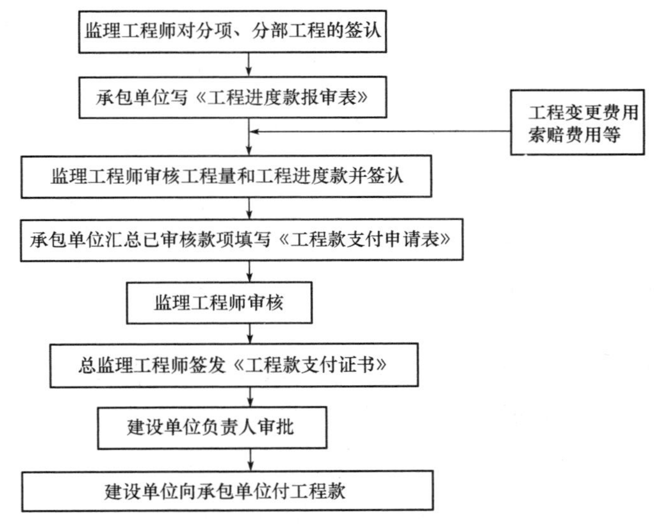

图 5-6 工程款支付基本程序

(2)竣工结算的程序如图 5-7 所示。

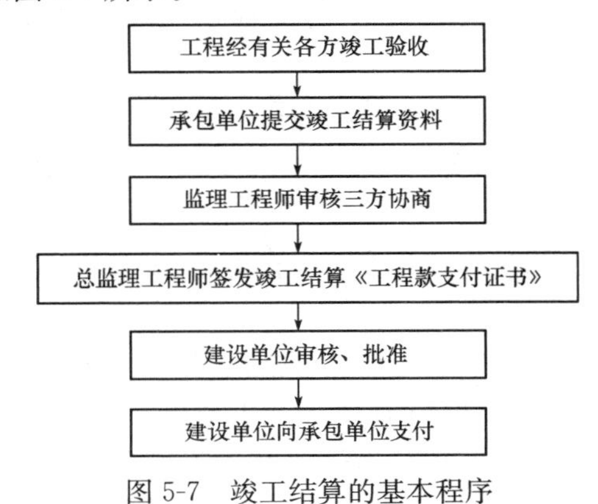

图 5-7 竣工结算的基本程序

3. 园林绿化工程造价控制监理方法

(1)承包单位必须依据施工图纸,概预算,合同约定的工程量设立完整的工程量台账。

(2)总监理工程师应从造价、项目的功能要求,质量和工期等方面审查工程变更方案,并宜在实施前与建设单位、承包单位协商确定工程变更的价款或计算价款的原则。

(3)对工程合同价中有规定允许调整的工程材料、构配件、设备等价格,包括暂估价等进行主动监理。

(4)要依据施工合同相关条款,施工图纸,进行风险分析,找出工程造价最易突破的部分和最易发生费用索赔的因素及项目,并制定防范性措施。

(5)项目监理部应及时建立月完成工程量和工作量统计表,以便对实际完成量与计划完成量进行分析、比较,制定调整措施;经常分析工程计量和工程款支付情况,提出造价监理的建议,并在监理报告中向建设单位报告。

(6)严格按施工合同约定的工程计量和工程款支付程序执行,通过专题会议、监理例会、填写《工作联系单》(表式 B4-1)等方式与建设单位、承包单位沟通信息,提出工程造价监理的建议。

4. 园林绿化工程工程量计算

(1)园林绿化承包单位必须于每月 25 日前,向项目监理部书面报告阶段工程实际进度与完成量,未经监理工程师签认的工程量不得进行计量。

(2)项目监理部对承包单位的申报及时安排专业监理工程师进行核实,所核实的工程量,应经总监理工程师审查同意。

(3)监理工程师一般只对工程量清单中的全部项目;合同文件规定的项目;工程变更项目等工程项目进行计量。

(4)监理工程师根据合同约定的规则对承包单位申报的已完工程量进行审核。

5. 园林绿化工程预付款的支付方式

承包单位填写《工程款支付申请表》(表式 B2-13)报项目监理部,经项目监理部审核,确认符合园林绿化工程施工承包合同的约定,由总监理工程师签发工程支付款凭证。

6. 园林绿化工程进度款的支付

承包单位按项目监理部要求,将已被签认按合同约定实际完成的工程量,填《月工程进度款报审表》(表式 B2-10)报项目监理部,监理工程师审核签认后,报送建设单位。承包单位将项目监理部签认的《( )月工程进度款报审表》《工程变更费用报审表》(表式 B2-11)和《费用索赔申请表》(表式 B2-12)等一并计算本期工程款,填写《工程款支付申请表》(表式 B2-13)报送项目监理部。

项目监理部安排监理工程师依据施工合同及北京市有关规定、预算定额进行审核,确认应支付工程款的额度后,由总监理工程师签发《工程款支付证书》(表式 B2-23)报送建设单位。

7. 园林绿化工程竣工结算

(1)工程竣工,经建设单位组织有关各方验收合格后,承包单位应在规定的时间内向项目监理部提交竣工结算资料。

(2)监理工程师应及时进行审核,并与承包单位、建设单位协商和协调,提出审核意见。

(3)总监理工程师根据各方协商的结论,签发竣工结算《工程款支付证书》。

(4)建设单位收到总监理工程师签发的结算支付证书后,应及时按合同约定与承包单位办理竣工结算有关事项。

8. 园林绿化工程造价控制资料相关表格

园林绿化工程造价控制资料的常用表格主要有以下几种：

表式 B2-10　　**(5)月工程进度款报审表**

工程名称	××园林绿化工程	编　号	××××
地　点	××××	日　期	××××

致：××监理公司（监理单位）：

兹申报 × 年 5 月份完成的工作量，请予以核定。
附件：月完成工作量统计报表。

承包单位名称：××园林园艺公司　　　　项目经理(签字)：×××

经审核以下项目工作量有差异，应以核定工作量为准。本月度认定工程进度款为：
承包单位申报数(675312.6)＋监理单位核定差别数(－865.34)＝本月工程进度款数(674447.26)。

统计表序号	项目名称	单位	申报数			核定数		
			数量	单价(元)	合计(元)	数量	单价(元)	合计(元)
3	带形基础 C35	m^3	45.00	315.97	14218.65	44.50	315.97	14060.67
6	直形墙 C40	m^3	753.00	388.71	59472.63	153.00	385.50	68981.50
	小计				73691.28			73042.17
	取费				24563.62			24347.39
合计					98254.90			97389.56

同意

监理工程师(签字)：×××　　　　日期：××××
监理单位名称：××监理公司　　　　总监理工程师(签字)：×××　　　　日期：××××

注：1. 施工单位根据当月完成的工程量，按施工合同的约定计算月工程进度款，填写《(　　)月工程进度款报审表》报项目监理部。
2. 施工单位应于每月 26 日前，根据工程实际进度及监理工程师签认的分项工程，上报月完成工程量。计量原则是每月计量一次，计量周期为上月 26 日至当月 25 日。
3. 月完成工作量统计报表(工作量统计报表含工程量统计报表)应作为附件与本报审表一并报送监理单位，工程量认定应有相应专业监理工程师的签字认可(监理单位应留存备查)。
(1)承包单位应按照时间在“兹申报______年______月份”栏内填写申报的具体年度、月份。
(2)“完成的工作量______请予以核定”栏应填写“见工程量清单”。
4. 由负责造价控制的监理工程师审核，填写具体审核内容并签字；总监理工程师审核并签字，明确总监理工程师应负的领导责任。
5. 本表由承包单位填报，由监理单位签认，建设单位、监理单位、承包单位各存一份。

表式 B2-11

工程变更费用报审表

工程名称	××园林绿化工程	编　号	××××
地　　点	××××	日　期	××××

致：××监理公司（监理单位）：

根据第(×)号工程变更单，申请费用如下表：请审核。

项目名称	变更前			变更后			工程款增(+)减(-)
	工程量(m^3)	单价(元)	合价(元)	工程量(m^3)	单价(元)	合价(元)	
矩形柱 C30	173.00	604.07	104504.1	17850	604.07	107826.50	+3322.39
合计				10450.11			107826.50

承包单位名称：××园林园艺公司　　　　项目经理(签字)：×××

监理工程师审核意见：

同意施工单位提出变更费用申请。

监理工程师(签字)：×××　　　　日期：××××

监理单位名称：××监理公司　　总监理工程师(签字)：×××　　日期：××××

注：1. 实施工程变更发生增加或减少的费用，由承包单位填写《工程变更费用报审表》报项目监理部。项目监理部进行审核并与承包单位和建设单位协商后，由总监理工程师签认，建设单位批准。

2. 承包单位在填写该表时，应明确《工程变更单》所列项目名称，变更前后的工程量、单价、合价的差别，以及工程款的增减额度。

3. 由负责造价控制的监理工程师对承包单位所报审的工程变更费用进行审核。审核内容为工程量是否符合所报工程实际；是否符合《工程变更单》所包括的工作内容；定额项目选用是否正确，单价、合价计算是否正确。

4. 在"监理工程师审核意见"栏，监理工程师签署具体意见并签字。监理工程师的审核意见不应签署"是否同意支付"，因为工程款的支付应在相应工程验收合格后，按合同约定的期限，签署《工程款支付证书》。

5. 分包工程的工程变更应通过承包单位办理。

6. 本表由承包单位填报，建设、监理、承包单位各存一份。

表式 B2-12　　　　费用索赔申请表

工程名称	××园林绿化工程	编　　号	××××
地　　点	××××	日　　期	××××

致：**××监理公司**（监理单位）：

根据施工合同第 **10** 条款的规定，由于 **工程量变更单(007)的变更、致使我方造成额外费用增加** 原因，我方要求索赔金额共计人民币（大写）**叁万陆仟** 元，请批准。

索赔的详细理由及经过：

(1)三层工段①～⑨/Ⓐ～Ⓙ轴剪力墙柱钢筋安装验收已合格，需要2/3部分拆除重做。

(2)工程为数不多增加的合同外的施工项目的费用。

索赔金额的计算：

(略)

附件：证明材料

(1)工程变更单及图纸。

(2)工程变更费用报审表。

承包单位名称：**××园林园艺公司**　　　　项目经理(签字)：×××

注：1. 费用索赔申请是承包单位向建设单位提出费用索赔，报项目监理机构审查、确认和批复。

2. "根据施工合同第________条款的规定"：填写提出费用索赔所依据的施工合同条目。

3. "由于________原因"：填写导致费用索赔的事件。

4. 索赔的详细理由及经过：指索赔事件造成承包单位直接经济损失，索赔事件是由于非承包单位的责任发生的等情况的详细理由及事件经过。

5. 索赔金额计算：指索赔金额计算书，索赔的费用内容一般包括：人工费、设备费、材料费、管理费等。

6. 证明材料：指上述两项所需的各种证明材料，包括如下内容：合同文件；监理工程师批准的施工进度计划；合同履行过程中的来往函件；施工现场记录；工地会议纪要；工程照片；监理工程师发布的各种书面指令；工程进度款支付凭证；检查和试验记录；汇率变化表；各类财务凭证；其他有关资料。

7. 本表由承包单位填报，建设、监理、承包单位各存一份。

表式 B2-13

工程款支付申请表

工程名称	××园林绿化工程	编　　号	××××
地　　点	××××	日　　期	××××

致：××监理公司（监理单位）：

我方已完成了 种植工程 工作，按施工合同的规定，建设单位应在 × 年 × 月 × 日前支付该项工程款共计(大写) 叁万贰仟伍佰元整，小写 32500,00，现报上 ××园林绿化工程 工程付款申请表，请予以审查并开具工程款支付证书。

附件：
1. 工程量清单；
2. 计算方法。

承包单位名称：××园林园艺公司　　　　项目经理(签字)：×××

注：1. 承包单位根据施工合同中工程款支付约定，向项目监理机构申请开具工程款支付证书。
2. 申请支付工程款金额包括合同内工程款、工程变更增减费用、批准的索赔费用，扣除应扣预付款、保留金及施工合同中约定的其他费用。
3. "我方已完成了________工作"：填写经专业监理工程师验收合格的工程；定期支付进度款的填写本支付期内经专业监理工程师验收合格工程的工作量。
4. 工程量清单：指本次付款申请中的经专业监理工程师验收合格工程的工程量清单统计报表。
5. 计算方法：指以专业监理工程师签认的工程量按施工合同约定采用的有关定额(或其他计价方法的单价)的工程价款计算。
6. 根据施工合同约定，需建设单位支付工程预付款的，也采用此表向监理机构申请支付。
7. 工程款支付申请中如有其他和付款有关的证明文件和资料时，应附有相关证明资料。

表式 B2-22

费用索赔审批表

工程名称	××园林绿化工程	编　号	××××
地　点	××××	日　期	××××

致：××园林园艺公司（承包单位）：

根据施工合同第 10 条款的规定，你方提出的第(007)号关于 因工程变更增加额外 费用索赔申请，索赔金额共计人民币(大写)，叁万陆仟元整（小写） 36000,00 。

经我方审核评估：

□ 不同意此项索赔。

☑ 同意此项索赔，金额为(大写) 叁万陆仟元整 。

理　由：

1. 费用索赔事件属非承包单位原因。
2. 费用索赔的情况属实。

索赔金额的计算：

（略）

监理工程师(签字)：×××

总监理工程师(签字)：×××

监理单位名称：××监理公司

注：1. 总监理工程师应在施工合同约定的期限内签发《费用索赔审批表》，或发出要求承包单位提交有关费用索赔的进一步详细资料的通知。

2. "根据施工合同条款________条的规定"：填写提出费用索赔所依据的施工合同条目。

3. "我方对你方提出的________工程延期申请"：填写导致费用索赔的事件。

4. 审查意见：专业监理工程师应首先审查索赔事件发生后，承包单位是否在施工合同规定的期限内(28天)，向专业监理工程师递交过索赔意向通知，如超过此期限，专业监理工程师和建设单位有权拒绝索赔要求；其次，审核承包单位的索赔条件是否成立；第三，应审核承包单位报送的《费用索赔申请表》，包括索赔的详细理由及经过，索赔金额的计算及证明材料；如不满足索赔条件，专业监理工程师应在"不同意此项索赔"前"□"内打"✓"；如符合条件，专业监理工程师就初定的索赔金额向总监理工程师报告、由总监理工程师分别与承包单位及建设单位进行协商，达成一致或监理工程师公正地自主决定后，在"同意此项索赔"前"□"内打"✓"，并把确定金额写明，如承包人对监理工程师的决定不同意，则可按合同中的仲裁条款提交仲裁机构仲裁。

5. 同意/不同意索赔的理由：同意/不同意索赔的理由应简要列明。

6. 索赔金额的计算：指专业监理工程师对批准的费用索赔金额的计算过程及方法。

表式 B2-23

工程款支付证书

工程名称	××园林绿化工程	编　　号	××××
地　　点	××××	日　　期	××××

致：××建筑开发有限公司（建设单位）：

根据施工合同规定，经审核承包单位的付款申请和报表，并扣除有关款项，同意本期支付工程款共计（大写）××××。小写××××，请按合同规定及时付款。

其中：

1. 承包单位申报款为：××××
2. 经审核承包单位应得款为：××××
3. 本期应扣款为：××××
4. 本期应付款为：××××

附件：

1. 承包单位的工程付款申请表及附件；
2. 项目监理部审查记录。

监理单位名称：××监理公司　　　　总监理工程师（签字）：×××

注：1.《工程款支付证书》是项目监理机构在收到承包单位的《工程款支付申请表》，根据施工合同和有关规定审查复核后签署的应向承包单位支付工程款的证明文件。

2. 承包单位申报款：指承包单位向监理机构申报《工程款支付申请表》中申报的工程款额。
3. 经审核承包单位应得款：指经专业监理工程师对承包单位向监理机构填报《工程款支付申请表》审核后，核定的工程款额。包括合同内工程款、工程变更增减费用、经批准的索赔费用等。
4. 本期应扣款：指施工合同约定本期应扣除的预付款、保留金及其他应扣除的工程款的总和。
5. 本期应付款：指经审核承包单位应得款额减本期应扣款额的余额。
6. 承包单位的工程付款申请表及附件：指承包单位向监理机构申报的《工程款支付申请表》及其附件。
7. 项目监理机构审查记录：指总监理工程师指定专业监理工程师，对承包单位向监理机构申报的《工程款支付申请表》及其附件的审查记录。
8. 总监理工程师指定专业监理工程师对工程款支付申请中包括合同内工作量、工程变更增减费用、经批准的费用索赔、应扣除的预付款、保留金及施工合同约定的其他支付费用等项目应逐项审核，并填写审查记录，提出审查意见报总监理工程师审核签认。

六、施工合同管理资料

1. 工程暂停及复工的管理

(1)园林绿化工程暂停及复工监理的基本程序如图 5-8 所示。

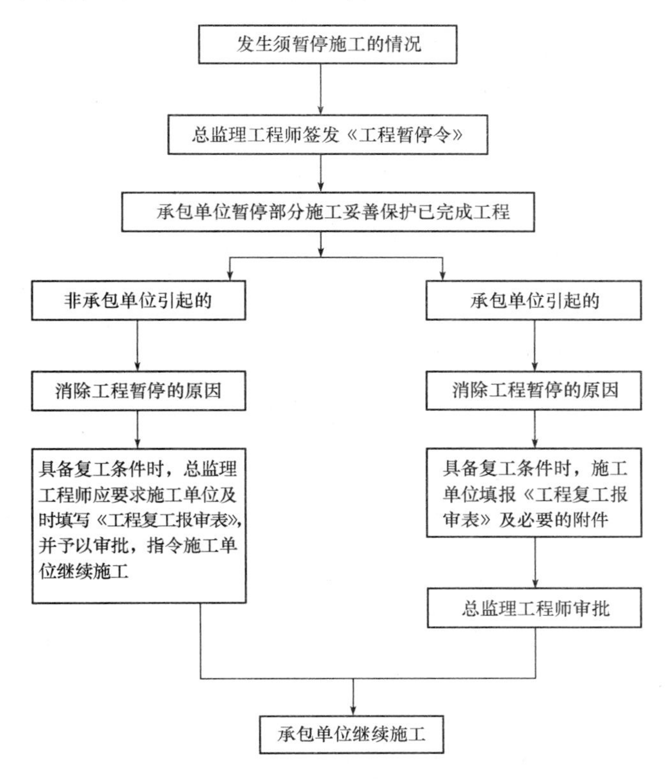

图 5-8　工程暂停及复工监理的基本程序

(2)发生下列情况之一时，应根据其影响范围和影响程度，按照施工合同和委托监理合同的约定，总监理工程师可签发工程暂停施工令。

1)建设单位要求暂停施工，且工程需要暂停施工；

2)出现或可能出现工程质量问题，必须停工处理；

3)出现质量或安全隐患，为避免造成工程质量引起的损失或危及人身安全必需停工处理；

4)承包单位未经许可擅自施工，或拒绝项目监理部管理；

5)发生了必须随时停止施工的紧急事件。

(3)委托监理合同有约定或必要时，总监理工程师签发《工程暂停令》(表式 B2-20)前应征求建设单位的意见。

(4)工程暂停期间，应要求承包单位保护该部分或全部工程免受损失或损害。

(5)由于建设单位原因，或其他非承包单位原因导致工程暂停时，项目监理部应如实记录所发生的实际情况。在施工暂停因素消失具备复工条件时，及时签署工程复工报审表，指令承包单位继续施工。

(6)由于承包单位原因导致工程暂停，在具备恢复施工条件时，项目监理部应审查承包单位报送的复工申请及如下材料：

1)承包单位对工程暂停原因的分析；

2)工程暂停原因已经消除的证据；

3)避免再出现类似问题的预防措施。

经审查符合要求后，总监理工程师签署工程复工报审表，指令承包单位继续施工。

(7)签发工程暂停令后，总监理工程师应会同有关各方按照合同约定，组织处理好因工程暂停引起的与工期、费用等有关的问题。

2. 工程变更的管理

(1)园林绿化工程变更监理的基本程序如图5-9所示。

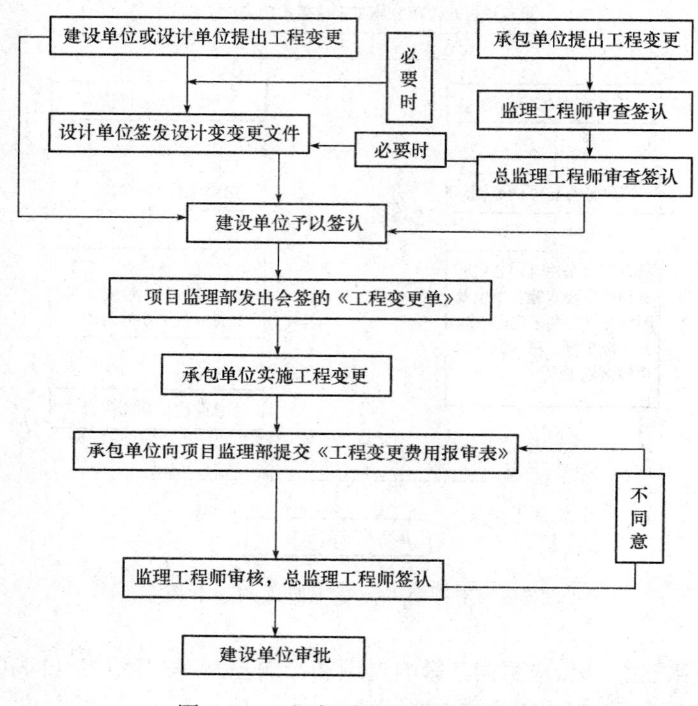

图5-9 工程变更监理的基本程序

(2)建设单位或承包单位提出的工程变更，应填写《工程变更单》(表式B5-2)提交项目监理部，由总监理工程师组织专业监理工程师审查，必要时由设计单位编制设计变更文件。由总监理工程师签认并转承包单位实施。

(3)设计单位提出工程变更，应填写《工程变更单》并编写设计变更文件，提交建设单位，并签转项目监理部，经由总监理工程师予以签认。

(4)工程变更记录内容，均应符合合同文件及有关规范、规程和技术标准的规定，并表述准确、图标规范。

(5)承包单位只有在收到项目监理部签署的《工程变更单》，方可实施变更部分的工程内容。

(6)实施工程变更发生增加或减少的费用，由承包单位依据施工合同的约定编制变更工程价款，并填写《工程变更费用报审表》(表式B2-11)，在施工合同约定的时间内报项目监理部审核，由总监理工程师与建设单位和承包单位协商后签认，报建设单位批准。

(7)变更工程施工完成并经监理工程师验收合格后，按正常的计费和支付程序办理变更费用的支付。

3. 工程延期的管理

(1)园林绿化工程延期监理的基本程序如图5-10所示。

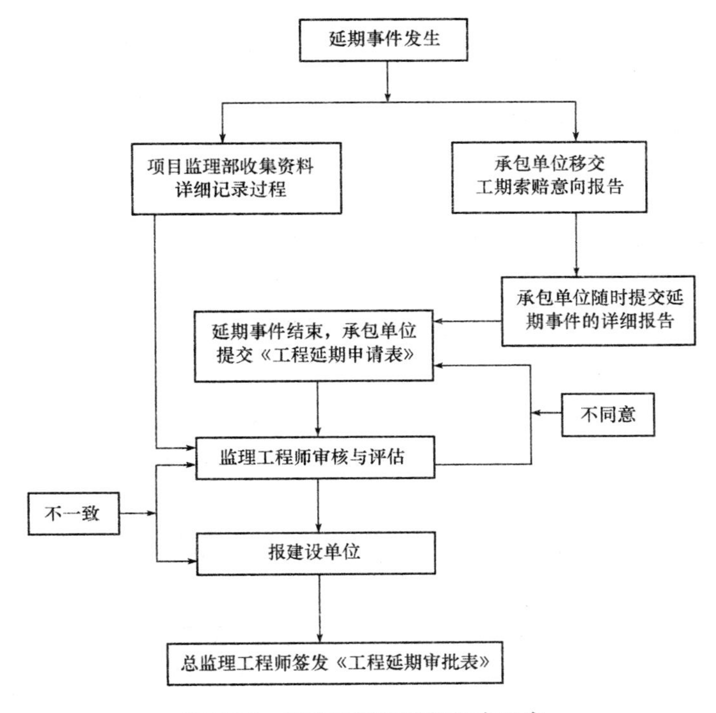

图5-10　工程延期监理的基本程序

(2)由以下原因导致工程延期，承包单位可提出延长工期申请，监理工程师应按合同的规定，批准工程延期时间。

1)监理工程师签发的工程变更指令而导致工程量增加；

2)合同所涉及的任何可能造成工程延期的原因，如延期交付施工图、非承包单位的原因造成的工程暂停、对合格工程的剥离检查及不利的外界条件等；

3)异常恶劣的气候条件；

4)由建设单位造成的任何延误、干扰或障碍，如未及时提供施工场地、未及时付款等；

5)发生不可抗力事件；

(3)工程延期事件发生后，承包单位在合同约定的期限内向项目监理部提交书面工程延期意向报告。

(4)承包单位按合同约定，提交有关工程延期的详细资料和证明材料。

(5)工程延期事件终止后，承包单位在合同约定的期限内向项目监理部提交《工程延期申请表》(表式B2-14)。

(6)工程延期事件是延续性的，承包单位应以一定的时间间隔提交暂时的细节材料，待延期事件结束后，在合同约定的时间内将所有的细节材料和详细记录汇总，整理齐全，随《工程延期申请表》同时报送项目监理部。

(7)工程延期事件发生后，项目监理部应做好以下工作：

1)向建设单位转交承包单位提交的工程延期意向报告；

2)随时收集工程延期事件的资料，并做好详细记录；

3)分析研究工程延期事件，提出减少损失的建议；

4)处理工程延期过程中，要以书面形式通知承包单位采取必要的措施，减少对工程的影响程度。

(8)项目监理部评估工程延期的原则：

1)工程延期事件的核实；

2)工程延期申请依据的合同条款准确。

(9)最后评估出的延期天数，在与建设单位协商一致后，由总监理工程师签发《工程延期申请表》，评估某些较复杂或持续时间较长的延长申请，总监理工程师详细分析评审后签发《工程延期审批表》(表式 B2-21)并注明要遵守合同约定的各种时限要求。

4. 工程费用索赔的管理

(1)园林绿化工程费用索赔监理的基本程序如图 5-11 所示。

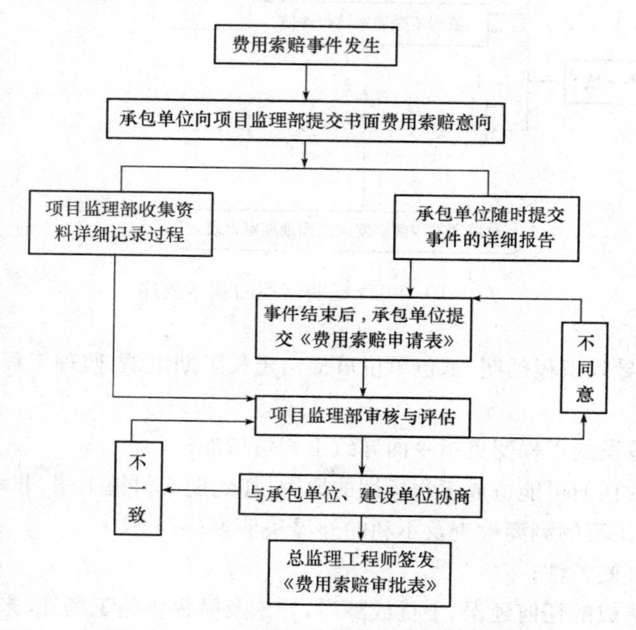

图 5-11 工程费用索赔监理的基本程序

(2)项目监理部索赔监理的主要任务：

1)加强对导致索赔原因的预测和防范；

2)充分了解施工合同条款，以防止或减少索赔事件的发生；

3)对已发生的索赔事件要求承包单位及时采取措施，以降低损失及影响；

4)跟踪索赔事件发生发展全过程，收集与索赔有关的资料；

5)参与索赔的处理过程，审核索赔报告，批准合理的索赔申请或驳回承包单位不合理的索赔要求，解决索赔事件。

(3)项目监理部处理索赔的依据：

1)国家有关的法律、法规和园林绿化工程项目所在地的地方法规；

2)本工程的施工合同文件；

3)国家、部门和地方有关的标准、规范和定额；

4)施工合同履行过程中与索赔事件有关的凭证。

(4)对下列原因引起的费用增加，承包单位可提出索赔申请：

1)合同约定由不可抗力事件导致用于工程且已运至施工现场的材料、构配件、设备、苗木、花草、植物种子的损坏而需重新购置的费用，以及对损坏工程的修复和清理的费用。

2)有经验的承包单位无法预见的不利自然条件和地下障碍造成的施工费用增加。

3)非承包单位的原因引起的费用增加：

①建设单位延迟提交设计图纸；

②建设单位未按合同约定及时提供施工场地而引起承包单位费用增加；

③建设单位提供工程测量、放线依据不准确；

④建设单位要求提前竣工而在施工中所增加的费用；

⑤合同约定以外材料检验增加的费用；

⑥经批准覆盖或掩埋的工程，又要求开挖或穿孔复验，且查明工程符合合同约定，为开挖或穿孔并恢复原状而支付的费用；

⑦施工现场发现文物、古迹、化石，为保护和处理而支付的费用；

⑧由于工程变更而引起的费用增加；

⑨非承包单位的原因导致施工费用增加的其他事件。

(5)承包单位提出的费用索赔申请，必须同时具备以下三个条件，项目监理部才予以受理

1)费用索赔事件发生后，承包单位在合同约定期限内向项目监理部提交书面费用索赔意向报告。

2)承包单位按合同约定，提交了有关费用索赔事件的详细资料与证明材料。

3)费用索赔事件终止后，承包单位在合同约定期限内，向项目监理部提交了正式的《费用索赔申请表》(表式 B2-12)。

(6)总监理工程师审查后，经与建设单位和承包单位协商，确定批准的赔付金额，并签发《费用索赔审批表》(表式 B2-22)。由于承包单位的原因造成建设单位的额外损失，由承包单位承担。

(7)监理工程师处理索赔应审查的索赔材料：

1)合同文件中的条款约定；

2)经总监理工程师认可的进度计划；

3)合同履行过程中的来往函件；

4)施工现场记录；

5)有关会议记录；

6)工程照片；

7)监理工程师发布的各种书面指令；

8)支付工程款的单证；

9)检查和试验记录；

10)各类财务凭证；

11)其他有关资料。

5. 合同争议的调解

(1)园林绿化工程合同争议监理的基本程序如图5-12所示。

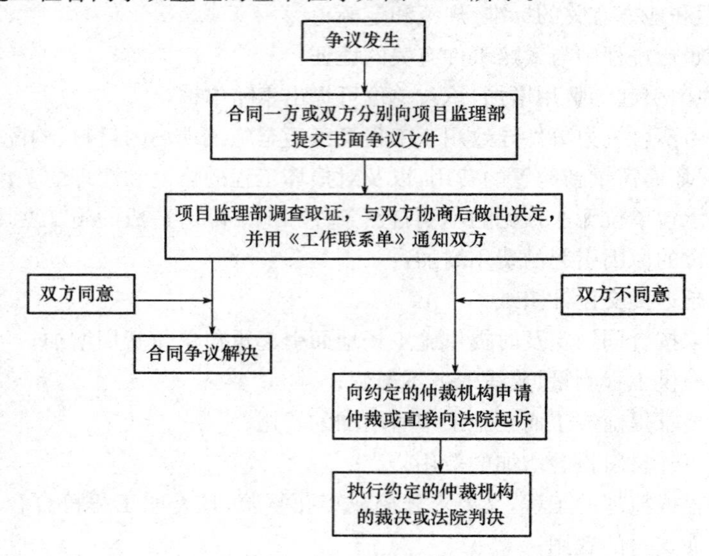

图5-12 合同争议监理的基本程序

(2)项目监理部收到合同争议书面申请后,应在合同约定期限内进行调查与取证,在与双方协商后做出决定,并由总监理工程师签发《工作联系单》通知争议各方。

(3)争议双方接到《工作联系单》后,在符合施工合同约定的期限内对项目监理部的决定未提出异议,该决定成为最后的决定,双方执行。

(4)合同一方不同意决定时,应按合同约定的解决争议的最终办法办理。项目监理部应公正地向仲裁机关或法院提供有关证据。争议期间在合同有效约定内,承包单位必须继续施工,项目监理部应督促承包单位按合同继续施工。

6. 违约处理

(1)园林绿化工程违约处理的基本程序如图5-13所示。

(2)处理违约的原则。

1)监理过程中发现违约事件可能发生时,应及时提醒有关各方,防止或减少违约事件的发生。

2)对发生的违约事件,要以事实为根据,以合同为标准,公平处理。

3)要认真听取各方意见,在与双方充分协商的前提下,确定解决办法。

(3)建设单位有下列事实之一时,属于违约:

1)未按合同约定及时给出必要的指令、确认或批准。

2)未按合同约定履行自己的义务。

3)在合同约定的期限内,未向施工单位支付工程款。

4)未按合同约定提供施工工程所需场地及基本的施工条件。

5)其他使合同无法履行的行为。

(4)具有下列事实之一时,属于承包单位的违约行为:

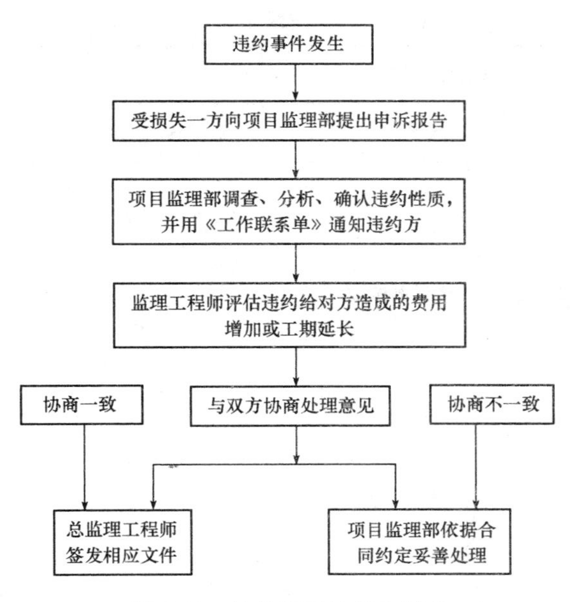

图 5-13　违约处理的基本程序

1)未按合同约定日期开工，且未提出延期申请，或虽提出延期申请，但未获总监理工程师批准，仍延期开工。

2)未达到合同约定的工程质量标准。

3)未按合同约定施工相关工程项目。

4)未按合同约定按时竣工及其他使合同无法履行的行为。

(5)违约事件的处理过程：

1)受损失一方，向项目监理部提出违约事件书面诉求。

2)监理工程师对违约事件进行调查、分析、提出处理方案。

3)在通过双方协商一致的基础上，评估工期及费用损失的数量，由总监理工程师签发必要的凭证。

(6)建设与承包单位由于对方严重违约，均有权按合同约定提出全部或部分终止合同的要求，项目监理部应予以受理，并妥善处理。

1)确定终止合同之日已完成的工程量及符合合同约定的工程质量、工期等要求的价款。

2)承包单位移交工程资料、工程材料、设备等。

3)双方在终止合同书上签认盖章。

7. 园林绿化工程施工合同管理资料相关表格

园林绿化工程施工合同管理资料常用的表格大部分已在前面的章节中进行了讲述，如《工程暂停令》(表式 B2-20)、《工程复工报审表》(表式 B2-9)、《费用索赔申请表》(表式 B2-12)、《费用索赔审批表》(表式 B2-22)、《工程延期申请表》(表式 B2-14)、《工程延期审批表》(表式 B2-21)等，故在此不再重述。本处只讲述前文中未提及的有关园林绿化工程施工合同管理的相关资料表格，如《工作联系单》(表式 B4-1)、《工程变更单》(表式 B4-2)等。

表式 B4-1　　　　　　　　　　　　工作联系单

工程名称	××园林绿化工程	编　　号	××××
地　　点	××××	日　　期	××××

致：××监理公司（单位）：

事由：

地上一层①～⑤/Ⓐ～Ⓙ轴框架柱、C35 混凝试配

内容：

C35 混凝土配合比申请单、通知单已由××中心试验室签发，请予以审核和批准使用

发出单位名称：××园林园艺公司　　　　　　单位负责人(签字)：×××

注：1. 本表是在施工过程中，与监理有关各方工作联系用表。即与监理有关的某一方需向另一方或几方告知某一事项、或督促某项工作、或提出某项建议等，对方执行情况不需要书面回复时均用此表。
2. 事由：指需联系事项的主题。
3. 内容：指需联系事项的详细说明。要求内容完整、齐全，技术用语规范，文字简练明了。
4. 重要工作联系单应加盖单位公章，相关单位各存一份。

表式 B4-2　　　　　　　　　　　　工程变更单

<table>
<tr><td>工程名称</td><td>××园林绿化工程</td><td>编　　号</td><td>××××</td></tr>
<tr><td>地　　点</td><td>××××</td><td>日　　期</td><td>××××</td></tr>
<tr><td colspan="4">致：<u>××监理公司</u>（监理单位）：

由于<u>为增加基础底板防水功能，保证不渗漏</u>的原因，兹提出<u>在原 SBS 管材防水层基础上增加一道卷材防水</u>工程变更（内容详见附件），请予以审批。
附件：
工程洽商记录（编号×××）

提出单位名称：××园林园艺公司　　　　提出单位负责人（签字）：×××</td></tr>
<tr><td colspan="4">一致意见：

同意</td></tr>
<tr><td>建设单位代表（签字）：

×××

日期：××××</td><td>设计单位代表（签字）：

×××

日期：××××</td><td>监理单位代表（签字）：

×××

日期：××××</td><td>承包单位代表（签字）：

×××

日期：××××</td></tr>
</table>

注：1. 在施工过程中，建设单位、承包单位提出工程变更要求报项目监理机构的审核确认。

2. “由于________原因”：填写引发工程变更的原因。

3. “兹提出____________工程变更”：填写要求工程变更的部位和变更题目。

4. 附件：应包括工程变更的详细内容、变更的依据，工程变更对工程造价及工期的影响分析和影响程度，对工程项目功能、安全的影响分析，必要的附图等。

5. 提出单位：指提出工程变更的单位。

6. 一致意见：项目监理机构经与有关方面协商达成的一致意见。

7. 建设单位代表：指建设单位派驻施工现场履行合同的代表。

8. 设计单位代表：指设计单位派驻施工现场的设计代表或与工程变更内容有关专业的原设计人员或负责人。

9. 项目单位代表：指项目总监理工程师。

10. 承包单位代表：指项目经理。承包单位代表签字仅表示对有关工期、费用处理结果的签认和工程变更的收到。

11. 本表由提出单位填报，有关单位会签，并各存一份。

第三节　园林绿化工程竣工验收资料

一、竣工验收的依据

园林绿化工程竣工验收的依据主要有：

(1)有关主管部门对本工程的审批文件。

(2)施工合同。

(3)全部施工图纸及说明文件。

(4)设计变更、工程洽商等文件。

(5)材料等统计明细表及证明文件。

(6)国家颁发的相关验收规范及其他相关质量评定的标准文件。

(7)其他有关涉及竣工验收的文件。

二、竣工预验收

(1)当工程施工达到基本验收条件时，项目监理部总监理工程师组织各专业监理工程师对各专业工程进行检查验收。如发现问题，向承包单位签发《监理通知》(表式 B2-16)，要求立即整改，并在整改后进行复检签认。

(2)需要进行功能验收的工程项目，承包单位在建设单位、监理工程师在场的前提下进行试验，并报告试验结果，必要时请设计单位或设备厂家参加。

(3)总监理工程师组织预验收。

1)要求承包单位填写《单位工程竣工预验收报验表》(表式 B3-1)并附相应竣工资料报送项目监理部，申请竣工预验收。

2)总监理工程师组织项目监理部监理人员，对竣工资料进行核查，督促承包单位做到资料完善。

3)总监理工程师组织监理工程师和承包单位，共同对工程项目进行检查预验收。工程竣工结算程序框图(图 5-14)。

4)对预验收合格的工程，由总监理工程师签署《单位工程竣工预验收报验表》(表式 B3-1)。

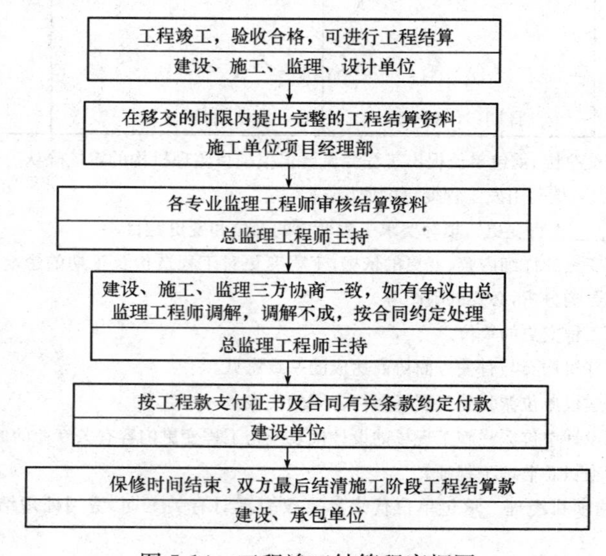

图 5-14　工程竣工结算程序框图

三、竣工验收移交

（1）预验收合格后，经总监理工程师签署质量评估报告。报告主要内容是：工程概况，承包单位基本情况，主要采取的施工方法，各类工程质量状况，施工中发生过的质量事故和主要质量问题及其原因分析和处理结果，总体综合评估意见。整理监理资料，书面通知建设单位可以组织正式竣工验收。

（2）参加建设单位组织的竣工验收。对验收中提出的整改问题，项目监理部应要求承包单位进行整改。工程质量符合质量要求后由总监理工程师会同参加验收各方签认。

（3）办理竣工结算手续。

（4）竣工验收后，总监理工程师和建设单位代表共同签署《竣工移交证书》（表式 B3-2），监理单位和建设单位盖章后，送承包单位一份。

四、相关资料表格

园林绿化工程竣工验收资料常用表格主要有以下几种：

表式 B3-1　　**单位工程竣工预验收报验表**

工程名称	××园林绿化工程	编　号	××××
地　点	××××	日　期	××××
致：××监理公司（监理单位）： 我方已按合同要求完成了××园林绿化工程，经自检合格，请予以检查和验收。 附件： 单位工程竣工资料 承包单位名称：××园林园艺公司　　项目经理（签字）：×××			
审查意见： 经预验收，该工程： 1. ☑符合☐不符合　我国现行法律、法规要求； 2. ☑符合☐不符合　我国现行工程建设标准； 3. ☑符合☐不符合　设计文件要求； 4. ☑符合☐不符合　施工合同要求。 综上所述，该工程预验收结论：　☑合格　☐不合格； 可否组织正式验收：　☑可　☐否 监理单位名称：××监理公司　　总监理工程师（签字）：×××　　日期：××××			

注：1. 施工单位在单位工程完工，经自检合格并达到竣工验收条件后，填写《单位工程竣工预验收报验表》，并附相应的竣工资料（包括分包单位的竣工资料）报项目监理部，申请工程竣工预验收。
单位工程竣工资料应包括《分部（子分部）工程质量验收记录》、《单位（子单位）工程质量控制资料核查记录》、《单位（子单位）工程安全和功能检验资料核查及主要功能抽查记录》、《单位（子单位）工程观感质量检查记录》等。

2. 总监理工程师组织项目监理部人员与承包单位根据现行有关法律、法规、工程建设标准、设计文件及施工合同，共同对工程进行检查验收。对存在的问题，应及时要求承包单位整改。整改完毕验收合格后由总监理工程师签署《单位工程竣工预验收报验表》。

3. 本表由承包单位填报，建设单位、监理单位、承包单位各存一份。

表式 B3-2

竣工移交证书

<table>
<tr><td>工程名称</td><td>××园林绿化工程</td><td>编　号</td><td>××××</td></tr>
<tr><td>地　点</td><td>××××</td><td>日　期</td><td>××××</td></tr>
<tr><td colspan="4">致：××建筑开发有限公司（建设单位）：

兹证明承包单位××建筑公司按施工公司的全部内容施工的××园林工程，已按施工合同的要求完成，并验收合格，即日起该工程移交建设单位管理，并进入保修期。

附件：单位工程验收记录</td></tr>
<tr><td colspan="2">总监理工程师（签字）</td><td colspan="2">监理单位（章）</td></tr>
<tr><td colspan="2">×××

日期：××年×月×日</td><td colspan="2">日期：××年×月×日</td></tr>
<tr><td colspan="2">建设单位代表（签字）</td><td colspan="2">建设单位（章）</td></tr>
<tr><td colspan="2">×××

日期：××年×月×日</td><td colspan="2">日期：××年×月×日</td></tr>
</table>

注：1. 工程竣工验收完成后，由项目总监理工程师及建设单位代表共同签署《竣工移交证书》，并加盖监理单位、建设单位公章。

2. 建设单位、承包单位、监理单位、工程名称均应与施工合同所填写的名称一致。

3. 工程竣工验收合格后，本表由监理单位负责填写，总监理工程师签字，加盖单位公章；建设单位代表签字并加盖建设单位公章。

4. 附件："单位工程质量竣工验收记录"应由总监理工程师签字，加盖监理单位公章。

5. 日期应写清楚，表明即日起该工程移交建设单位管理，并进入保修期。

第六章　园林绿化工程资料归档管理

第一节　园林绿化工程资料编制与组卷

一、质量要求

(1)工程资料应真实反映工程实际的状况，具有永久和长期保存价值的材料必须完整、准确和系统。

(2)工程资料应使用原件，因各种原因不能使用原件的，应在复印件上加盖原件存放单位公章、注明原件存放处，并有经办人签字及时间。

(3)工程资料应保证字迹清晰，签字、盖章手续齐全，签字必须使用档案规定用笔。计算机形成的工程资料应采用内容打印，手工签名的方式。

(4)施工图的变更、洽商绘图应符合技术要求。凡采用施工蓝图改绘竣工图的，必须使用反差明显的蓝图，竣工图图画应整洁。

(5)工程档案的填写和编制应符合档案微缩管理和计算机输入的要求。

(6)工程档案的微缩制品，必须按国家微缩标准进行制作，主要技术指标(解像力、密度、海波残留量等)应符合国家标准规定，保证质量，以适应长期安全保管。

(7)工程资料的照片(含底片)及声像档案，应图像清晰，声音清楚，文字说明或内容准确。

二、载体形式

(1)工程资料可采用以下两种载体形式：

1)纸质载体。

2)光盘载体。

(2)工程档案可采用以下三种载体形式：

1)纸质载体。

2)微缩品载体。

3)光盘载体。

(3)纸质载体和光盘载体的工程资料应在过程中形成、收集和整理，包括工程音像资料。

(4)微缩品载体的工程档案。

1)在纸质载体的工程档案经城建档案馆和有关部门验收合格后，应持城建档案馆发给的准可微缩证明书进行微缩，证明书包括案卷目录、验收签章、城建档案馆的档号、胶片代数、质量要求等，并将证书缩拍在胶片“片头”上。

2)报送微缩制品载体工程竣工档案的种类和数量，一般要求报送三代片，即：

①第一代(母片)卷片一套，作长期保存使用；

②第二代(拷贝片)卷片一套，作复制工作用；

③第三代(拷贝片)卷片或者开窗卡片、封套片、平片，作提供日常利用(阅读或复原)使用。

3)向城建档案馆移交的微缩卷片、开窗卡片、封套片、平片必须按城建档案馆的要求进行标注。

(5)光盘载体的电子工程档案。

1)纸质载体的工程档案经城建档案馆和有关部门验收合格后,进行电子工程档案的核查,核查无误后,进行电子工程档案的光盘刻制。

2)电子工程档案的封套、格式必须按城建档案馆的要求进行标注。

三、组卷要求

1. 组卷的质量要求

(1)组卷前应保证基建文件、监理资料和施工资料齐全、完整,并符合规程要求。

(2)编绘的竣工图应反差明显、图面整洁、线条清晰、字迹清楚,能满足微缩和计算机扫描的要求。

(3)文字材料和图纸不满足质量要求的一律返工。

2. 组卷的基本原则

(1)建设项目应按单位工程组卷。

(2)工程资料应按照不同的收集、整理单位及资料类别,按基建文件、监理资料、施工资料和竣工图分别进行组卷。

(3)卷内资料排列顺序应依据卷内资料构成而定,一般顺序为封面、目录、资料部分、备考表和封底。组成的卷案应美观、整齐。

(4)卷内若存在多类工程资料时,同类资料按自然形成的顺序和时间排序,不同资料之间的排列顺序可参照表1-1的顺序排列。

(5)案卷不宜过厚,一般不超过40mm。案卷内不应有重复资料。

3. 组卷的具体要求

(1)基建文件组卷。基建文件可根据类别和数量的多少组成一卷或多卷,如工程决策立项文件卷、征地拆迁文件卷、勘察、测绘与设计文件卷、工程开工文件卷、商务文件卷、工程竣工验收与备案文件卷。同一类基建文件还可根据数量多少组成一卷或多卷。

基建文件组卷具体内容和顺序可参考第一章表1-1;移交城建档案馆基建文件的组卷内容和顺序可参考资料规程。

(2)监理资料组卷。监理资料可根据资料类别和数量多少组成一卷或多卷。

(3)施工资料组卷。施工资料组卷应按照专业、系统划分,每一专业、系统再按照资料类别从C1至C7顺序排列,并根据资料数量多少组成一卷或多卷。

对于专业化程度高,施工工艺复杂,通常由专业分包施工的子分部(分项)工程应分别单独组卷,并根据资料数量的多少组成一卷或多卷。

按规定应由施工单位归档保存的基建文件和监理资料按第一章表1-1的要求组卷。

(4)竣工图组卷。竣工图应按专业进行组卷,每一专业可根据图纸数量多少组成一卷或多卷。

(5)向城建档案馆报送的工程档案应按《建设工程文件归档整理规范》(GB/T 50328—2001)的要求进行组卷。

(6)文字材料和图纸材料原则上不能混装在一个装具内,如资料材料较少,需放在一个装具内时,文字材料和图纸材料必须混合装订,其中文字材料排前,图样材料排后。

(7)单位工程档案总案卷数超过20卷的,应编制总目录卷。

4. 案卷页号的编写

(1)编写页号应以独立卷为单位。案卷内资料材料排列顺序确定后,均应有书写内容的页面编写页号。

(2)每卷从阿拉伯数字1开始，用打号机或钢笔一次逐张连续标注页号，采用黑色、蓝色油墨或墨水。案卷封面、卷内目录和卷内备案表不编写页号。

(3)页号编写位置：单面书写的文字材料页号编写在右下角，双面书写的文字材料页号正面编写在右下角，背面编写在左下角。

(4)图纸折叠后无论何种形式，页号一律编写在右下角。

四、封面与目录

1. 工程资料封面与目录(E1)

(1)工程资料案卷封面(表E1-1)：

案卷封面包括名称、案卷题名、编制单位、技术主管、编制日期(以上由移交单位填写)、保管期限、密级、共____册第____册等(由档案接收部门填写)

1)名称：填写工程建设项目竣工后使用名称(或曾用名)。若本工程分为几个(子)单位工程应在第二行填写(子)单位工程名称。

2)案卷题名：填写本卷卷名。第一行按单位、专业及类别填写案卷名称；第二行填写案卷内主要资料内容提示。

3)编制单位：本卷档案的编制单位，并加盖公章。

4)技术主管：编制单位技术负责人签名或盖章。

5)编制日期：××××填写卷内资料材料形成的起(最早)、止(最晚)日期。

6)保管期限：由档案保管单位按照本单位的保管规定或有关规定填写。

7)密级：由档案保管单位按照本单位的保密规定或有关规定填写。

(2)工程资料卷内目录(表E1-2)：

工程资料的卷内目录，内容包括序号、工程资料题名、原编字号、编制单位、编制日期、页次和备注。卷内目录内容应与案卷内容相符，排列在封面之后，原资料目录及设计图纸目录不能代替。

1)序号：案卷内资料排列先后用阿拉伯数字从1开始一次标注。

2)工程资料题名：填写文字材料和图纸名称，无标题的资料应根据内容拟写标题。

3)原编字号：资料制发机关的发字号或图纸原编图号。

4)编制单位：资料的形成单位或主要负责单位名称。

5)编制日期：××××资料的形成时间(文字材料为原资料形成日期，竣工图为编制日期)。

6)页次：填写每份资料在本案卷的页次或起止的页次。

7)备注：填写需要说明的问题。

(3)分项目录(表E1-3、E1-4)：

1)分项目录(一)(表E1-3)适用于施工物资材料(C4)的编目，目录内容应包括资料名称、厂名、型号规格、数量、使用部位等，有进场见证试验的，应在备注栏中注明。

2)分项目录(二)(表E1-4)适用于施工测量记录(C3)和施工记录(C5)的编目，目录内容包括资料名称、施工部位和日期等。

资料名称：填写表格名称或资料名称；

施工部位：应填写测量、检查或记录的层、轴线和标高位置；

日期：××××填写资料正式形成的年、月、日。

(4)工程资料卷内备考表(表E1-5)：

内容包括卷内文字材料张数、图样材料张数、照片张数等，立卷单位的立卷人、审核人及接收单位的审核人、接收人应签字。

1)案卷审核备考表分为上下两栏，上一栏由立卷单位填写，下一栏由接受单位填写。

2)上栏应表明本案卷一编号资料的总张数：指文字、图纸、照片等的张数。

审核说明填写立卷时资料的完整和质量情况，以及应归档而缺少的资料的名称和原因；立卷人有责任立卷人签名；审核人有案卷审查人签名；年月日按立卷、审核时间分别填写。

3)下栏由接收单位根据案卷的完成及质量情况标明审核意见。

技术审核人由接收单位工程档案技术审核人签名；档案接收人由接收单位档案管理接收人签名；年月日按审核、接收时间分别填写。

2. 城市建设档案封面与目录(E2)

(1)工程档案案卷封面：使用城市建设档案案封面(表 E2-1)，注明工程名称、案卷题名、编制单位、技术主管、保存期限、档案密级等。

(2)工程档案卷内目录：使用城市建设档案卷内目录(表 E2-2)，内容包括顺序号、文件材料题名，原编字号、编制单位、编制日期、页次、备注等。

(3)工程档案卷内备案：使用城市建设档案案卷审核备考表(表 E2-3)，内容包括卷内文字材料张数，图样材料张数，照片张数和立卷单位的立卷人、审核人及接收单位的审核人、接收人的签字。

城市建设档案案卷审核备考表的下栏部分由城市建设档案馆根据案卷的完整及质量情况标明审核意见。

3. 案卷脊背编制

案卷脊背项目有档号、案卷题名，由档案保管单位填写。城建档案的案卷脊背由城建档案馆填写。

4. 移交书

(1)工程资料移交书(表 E3-1)：工程资料移交书是工程资料进行移交的凭证，应由移交日期和移交单位、接收单位的盖章。

(2)工程档案移交书：使用城市建设档案移交书(表 E3-2)，为竣工档案进行移交的凭证，应有移交日期和移交单位、接收单位的盖章。

(3)工程档案微缩品移交书：使用城市建设档案馆微缩品移交书(表 E3-3)，为竣工档案进行移交的凭证，应有移交日期和移交单位、接收单位的盖章。

(4)工程资料移交目录：工程资料移交，办理的工程资料移交书应附工程资料移交目录(表 E3-4)。

(5)工程档案移交目录：工程档案移交，办理的工程档案移交书应附城市建设档案移交目录(表 E3-5)。

五、案卷规格与装订

1. 案卷规格

卷内资料、封面、目录、备考表统一采用 A4 幅(197mm×210mm)尺寸，图纸分别采用 A0(841mm×1189mm)、A1(594mm×841mm)、A2(420mm×594mm)、A3(297mm×420mm)、A4(297mm×210mm)幅面。小于 A4 幅面的资料要用 A4 白纸(297mm×210mm)衬托。

2. 案卷装具

案卷采用统一规格尺寸的装具。属于工程档案的文字、图纸材料一律采用城建档案馆监制的硬壳卷夹或卷盒，外表尺寸 310mm（高）×220mm（宽），卷盒厚度尺寸分别为 50mm、30mm 两种，卷夹厚度尺寸为 25mm；少量特殊的档案也可采用外表尺寸为 310mm（高）×430mm（宽），厚度尺寸为 50mm。案卷软（内）卷皮尺寸为 297mm（高）×210mm（宽）。

3. 案卷装订

（1）文字材料必须装订成册，图纸材料可装订成册，也可散装存放。

（2）装订时要剔除金属物，装订线一侧根据案卷薄厚加垫草板纸。

（3）案卷用棉线在左侧三孔装订，棉线装订结打在背面。装订线距左侧 20mm，上下两孔分别距中孔 80mm。

（4）装订时，须将封面、目录、备考表、封底与案卷一起装订。图纸散装在卷盒内时，需将案卷封面、目录、备考表三件用棉线在左上角装订在一起。

第二节　竣　工　图

竣工图是建设工程竣工档案中最重要部分，是工程建设完成后主要凭证性材料，是建筑物真实的写照，是工程竣工验收的必备条件，是工程维修、管理、改造、扩建的依据，各项新建、改建、扩建项目均必须编制竣工图，竣工图由建设单位委托施工单位、监理单位或设计单位进行绘制。

一、竣工图的基本要求

（1）竣工图均按单位工程进行整理。

（2）竣工图应加盖竣工图章或绘制竣工图签，竣工图图签用于绘制的竣工图。竣工图图章用于施工图改绘的竣工图和二底图改绘的竣工图。

竣工图图签除具备竣工图章上的内容外，还应有工程名称、图名、图号、工程号等项内容（图 6-1）。

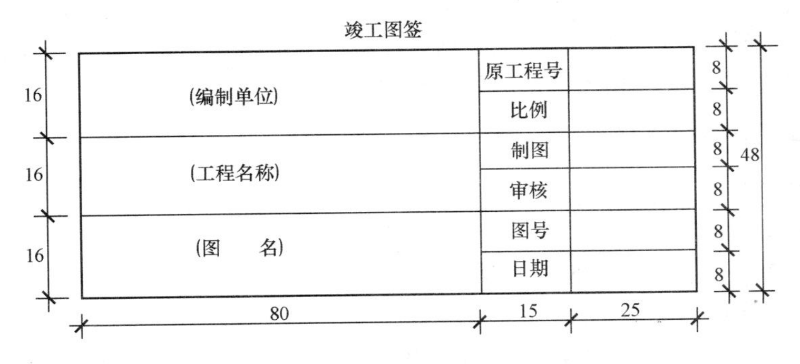

图 6-1　竣工图签（mm）

竣工图签应有明显的“竣工图”标识。包括有编制单位名称、制图人、审核人、技术负责人和编制日期等内容。编制单位、制图人、审核人、技术负责人要对竣工图负责（图 6-2）。实施监理的工程，应有监理单位名称、现场监理、总监理工程师等标识（图 6-3）。监理单位、总监理和现场监理应对工程档案的监理工作负责。

（3）凡工程现状与施工图不相符的内容，均须按工程现状清楚、准确地在图纸上予以修正。如在工程图纸会审、设计交底时修改的内容、工程洽商或设计变更修改的内容，施工过程中建设单位和施工单位双方协商修改(无工程洽商)的内容等均须如实地绘制在竣工图上。

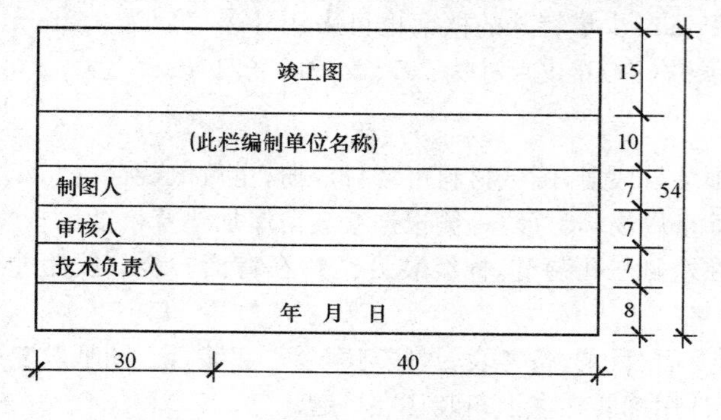

图 6-2 竣工图章(甲)(mm)

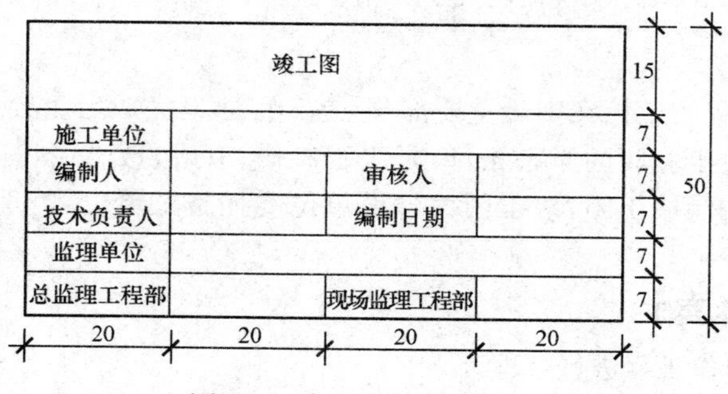

图 6-3 竣工图章(乙)(mm)

(4)专业竣工图应包括各部位、各专业深化(二次)设计的相关内容,不得漏项或重复。

(5)凡结构形式改变、工艺改变、平面布置改变、项目改变以及其他重大改变,或者在一张图纸上改动部位超过 1/3 以及修改后图面混乱、分辨不清的图纸均应重新绘制。

(6)管线竣工测量资料的测点编号、数据及反映的工程内容要编绘在竣工图上。

(7)编绘竣工图,必须采用不褪色的黑色绘图墨水。

二、竣工图的编制

1. 竣工图类型

(1)重新绘制的竣工图。

(2)在二底图(底图)上修改的竣工图。

(3)利用施工图改绘的竣工图。

以上三种类型的竣工图报送底图、蓝图均可。

2. 重新绘制的竣工图

工程竣工后,按工程实际重新绘制竣工图,虽然工作量大,但能保证质量。

(1)重新绘制时,要求原图内容完整无误,修改内容也必须准确、真实地反映在竣工图上。绘制竣工图要按制图规定和要求进行,必须参照原施工图和该专业的统一图示,并在底图的右下角绘制竣工图图签。

(2)各种专业工程的总平面位置图,比例尺一般采用 1∶500～1∶10000。管线平面图,比例尺一般采用 1∶500～1∶2000。要以地形图为依托,摘要地形、地物标准坐标数据。

(3)改、扩建及废弃管线工程在平面图上的表示方法:

1）利用原建管线位置进行改造、扩建管线工程，要表示原建管线的走向、管材和管径，表示方法采用加注符号或文字说明。

2）随新建管线而废弃的管线，无论是否移出埋设现场，均应在平面图上加以说明，并注明废弃管线的起、止点，坐标。

3）新、旧管线勾头连接时，应标明连接点的位置（桩号）、高程及坐标。

（4）管线竣工测量资料与其在竣工图上的编绘。

竣工测量的测点编号、数据及反映的工程内容（指设备点、折点、变径点、变坡点等）应与竣工图相对应一致。并绘制检查井、小室、人孔、管件、进出口、预留管（口）位置、与沿线其他管线、设施相交叉点等。

（5）重新绘制竣工图可以整套图纸重绘，可以部分图纸重绘，也可是某几张或一张图纸重新绘制。

3. 在二底图（底图）上修改的竣工图

在用施工蓝图或设计底图复制的二底图或原底图上，将工程洽商和设计变更的修改内容进行修改，修改后的二底（硫酸纸）图晒制的蓝图作为竣工图是一种常用的竣工图绘制方法。

（1）在二底图上修改，要求在图纸上做一修改备考表（表 6-1），备考表的内容为洽商变更编号、修改内容、责任人和日期。

表 6-1　　修改备考表

洽商编号	修改内容	修改人	日期

（2）修改的内容应与工程洽商和设计变更的内容相一致，主要简要的注明修改部位和基本内容。实施修改的责任人要签字并注明修改日期。

（3）二底图（底图）上的修改采用刮改，凡修改后无用的文字、数字、符号、线段均应刮掉，而增加的内容需全部准确的绘制在图上。

（4）修改后的二底图（底图）晒制的蓝图作为竣工图时，要在蓝图上加盖竣工图章。

（5）如果在二底图（底图）上修改的次数较多，个别图面如出现模糊不清等质量问题，需进行技术处理或重新绘制，以期达到图面整洁、字迹清楚等质量要求。

4. 利用施工图改绘的竣工图

（1）改绘方法。具体的改绘方法可视图面、改动范围和位置、繁简程度等实际情况而定。常用的改绘方法由杠改法、叉改法、补绘法、补图法和加写说明法。

1）杠改法。在施工蓝图上将取消或修改前的数字、文字、符号等内容用一横杠杠掉（不是涂改掉），在适当的位置补上修改的内容，并用带箭头的引出线标注修改依据，即“见××年××月××日洽商×条”或“见×号洽商×条”（图 6-4），用于数字、文字、符号的改变或取消。

2）叉改法。在施工蓝图上将去掉和修改前的内容，打叉表示取消，在实际位置补绘修改后的内容，并用带箭头的引出线编注修改依据，用于线段图形、图表的改变与取消，具体修改如图6-5。

3）补绘法。在施工蓝图上将增加的内容按实际位置绘出，或者某一修改后的内容在图纸的绘大样图修改，并用带箭头的引出线在应修改部分和绘制的大样图处标注修改依据。适用于设计增加的内容、设计时遗漏的内容，在原修改部位修改有困难，需另绘大样修改。具体修改意见如补绘大样图（图 6-6）。

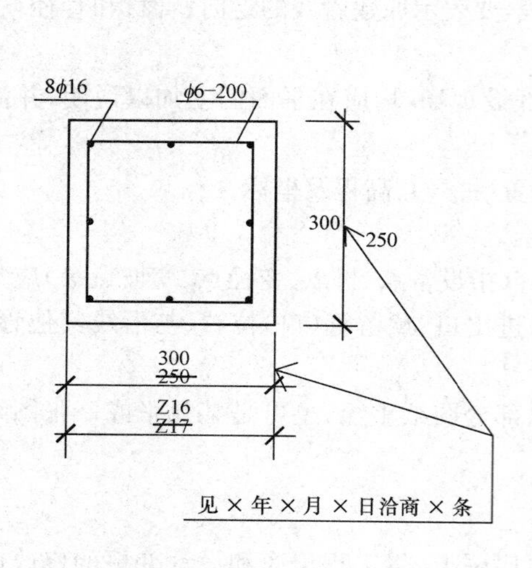

图 6-4　图上杠改图(mm)

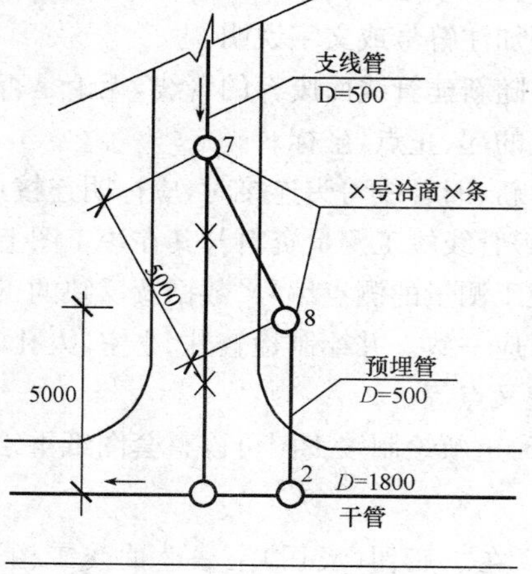

图 6-5　原图上直接叉改图(mm)

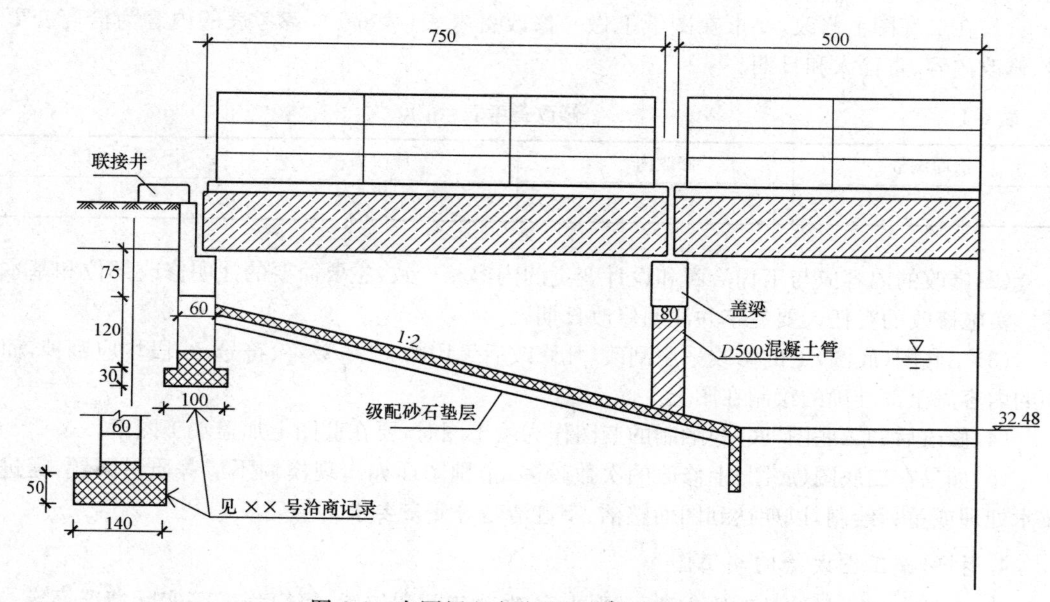

图 6-6　在图纸空白位置补绘大样图(mm)

4)补绘法。当某一修改内容在原图无空白处修改时,采用把应改绘的部位绘制成补图,补在本专业图纸之后。具体做法是在应修改的部位注明修改范围和修改依据,在修改的补图上要绘图签,标明图名、图号、工程号等内容,并在说明中注明是某图某部位的补图,并写清楚修改依据。一般适用于难在原修改部位修改和本图又无空白处时某一剖面图大样图或改动较大范围的修改。

5)加写说明法。凡工程洽商、设计变更的内容应当在竣工图上修改的,均应用作图的方法改绘在蓝图上,一律不再加写说明,如果修改后的图纸仍然有些内容没有表示清楚,可用精练的语言适当加以说明。一般适用于说明类型的修改、修改依据的标注等。

(2)改绘竣工图应注意的问题。

1)原施工图纸目录必须加盖竣工图章,作为竣工图归档,凡有作废的图纸、补充的图纸、增加的图纸、修改的图纸，均要在原施工图目录上标注清楚。即作废的图纸在目录上杠掉，补充、增加的图纸在目录上列出图名、图号。

2)按施工图施工而没有任何变更的图纸，在原施工图上加盖竣工图章，作为竣工图。

3)如某一张施工图由于改变大，设计单位重新绘制了修改图的，应以修改图代替原图，原图不再归档。

4)凡是洽商图作为竣工图，必须进行必要的制作。

如洽商图是按正规设计图纸要求进行绘制的可直接作为竣工图，但需统一编写图名图号，并加盖竣工图章，作为补图。在图纸说明中注明此图是哪图哪个部位的修改图，还要在原图修改部位标注修改范围，并标明见补图的图号。

如洽商图未按正规设计图纸要求绘制，应按制图规定另行绘制竣工图，其余要求同上。

5)某一洽商可能涉及两张或两张以上图纸，某一局部变化可能引起系统变化，凡涉及的图纸及部位均应按规定修改，不能只改其一，不改其二。

6)不允许将洽商的附图原封不动的贴在或附在竣工图上作为修改。凡修改的内容均应改绘在蓝图上或用作补图的办法附在本专业图纸之后。

7)某一张图纸，根据规定的要求，需要重新绘制竣工图时，应按绘制竣工图的要求制图。

8)改绘注意事项：

①修改时，字、线、墨水使用的规定：

字：采用仿宋字，字体的大小要与原图采用字体的大小相协调，严禁错、别、草字。

线：一律使用绘图工具，不得徒手绘制。

墨水：使用黑色墨水。严禁用圆珠笔、铅笔和非黑色墨水。

②改绘用图的规定：改绘竣工图所用的施工蓝图一律为新图，图纸反差要明显，以适应缩微、计算机输入等技术要求。凡旧图、反差不好的图纸不得作为改绘用图。

③修改方法的规定：施工蓝图的改绘不得用刀刮、补贴等办法修改，修改后的竣工图不得有污染、涂抹、覆盖等现象。

④修改内容和有关说明均不得超过原图框。

5. 竣工图章(签)

(1)竣工图章(签)应具有明显的“竣工图”字样，并包括有编制单位名称、制图人、审核人、技术负责人和编制日期等项内容，如图 6-2 所示。如工程监理单位实施对工程档案编制工作进行监理，在竣工图章上还应有监理单位名称、现场监理、总监理工程师等项内容，如图 6-3 所示。应按规定的格式与大小制作竣工图图章。竣工图图签也可以参照竣工图图章的内容进行绘制，但要增加工程名称、图名、图号及注意保留原施工图工程号、原图编号等项目内容(图 6-1)。

(2)竣工图章(签)的位置。

重新绘制的竣工图应绘制竣工图签，图签位置在图纸右下角。

用施工图改绘的竣工图，将竣工图章加盖在原图签右上方，如果此处有内容，可在原图签附近空白处加盖，如原图签周围均有内容，可找一内容比较少的位置加盖。

用二底图修改的竣工图，应将竣工图章盖在原图签右上方。

(3)竣工图章(签)是竣工图的标志和依据，要按规定填写图章(签)上各项内容。加盖竣工图章(签)后，原施工图转化为竣工图，竣工图的编制单位、制图人、审核人、技术负责人以及监理单位要对本竣工图负责。

(4)原施工蓝图的封面、图纸目录也要加盖竣工图章，作为竣工图归案，并置于各专业图纸之前。重新绘制的竣工图的封面、图纸目录，不必绘制竣工图签。

第三节　工程资料、城建档案封面与目录填写范例

一、工程资料封面与目录(E1)填写样例

1. 工程资料案卷封面

表式 E1-1

工　程　资　料

名　　称：××园林绿化工程

案卷题名：园林建筑及附属设施工程施工文件

隐蔽工程检查记录

编制单位：××园林园艺公司

技术主管：×××

编制日期：自××年×月×日起至××年×月×日止

保管期限：＿＿＿＿＿＿　　密级：＿＿＿＿＿＿

保存档号：＿＿＿＿＿＿

共　　　册　　　第　　　册

2. 工程资料卷内目录

表式 E1-2　　　　**工程资料卷内目录**

工程名称	××园林绿化工程					
序号	工程资料名称	原编字号	编制单位	编制日期	页次	备注
1	钢筋质量证明及试验报告	×××	×××	××年×月×日	1	
2	水泥质量证明及试验报告	×××	×××	××年×月×日	42	
3	砂试验报告	×××	×××	××年×月×日	59	
4	石试验报告	×××	×××	××年×月×日	67	
5	外加剂质量证明及试验报告	×××	×××	××年×月×日	76	
6	防水卷材质量证明及试验报告	×××	×××	××年×月×日	82	
7	防水涂料质量证明及试验报告	×××	×××	××年×月×日	89	
8	砌块质量证明及试验报告	×××	×××	××年×月×日	97	
9	装饰装修材料质量证明	×××	×××	××年×月×日	110～160	

3. 分项目录(一)

表式 E1-3

分 项 目 录(一)

工程名称	××大厦				物资类别	水泥	
序号	资料名称	厂名	品种、型号、规格	数量	使用部位	页次	备注
1	水泥出厂检验报告及28d强度补报单	×××	P·O42.5	100t	基础	1	
2	水泥厂家资质证书	×××		3			
3	水泥试验报告	×××	P·O42.5	100t	基础	5	
4	水泥出厂检验报告及28d强度补报单	×××	P·O42.5	56t	园林广场	9	
5	水泥出厂检验报告及28d强度补报单	×××	P·O32.5	87t	园林小品	11	
6	水泥试验报告	×××	P·O32.5	87t	园林小品	13	

本表用于施工物资资料编目。

4. 分项目录(二)

表式 E1-4

分 项 目 录 (二)

工程名称	×××园林绿化工程	物资类别	基础主体结构钢筋工程	
序号	施工部位(内容摘要)	日期	页次	备注
1	基础底板钢筋绑扎	××年×月×日	1	
2	地下二层墙体钢筋绑扎	××年×月×日	2	
3	地下二层顶板钢筋绑扎	××年×月×日	3	
4	地下一层墙体钢筋绑扎	××年×月×日	4	
5	地下一层顶板钢筋绑扎	××年×月×日	5	
6	首层①～⑥/Ⓐ～Ⓓ轴墙体钢筋绑扎	××年×月×日	6	
7	首层⑦～⑪/Ⓐ～Ⓓ轴墙体钢筋绑扎	××年×月×日	7	
8	首层①～⑥/Ⓐ～Ⓓ轴顶板、梁钢筋绑扎	××年×月×日	8	
9	首层⑦～⑪/Ⓐ～Ⓓ轴顶板、梁钢筋绑扎	××年×月×日	9	
10	二层①～⑥/Ⓐ～Ⓓ轴墙体钢筋绑扎	××年×月×日	10	
11	二层⑦～⑪/Ⓐ～Ⓓ轴墙体钢筋绑扎	××年×月×日	11	
12	二层①～⑥/Ⓐ～Ⓓ轴顶板、梁钢筋绑扎	××年×月×日	12	
13	二层⑦～⑪/Ⓐ～Ⓓ轴顶板、梁钢筋绑扎	××年×月×日	13	

本表适用于施工测量记录、施工记录的编目。

5. 工程资料卷内备考表

表式 E1-5 **工程资料卷内备考表**

本案卷已编号的文件材料共 230 张，其中：文字材料 206 张，图样材料 20 张，照片 4 张。

立卷单位对本案卷完整准确情况的审核说明：

本案卷完整准确。

立卷人：××× 日期：××年×月×日

审核人：××× 日期：××年×月×日

保存单位的审核说明：

工程资料齐全、有效，符合规定要求。

技术审核人：××× 日期：××年×月×日

档案接收人：××× 日期：××年×月×日

二、城市建设档案封面和目录(E2)填写样例

1. 城市建设档案案卷封面

表式 E2-1

档案馆代号：

城 市 建 设 档 案

名称：××园林绿化

案卷题名：园林建筑及附属设施工程施工文件

隐蔽工程检查记录

编制单位：××园林园艺公司

技术主管：×××

编制日期：自××年×月×日起至××年×月×日止

保管期限：________　　密级：________

保存档号：________

共　　册　　　　第　　册

2. 城市建设档案卷内目录

表式 E2-2

城建档案卷内目录

序号	文件材料题名	原编字号	编制单位	编制日期	页次	备注
1	图纸会审纪录	C2-××	××园林园艺公司	××年×月×日	1～6	
2	工程洽商记录	C2-××	××园林园艺公司	××年×月×日	7～21	
3	工程定位测量记录	C3-××	××园林园艺公司	××年×月×日	22～23	
4	基槽验线记录	C3-××	××园林园艺公司	××年×月×日	24	
5	钢材试验报告	C4-××	××园林园艺公司	××年×月×日	25～67	
6	水泥试验报告	C4-××	××园林园艺公司	××年×月×日	68～91	
7	砂试验报告	C4-××	××园林园艺公司	××年×月×日	92～110	
8	碎(卵)石试验报告	C4-××	××园林园艺公司	××年×月×日	111～126	
9	预拌混凝土出厂合格证	C4-××	××混凝土公司	××年×月×日	127～153	
10	地基验槽检查记录	C5-××	××园林园艺公司	××年×月×日	154	
11	隐蔽工程检查记录	C5-××	××园林园艺公司	××年×月×日	155～275	
12	钢筋连接试验报告	C6-××	××园林园艺公司	××年×月×日	276～283	
13	混凝土试块强度统计、评定记录	C6-××	××园林园艺公司	××年×月×日	284～301	

3. 城市建设档案案卷审核备考表

表式 E2-3　　城市建设档案案卷审核备考表

<table>
<tr><td>本案卷已编号的文件材料共<u>230</u>张，其中：文字材料<u>210</u>张，图样材料<u>15</u>张，照片<u>5</u>张。

对本案卷完整、准确情况的说明：
本案卷完整准确。

立卷人：×××　　××年×月×日

审核人：×××　　××年×月×日</td></tr>
<tr><td>接收单位（档案馆）的审核说明：

工程资料齐全、有效、符合规定要求。

技术审核人：×××　　××年×月×日

档案接收人：×××　　××年×月×日</td></tr>
</table>

三、工程资料与城建档案移交书(E3)填写样例

1. 工程资料移交书

表式 E3-1

工 程 资 料 移 交 书

____××园林园艺公司(全称)____按有关规定向____××集团开发有限公司(全称)____办理____××园林绿化____工程资料移交手续。共计__三套 63__册。其中图样材料__26__册，文字材料__37__册，其他材料__/__张(　　)。

附：工程资料移交目录

移交单位(公章)：　　　　接收单位(公章)：

单位负责人：　×××　　　　单位负责人：　×××

技术负责人：　×××　　　　技术负责人：　×××

移　交　人：　×××　　　　接　收　人：　×××

移交日期：××年×月×日

2. 城市建设档案移交书

表式 E3-2

城市建设档案移交书

<u>××集团开发有限公司(全称)</u>向××市城市建设档案馆移交<u>××园林绿化工程</u>档案共计<u>15</u>册。其中:图样材料<u>3</u>册,文字材料<u>12</u>册,其他材料<u>/</u>张(　　)。

附:城市建设档案移交目录一式三份,共　3　张。

移交单位:××× 　　　　接收单位:×××

单位负责人:××× 　　　　单位负责人:×××

移交人:××× 　　　　接收人:×××

移交日期:××年×月×日

3. 城市建设档案微缩品移交书

表式 E3-3

城市建设档案缩微品移交书

____××集团开发有限公司(全称)____向××市城市建设档案馆移交____××园林绿化____工程缩微品档案。档号____×××____,缩微号____××____。卷片共____××____盘,开窗卡____××____张。其中母片:卷片共____××____盘,开窗卡____××____张;拷贝片:卷片共____×____套____×____盘,开窗卡____×____套____×____张。缩微原件共____23____册,其中文字材料____16____册,图样材料____7____册,其他材料____—____册。

附:城市建设档案缩微品移交目录

移交单位(公章): 接收单位(公章):

单位法人: ××× 单位法人: ×××

移 交 人: ××× 接 收 人: ×××

移交日期:××年×月×日

4. 工程资料移交目录

表式 E3-4　　　　　　　　　　**工程资料移交目录**

工程项目名称：××园林绿化工程

序号	案卷题名	数量						备注
		文字材料		图样资料		综合卷		
		册	张	册	张	册	张	
1	施工资料—施工管理资料	1	19					
2	施工资料—施工技术资料	2	213					
3	施工资料—施工测量资料	1	87					
4	施工资料—施工物资资料	4	306					
5	施工资料—施工记录	3	210					
6	施工资料—施工质量验收记录	1	25					
7	园林建筑及附属设施竣工图			2	51			
8	园林给排水竣工图			1	27			
9	园林用电竣工图			1	24			

5. 城市建设档案移交目录

表式 E3-5

城市建设档案移交目录

序号	工程项目名称	案卷题名	形成年代	文字材料		图样材料		综合卷		备注
				册	张	册	张	册	张	
1	××园林绿化工程	基建文件	××年×月	1	167					
2	××园林绿化工程	监理文件	××年×月	1	113					
3	××园林绿化工程	工程管理与验收施工文件	××年×月	1	46					
4	××园林绿化工程	园林建筑及附属设施工程施工文件	××年×月	4	359					
5	××园林绿化工程	园林给排水施工文件	××年×月	2	218					
6	××园林绿化工程	园林用电施工文件	××年×月	2	274					
7	××园林绿化工程	园林建筑及附属设施竣工图	××年×月			3	72			
8	××园林绿化工程	园林给排水竣工图	××年×月			1	33			
9	××园林绿化工程	园林用电竣工图	××年×月			1	31			

参考文献

[1] 中华人民共和国行业标准．CJJ/T 91—2002 园林基本术语标准[S]. 北京：中国建筑工业出版社，2002.

[2] 罗哲文. 中国古代建筑[M]. 上海：上海古籍出版社，2001.

[3] 李小龙. 园林绿地施工与养护[M]. 北京：中国劳动社会保障出版社，2004.

[4] 本书编委会. 园林绿化工程[M]. 北京：中国建筑工业出版社，2004.

[5] 梁伊仁. 园林建设工程[M]. 北京：中国城市出版社，2000.

[6] 唐来春. 园林工程与施工[M]. 北京：中国建筑工业出版社，1999.

[7] 孟兆祯. 园林工程[M]. 北京：中国林业出版社，2002.

[8] 刘祖绳，唐祥忠. 建筑施工手册[M]. 北京：中国林业出版社，1997.

[9] 董三孝. 园林工程施工与管理[M]. 北京：中国林业出版社，2004.

[10] 虞德平. 园林绿化施工技术资料编制手册[M]. 北京：中国建筑工业出版社，2006.

[11] 张京. 园林施工工程师手册[M]. 北京：北京中科多媒体电子出版社，1996.

[12] 陈科东. 园林工程施工与管理[M]. 北京：高等教育出版社，2002.

[13] 周初梅. 园林建筑设计与施工[M]. 北京：中国农业出版社，2002.

[14] 李广述. 园林法规[M]. 北京：中国林业出版社，2003.

[15] 王树栋，马晓燕. 园林建筑[M]. 北京：气象出版社，2001.

[16] 田永复. 中国园林建筑施工技术[M]. 北京：中国建筑工业出版社，2002.

[17] 尹公. 城市绿地建设工程[M]. 北京：中国林业出版社，2001.